Le frère Eugène-Marie

Un grand agronome picard
du XIXe siècle

Biographies série XIXe siècle

Dernières parutions

Fischer (Didier), *Louis Bascan ou la République au cœur (1868-1944)*, 2014.
Sarrazin (Jean-Pierre), *Gabriel Julien Ouvrard. Grandeur et misère d'un financier de génie sous l'Empire*, 2013.
Marquis (Yvon), *Arthur Verdier, Une ambition africaine (1835 - 1898)*, 2013.
Leclerc (Christophe), *Gustave Doré, le rêveur éveillé*, 2012.

Christian FERAULT

LE FRERE EUGENE-MARIE

Un grand agronome picard du XIXe siècle

Préface de Charles DESCOINS

L'Harmattan

5-7, rue de l'École-Polytechnique ; 75005 Paris
http://www.harmattan.fr
diffusion.harmattan@wanadoo.fr
harmattan1@wanadoo.fr
ISBN : 978-2-343-06206-8
EAN : 9782343062068

A Madina

PRÉFACE

La forte expansion économique et industrielle qui caractérise la seconde moitié du XIXe siècle, encouragée par le Second Empire et la Troisième République, a surtout retenu l'attention des historiens et des économistes. Les progrès, certes moins médiatiques, qu'a connus l'agriculture n'ont pas toujours été évalués à leur juste valeur alors qu'ils allaient permettre d'assurer la sécurité alimentaire d'un nombre de plus en plus grand de ruraux qui abandonnaient leurs terres pour rechercher une vie meilleure en travaillant à la ville dans les usines, ce qui contribuait à donner une image négative de ceux qui, par goût ou par nécessité, restaient dans les campagnes.

En effet, en ce milieu de siècle, la condition paysanne n'était pas très brillante et les méthodes culturales, encore imprégnées d'empirisme, privilégiaient la tradition à l'innovation. Pourtant des progrès substantiels avaient déjà été réalisés. Dès la fin de l'Ancien Régime, des membres de la noblesse, inspirés par la lecture des ouvrages des agronomes anglais, A. Young en particulier, avaient installé sur leurs domaines des « fermes anglaises » comme celle du duc de La Rochefoucauld à Liancourt dans l'Oise. Exemple suivi plus tard par d'anciens officiers du Premier Empire comme A. Gasparin à Orange dans le Vaucluse ou des industriels comme J.B. Boussingault en Alsace. Par leurs essais sur le terrain et leurs écrits, ils avaient jeté les bases de l'agriculture moderne.

Mais, pour que leurs résultats soient diffusés dans les campagnes et contribuent au progrès de l'agriculture, il fallait qu'ils soient enseignés dans des écoles aux fils d'agriculteurs qui pourraient alors les mettre en pratique dans l'exploitation familiale et montrer, à leur tour, qu'au prix de quelques efforts, il était possible de se maintenir en milieu rural et même d'y faire fortune.

C'est pour répondre à un tel besoin que Thouret, ministre de l'Agriculture, décida, en 1848, de créer en France un enseignement agricole du premier niveau jusqu'au supérieur. Profitant des bonnes dispositions du gouvernement de l'époque vis-à-vis des congrégations religieuses, les Frères des écoles chrétiennes, déjà engagés depuis longtemps dans l'éducation des enfants des campagnes et largement présents sur tout le territoire national, se mobilisèrent rapidement pour assurer une formation agricole à leurs élèves. Leur rôle, pas toujours apprécié comme il aurait dû l'être, a été essentiel et a mobilisé des enseignants exceptionnels, oubliés de nos jours, dont on ne retrouve pas les noms sur Wikipedia ou Google mais auxquels il serait grand temps de rendre hommage en les sortant de l'oubli.

C'est précisément ce que veut faire cet ouvrage consacré au Frère Eugène-Marie (1824-1893) appelé à Beauvais d'abord comme enseignant du premier degré et qui finira sa carrière en tant que directeur d'un grand établissement d'enseignement supérieur agronomique : l'Institut Normal agricole de Beauvais.

Rien ne prédisposait ce Frère, Champenois d'origine très modeste, à un aussi brillant parcours ; exemple de promotion sociale presque impossible de nos jours.

Dès son arrivée à Beauvais, malgré son jeune âge, il a su rapidement par son enthousiasme et son dynamisme motiver ses élèves et faire preuve, très tôt, de réels talents d'administrateur et d'une prédisposition à la recherche. Cherchant ensuite, tout au long de sa longue carrière, à maintenir une relation étroite entre recherche et enseignement, il peut, sans hésitation, être considéré comme un des premiers « enseignant-chercheur », selon la terminologie utilisée de nos jours.

S'il reste peu de traces de la teneur de ses cours magistraux, il n'en est heureusement pas de même de son œuvre scientifique publiée sous forme d'articles, d'abord dans les Annales de l'Institut Normal agricole de Beauvais et ensuite dans celles de la Station agronomique de l'Oise.

L'analyse chronologique très détaillée de ses articles n'avait jamais été faite auparavant et ne le sera probablement plus ; elle constitue l'essentiel de cet ouvrage.

En les parcourant, on est tout de suite surpris par leur abondance et la diversité des sujets traités, preuves d'une capacité de travail hors du commun de leur auteur et de l'étendue de ses connaissances. Un examen plus approfondi de leur contenu montre une large prépondérance du domaine végétal, certainement par goût personnel, mais surtout pour répondre à des préoccupations de l'époque concernant le blé, les graminées fourragères, la betterave à sucre et la pomme de terre. Elles portaient en effet sur la nécessité d'améliorer les rendements en blé encore très faibles, de sélectionner des fourrages de qualité pour développer l'élevage, de renforcer la production locale de sucre et enfin de continuer à assurer la promotion de la culture de la pomme de terre pour atteindre le million d'hectares en 1870.

Les articles concernant ces quatre productions sont les plus nombreux et les mieux structurés. Ils sont bâtis selon un plan très proche de celui utilisé de nos jours consistant d'abord à présenter les différentes variétés mises en culture, à les comparer entre elles, à en évaluer les performances compte tenu des techniques culturales mises en œuvre et enfin aboutir à des conclusions apportant des idées tout à fait novatrices pour l'époque.

Frère Eugène-Marie a en effet été un des premiers à montrer l'importance de la qualité des semences et de la densité des semis sur le pouvoir germinatif des graines et l'élaboration du rendement. Ses nombreux essais lui ont montré la nécessité d'apports fertilisants au sol pour suppléer à la séquestration des éléments minéraux par la culture. Dans ce contexte, il a été le promoteur de l'utilisation des engrais chimiques (superphosphates, nitrates) en préférence aux engrais organiques (fumier, guano) encore largement utilisés à l'époque. Ses observations sur l'importance des nitrates et les mécanismes encore inconnus de la nitrification le faisaient indirectement participer aux recherches sur le cycle de l'azote qui préoccupait la communauté scientifique. Mais il faudra attendre les travaux de Berthelot qui ont montré le rôle fondamental des micro-organismes du sol dont l'identification n'est pas encore terminée.

En plus de l'analyse des essais réalisés à Beauvais, un important développement est consacré dans cet ouvrage à l'histoire de la pomme de terre avec, en particulier, celle de la variété « Institut de Beauvais » dont Frère Eugène-Marie a été l'obtenteur. Sans aucun doute la chance lui a souri (pour un religieux on dirait plutôt la Providence) dans l'élaboration de cette variété. Il était loin de prévoir qu'en semant les graines que lui avait offertes la famille Vilmorin, il obtiendrait, après plusieurs années d'essais, l'inscription au catalogue d'une variété encore commercialisée de nos jours, un siècle et demi après sa création. Un moyen peu courant d'accéder à la postérité.

Dès le début de cette préface, nous avons insisté sur la variété des sujets abordés dans l'œuvre scientifique du Frère mais il ne faudrait pas croire qu'elle s'est limitée aux cultures précédemment évoquées. Tout en restant dans le domaine végétal d'importants travaux ont porté sur le maïs, le sorgho, les plantes potagères et même l'arboriculture fruitière.

Même si on le sent moins à l'aise dans le domaine animal, ses apports sont loin d'être négligeables. Il a signalé par exemple l'influence de la qualité des fourrages sur la santé animale et la productivité du cheptel, et a insisté sur l'intérêt de l'ensilage dans l'alimentation. Sans être généticien, il a montré l'importance des croisements entre races locales et géniteurs étrangers pour en assurer la régénération. Preuve de confiance, le Haras national de Compiègne a confié trois étalons à la ferme de l'Institut et un autre en dépôt à Grandvilliers. Ce qui a donné lieu à des remarques fort pertinentes sur l'avenir de la race chevaline qui allait être de plus en plus en compétition avec le chemin de fer et plus tard avec le machinisme.

Si l'étude approfondie de l'œuvre du Frère Eugène-Marie a permis de mettre en évidence les traits les plus marquants de sa personnalité, cet ouvrage a aussi tenté de mieux l'appréhender en rapportant quelques citations trouvées, ça et là, souvent en conclusion de ses articles. Si on fait abstraction du style ampoulé de l'époque, on y découvre, héritée des Lumières, sa confiance dans les bienfaits de la science et dans la valeur du travail et de l'effort. Il avait aussi la conviction profonde que le progrès et, pour lui, celui de l'agriculture, contribuaient au génie de la France : une forme de patriotisme bien partagée à l'époque.

Une citation, choisie parmi beaucoup d'autres, résume bien son état d'esprit : « *Le succès en agriculture est le fruit et la récompense de la science qui éclaire, de l'énergie qui exécute et du travail patient qui assure le triomphe* ».

Sa soumission, librement consentie, aux règles de sa congrégation ne l'a pas empêché de s'imposer en tant que « patron » auprès des autres Frères et de ses plus proches collaborateurs. A la fois au sein de l'Institut et dans les nombreuses occasions qui lui ont été données d'intervenir au niveau régional, il est toujours apparu comme une personnalité écoutée, respectée, presque admirée.

Dans sa demande d'accorder le sursis d'incorporation pour ses élèves et dans celle de faire reconnaître l'Institut comme Ecole nationale, il a fait preuve de fermeté et de ténacité lorsqu'il était persuadé d'avoir raison, sans pour autant s'entêter lorsqu'il s'apercevait que les arguments qu'on lui opposait étaient recevables compte tenu des contraintes politiques du moment. La teneur des lettres qui nous sont parvenues concernant ces deux affaires montre qu'il savait aussi faire preuve de diplomatie.

Après lecture de cet ouvrage très documenté, fruit d'un important travail de son auteur sur les documents d'époque, on peut se poser quelques questions. Il est étonnant en effet que le Frère Eugène-Marie n'ait pas songé à rassembler dans un ouvrage de synthèse l'ensemble de ses travaux. Ce qui lui aurait permis d'avoir une audience plus large et la reconnaissance de ses pairs de la Société nationale et centrale d'Agriculture de France qui lui en auraient certainement ouvert les portes. Le souhaitait-il vraiment, lui qui avait refusé par modestie (?) la Légion d'Honneur que voulait lui remettre l'Empereur. Certainement ses tâches administratives, de plus en plus lourdes au fil des années, l'en ont empêché. En plus, les tracasseries de la IIIe République vis-à-vis de l'enseignement religieux ont eu un impact négatif et l'ont beaucoup affecté.

Plus étonnante encore est l'absence quasi complète de références à d'éventuels dégâts de ravageurs ou de maladies susceptibles d'apparaître dans ses propres essais et surtout dans ceux effectués à l'extérieur. On ne trouve qu'une seule mention du ver blanc et rien sur la rouille du blé, pourtant très répandue à l'époque, ni sur le mildiou de la pomme de terre qui en 1845, en Irlande, avait ravagé les cultures au point de provoquer une famine et des milliers de morts et qui commençait à se répandre sur le continent.

Ces deux maladies avaient pourtant fait l'objet de nombreux articles dans les revues de l'époque, mais pouvait-on y accéder à Beauvais ? Internet n'existait pas encore !

Avant de conclure, mention doit être faite de l'importance des annexes où on peut trouver la liste chronologique et exhaustive des travaux du Frère Eugène-Marie mais aussi celle de ses plus proches collaborateurs. On y rencontre aussi un grand nombre de données fort utiles à ceux qui seraient tentés de poursuivre ce travail ou de nous faire découvrir la vie et l'œuvre d'un autre Frère. Frère Antonis nous est donné en exemple, sous forme d'une courte biographie, déjà bien documentée.

Christian Ferault, ancien élève et enseignant à Beauvais, pathologiste et agronome, passionné d'histoire de l'agriculture, pouvait, mieux que personne, faire revivre le religieux, l'Homme et le savant qu'était à la fois le Frère Eugène-Marie, dont il nous fait partager son admiration et ressentir sa communauté d'esprit .

Charles DESCOINS

Chef de Département honoraire
de Phytopharmacie et d'Ecotoxicologie de l'INRA
Membre titulaire de l'Académie d'Agriculture de France

PRÉSENTATION

Au milieu du XIXe siècle, alors que l'enseignement agricole se met en place progressivement et avec difficultés en France, la création d'un « Institut Normal agricole » à Beauvais est autorisée le 20 décembre 1854 par le ministre chargé de l'Agriculture de l'époque, « avec la seule impulsion, de même qu'aux frais, risques et périls de l'industrie privée ».

Cette « industrie privée » est la congrégation des Frères des écoles chrétiennes, dont l'Institut a été fondé à Reims, en 1684, par Jean-Baptiste de la Salle, et qui correspond à des besoins d'enseignement d'abord primaire et professionnel, auxquels il sera répondu de façon « révolutionnaire » pour l'époque et sous des formes qui demeureront jusqu'à nos jours d'une étonnante actualité.

Cette Ecole d'agriculture revêt un caractère très novateur pour la congrégation : il s'agit du premier établissement de niveau supérieur dont elle a la charge ; ce qui la conduira à y associer, sous une forme originale, religieux et laïcs, initiative privée et soutiens publics.

L'Institut agricole ouvre le 8 décembre 1855... pour cinq élèves.

Avec des périodes difficiles, notamment au cours de la première moitié du XXe siècle, sous des appellations qui évolueront, surtout récemment (« Institut Polytechnique LaSalle Beauvais »), et avec un élargissement de sa palette de formation comprenant aujourd'hui l'agriculture, l'alimentation, la santé, la géologie et l'environnement, l'Ecole, dont les deux lignes majeures de force de sa formation et de son éducation sont l'insertion de ses élèves dans le monde environnant et l'entreprise et le rapport au concret, accueille aujourd'hui plus de 1 800 étudiants, ce qui la place, cent soixante ans après sa création, au premier rang des établissements français de ces spécialités.

* * *

Après une période de fondation et de premier développement menée par un trio composé d'un Frère, d'un Professeur d'agriculture départemental et d'un notable éclairé de l'Oise, l'équipe enseignante s'étoffe progressivement et s'appuie en particulier sur un jeune Frère, Eugène-Marie, né Eugène Chanoine en 1824, près de Vitry-le-François, présent à Beauvais depuis

1840, autodidacte passionné par l'étude de nombreuses matières dont les sciences exactes et naturelles et qui est précédemment « monté de classe en classe », au sein des écoles des Frères locales.

Il enseigne progressivement et de plus en plus, en « section agricole », à côté de ses charges au Pensionnat des Frères, et commence vite à expérimenter sur un modeste domaine loué par l'Ecole.

Ses premiers travaux portent sur les céréales, la pomme de terre, les graminées fourragères et les légumineuses dont il établit des collections permettant de réaliser des observations méticuleuses, pas seulement phénologiques, et d'effectuer de très nombreuses analyses de fractions végétales et de produits.

Aux côtés du directeur, le Frère Menée, Eugène-Marie occupe rapidement la place de « numéro 2 » durant les années qui suivent la création de l'Institut agricole dont il est nommé Sous-directeur en 1859. Le binôme est parfaitement complémentaire : d'un côté il y a le responsable administratif, pédagogique et religieux, de l'autre l'enseignant, le chercheur et l'expérimentateur en prise permanente avec les Sociétés d'agriculture et tout ce qui concourt aux progrès de l'agriculture.

Au décès du premier, Eugène-Marie est nommé Directeur, le 6 août 1864 et le restera jusqu'à son départ le 30 juillet 1893. Il aura demeuré cinquante-trois ans sur place dont vingt-neuf en qualité de Responsable de l'ensemble éducatif beauvaisien.

* * *

L'examen de son œuvre montre qu'elle est immense, et ceci sur des plans complémentaires : modification et évolution des programmes, accroissement des effectifs et ouverture à l'international, extension du domaine agricole et de sa partie expérimentale, constructions et aménagements à la nouvelle ferme et création et direction de la Station agronomique de l'Oise.

Très vite, il obtient prix et récompenses et il a « la main heureuse » en 1856, en obtenant de semis ce qui conduira à la variété de pomme de terre « Institut de Beauvais », dont l'existence – d'abord fort discrète – ne sera révélée qu'en 1880 … mais que l'on retrouve encore au Catalogue officiel en 2014 !

Eugène-Marie a été un véritable « bourreau de travail » qui s'est comporté en matière de recherche et vulgarisation à la manière des grands Agronomes de son siècle mais en assumant en plus tous ses devoirs de Chef hautement responsable des établissements qui lui ont été confiés.

Au cours de la seconde moitié de son directorat, il a eu aussi à faire face à la montée de l'anticléricalisme et à lutter, sur différents plans, contre des tracasseries diverses dont il se sortira de bonne façon.

Ses écrits sont nombreux et impressionnants par leur qualité globale, les principaux ayant été publiés dans les « Annales de la Station agronomique de l'Oise ».

C'est à leur analyse critique, replacée à la fois dans le contexte de l'époque et au niveau des connaissances actuelles que l'on vous propose de participer maintenant.

* * *

PREMIÈRE PARTIE

Le contexte, le cadre et l'Institut agricole de Beauvais

1.1. Naissance et développement de l'enseignement supérieur agricole en Picardie au XIXe siècle

Le contexte et le cadre

La création d'un Institut agricole à Beauvais dans le département de l'Oise, en 1854-1855, a lieu dans les premières années du Second Empire, proclamé le 2 décembre 1852.

Comment se présente alors l'environnement de cette entreprise ?

Le Second Empire est caractérisé par une importante expansion économique dans une conjoncture internationale favorable. Le pays s'installe dans le crédit, entreprend de grands travaux ferroviaires, routiers et d'urbanisme ; sa croissance est forte et il s'ouvre progressivement aux autres.

C'est une période de changements sociaux au cours de laquelle la société bourgeoise remplace les notables des époques précédentes. Elle « entreprend », appuyée, dans l'ordre, sur le sens du travail et le renouveau religieux… Vingt ans plus tard son écroulement surprendra beaucoup.

Dans le domaine agricole, la conjoncture est très favorable : la demande progresse et l'exode rural important accroît les revenus de ceux qui restent. D'autant que le progrès technique en matière de labour, de fertilisation, de battage, de place prise par les cultures fourragères… entraîne une amélioration sensible des rendements. On change d'époque, qui devient de moins en moins celle de la rente foncière…

Cette volonté de progrès, menée avec succès et efficacité d'abord par une poignée d'expérimentateurs-vulgarisateurs de qualité, puis relayée par des agronomes le plus souvent enseignants, suscite une aspiration à la formation et au partage des connaissances. Il faut instruire le monde rural, le « séduire » pour tenter de limiter l'exode… et ainsi mieux maintenir les masses ouvrières citadines ainsi que les chômeurs dont on se méfie.

En matière éducative, deux lois importantes sont en toile de fond et auront de grandes conséquences :

- la loi Guizot de 1833 pose le principe de la liberté d'enseignement et ouvre la possibilité de créer des « écoles libres » ;
- la loi Falloux de 1850, en supprimant le monopole de l'Université sur le secondaire, concrétise l'ouverture apportée par la précédente.

D'autant que l'Empereur assure, en 1852, que « ... la protection de la Religion entraîne comme conséquence la liberté d'enseignement ».

Une sorte de « lune de miel » s'ensuivra avec les catholiques... qui se dégradera après 1860 et « l'Empire libéral », parallèlement à la montée du laïcisme et de l'anticléricalisme.

Et l'enseignement agricole ?

C'est sous la Restauration puis la Monarchie de Juillet que les Pouvoirs publics vont commencer à s'y intéresser pour ces raisons agricoles, économiques, sociales et sociétales.

Avant ces époques, n'existaient que les deux Ecoles vétérinaires de Lyon et d'Alfort, établies respectivement en 1762 et 1763. Sont ensuite créées, entre 1823 et 1825, l'Ecole des Haras, celle des Eaux et Forêts et l'Ecole vétérinaire de Toulouse.

D'autre part, des initiatives privées conduisent à la mise en place de quatre établissements :

- à Roville-devant-Bayon (Meurthe-et-Moselle), Mathieu de Dombasle installe, en 1822, une « ferme-école » associée à un Institut de formation. Il publie les « Annales de Roville » qui représentent un monument de l'Agronomie française après les œuvres, déjà anciennes, d'Olivier de Serres et de l'abbé Rozier. Faute de moyens suffisants, l'ensemble fermera en 1842 ;
- à Grignon (Seine-et-Oise), Auguste Bella, ancien officier du Premier Empire, ouvre une Ecole en 1828 ;
- à Grand-Jouan, en Loire-Atlantique, Jules Rieffel – disciple de Mathieu de Dombasle – fonde, en 1830, une Ecole sur un modeste domaine... dont l'essentiel reste à défricher. Une « Ecole primaire d'Agriculture » lui sera adjointe [en 1842, le Ministère de l'Agriculture prendra la responsabilité de l'ensemble qui restera dirigé par son fondateur pendant 51 ans. Un transfert à Rennes aura lieu en 1896] ;
- à La Saulsaie, dans l'Ain, Césaire Nivière, fils d'avocat, reprend le domaine familial et y associe une Ecole d'agriculture de niveau élevé (c'est une originalité). L'Etat l'aidera mais cela n'empêchera pas un désastre financier. Cet établissement sera transféré à Montpellier en 1872.

Sur ces quatre initiatives, une disparaîtra mais trois demeureront et poursuivront brillamment leur développement sous l'égide de l'Etat, dont deux sur des sites différents. Elles ont en commun d'être nées de la volonté d'une personne.

Et les Pouvoirs publics de l'époque ?

Peu après la Révolution de 1848, le ministre de l'Agriculture Tourret – un agronome – fait parvenir à tous les préfets une lettre annonçant l'organisation de l'enseignement agricole entre trois niveaux. Deux raisons – à côté de la mission républicaine et de la nécessité d'accroître les productions – sont indiquées :

- le retard et la perte d'attractivité des campagnes,
- l'objectif de parer aux conflits sociaux associés à la « prolifération » d'un prolétariat urbain...

Il ne pouvait être plus clair !

En conséquence, il est proposé de créer et / ou de faire prendre en charge par l'Etat :

- un Institut national agronomique à Versailles, établissement supérieur,
- des écoles régionales – au niveau secondaire donc – dont Grignon, Grand-Jouan et La Saulsaie ainsi que Saint-Angeau, dans le Cantal, à créer,
- des « fermes-écoles » à soutenir ou à constituer, au niveau primaire.

Cet ensemble est « accepté » et un décret est pris dans ces directions le 3 octobre 1848.

Curieusement, ces perspectives structurantes sont peu suivies d'effets.

L'Institut de Versailles ferme en 1852, de même que l'Ecole de Saint-Angeau ainsi que celle, plus ancienne, des Haras. Les « fermes-écoles » ont du mal à recruter...

Pour quelles raisons, si peu de temps après les perspectives ainsi offertes ?

Se mêlent des motifs budgétaires, des oppositions de notables, et sans doute les hésitations de l'opinion face à un tel mouvement porteur d'avenir. Toujours est-il que l'Empereur n'impose pas ce qu'il a semblé vouloir soutenir à son arrivée au pouvoir...

Autre élément à prendre en considération : l'existence de Chaires d'Agriculture départementales depuis 1838, mais qui ne seront rendues obligatoires qu'à partir de 1879. Les enseignants qui les occupent (« Professeurs d'Agriculture ») ont la charge de leçons dans les Ecoles Normales primaires et de conférences spécialisées dans les villes et les villages. L'un d'eux, Louis Gossin, jouera dans l'Oise un rôle particulièrement important.

Ces « Chaires » sont les ancêtres des Directions des Services agricoles puis des Directions départementales...

L'Institut agricole de Beauvais

C'est dans ce contexte favorable à l'agriculture et à ses progrès, mais peu encourageant en matière d'enseignement professionnel, que va être fondé un établissement lasallien spécialisé à Beauvais par une petite équipe reposant sur trois Personnalités, et ce malgré les obstacles à franchir. Il fallait y croire !

Qu'y avait-il sur place ?

Depuis près d'un siècle, et venant de différents milieux, des demandes répétées étaient faites aux Frères des écoles chrétiennes[1] afin qu'ils établissent des « écoles charitables » sous la responsabilité de Religieux.

Au début de la Restauration, une réponse positive est apportée et une « école communale » est créée, en 1817, dans des locaux appartenant à la ville. Après quelques vicissitudes, elle est maintenue entre les mains directoriales du Frère Menée (Jean Julien Baron), Breton entreprenant et audacieux, déjà reconnu pour ses succès, qui décide de la création d'un second établissement, le Pensionnat Saint-Joseph, comportant un internat pour les élèves éloignés.

Un bâtiment est construit, à partir de 1842, près du centre-ville et à proximité de la gare. On y accède principalement par la rue de Nully d'Hécourt, du nom du maire qui obtint une réponse positive de l'Institut des Frères. Cette construction, qui ne sera achevée qu'en 1861, abritera ensuite le futur Institut agricole.

Pour l'heure, le Pensionnat délivre un enseignement primaire et primaire supérieur (brevet), à des élèves externes ou internes âgés au plus de 18 ans.

En 1851, il est décidé que chaque département devra assurer la formation des maîtres de l'enseignement public et, dans l'Oise, le Frère Menée est sollicité à cette fin[2] : le directeur adjoint, en conséquence, en 1852, un « Cours Normal » ouvert à des boursiers du département. Il fonctionnera 32 ans, jusqu'en 1884, en raison alors de la laïcisation de l'enseignement public et de la création des « Ecoles Normales » laïques.

---

[1] Institut religieux fondé à Reims, en 1684, par Jean-Baptiste de La Salle (d'où le nom de « lasalliens »). D'abord spécialisés dans les enseignements primaire et professionnel, ils ont progressivement élargi leur palette, surtout à partir de 1923. Leurs idées fondamentales sont simples et de bon sens après avoir été révolutionnaires : connaître l'enfant et son milieu familial et social ; adapter l'attitude éducative au caractère de chacun ; faire participer l'élève à son enseignement et à la vie de son établissement, et le responsabiliser. Un ensemble global de l'éducation qui comporte une attention particulière aux matières de base.
Après un fort développement au XVIIIe siècle puis une expansion rapide en France et à l'étranger au XIXe, la Congrégation a été supprimée en 1904. Depuis, elle s'est adaptée à de nouvelles conditions d'exercice et d'apostolat en faisant largement appel à des non-clercs. En France, elle est responsable de deux établissements supérieurs dont « La Salle Beauvais ».

[2] Il faut bien noter qu'à cette époque, les Congrégations avaient la possibilité de tenir des établissements publics ou des écoles libres et que les autorités avaient le choix entre institutions religieuses et responsables laïcs pour s'occuper des écoles primaires et des écoles Normales.

Au moment où l'on va évoquer le sujet qui va maintenant nous occuper, il y a donc déjà sur place une Ecole primaire supérieure, un Pensionnat et l'Ecole Normale d'instituteurs.

Aux commandes de cet ensemble, le Frère Menée est, sans conteste, l'initiateur de cette nouvelle perspective. Il regrettait, en effet, que, parmi ses élèves, bien peu revinssent au village pour s'intéresser aux questions agricoles et rurales, et il proposait, en conséquence, d'orienter pour partie l'enseignement dans cette direction.

C'est pourquoi, dans un premier temps, il exprime la volonté de faire dispenser aux élèves de l'enseignement général – y compris au sein de l'Ecole Normale – une certaine instruction agricole. Une grande nouveauté !

Dans cette optique, il recherche un Professeur adapté à ce qu'il souhaite. C'est alors qu'il fait deux rencontres décisives :

- celle de Louis Gossin, précédemment mentionné, né en 1818, juriste mais reprenant la ferme paternelle située dans les Ardennes et qui se passionne vite pour le progrès et la diffusion des connaissances. Son premier ouvrage, « Manuel d'agriculture », publié à 23 ans, lui vaut d'ailleurs de devenir Correspondant de la Société centrale d'Agriculture ;
- celle, en 1848, d'Edouard de Tocqueville – frère de l'illustre écrivain et académicien –, né en 1801, propriétaire foncier « éclairé » dans l'Oise, également passionné d'avancées, et président de la Société d'agriculture de Compiègne, qui fait nommer le premier comme Professeur dans cette ville et ses environs. Connaissant le Frère Menée, il le lui présente en 1852.

L'affaire est vite conclue et Louis Gossin deviendra titulaire de la « Chaire d'agriculture et d'économie rurale » en 1855, pour y rester jusqu'à son décès vingt-cinq ans plus tard.

Mais auparavant, c'est le trio fécond, aux responsabilités et aux relations complémentaires qui va décider de la création d'une Ecole d'agriculture à Beauvais, dans le but de délivrer un enseignement approprié aux enfants d'agriculteurs et à ceux qui œuvrent dans les campagnes. Le souci de former de futurs Professeurs est très présent, et c'est pour cette raison que l'on va créer un « Institut Normal agricole » dans les lieux déjà dévolus à l'enseignement général.

Des débats – qu'on peut imaginer passionnés – ont lieu sur la plus judicieuse entrée de cet enseignement agricole : dès le primaire, dans le secondaire ou / et ensuite ? Le Directeur et Edouard de Tocqueville estiment qu'il faut former des jeunes pour les besoins de l'exploitation et en faire les futures « élites rurales ». Un accord est trouvé : les trois fondateurs optent pour un niveau « supérieur », à visée nationale, comportant la formation d'enseignants et celle de futurs cadres.

Dès ces principes posés, les Autorités réagissent positivement, localement au niveau des élus et plus largement des Sociétés d'agriculture du département. Le préfet (A. Randouin), appuyé par les députés de l'Oise et les autorités religieuses, fait un rapport au ministre de l'Agriculture en sollicitant agrément et soutien.

L'affaire avance vite : par un courrier du 20 décembre 1854, le Ministre (M. Magne) donne son accord à la proposition « avec la seule impulsion, de même qu'aux frais, risques et périls de l'industrie privée ».

Il annonce un « secours » de 10 000 F pour 1855 en précisant que le futur établissement « sera soumis à la surveillance de l'autorité départementale et à celle de l'Inspection générale de l'Agriculture ».

Le préfet veut alors aller vite et procède de suite à une publicité en direction des Conseils généraux afin d'attirer des élèves boursiers.

Il ne reste – si l'on ose dire – qu'à mettre en œuvre le projet !

Les difficultés rencontrées sont de deux ordres :

- au sein de l'Institut des Frères, l'accueil n'est guère enthousiaste. La Congrégation n'intervient pas dans le « supérieur » d'alors et l'appel annoncé à des collaborateurs laïcs pose question. Par ailleurs, la coexistence de trois niveaux d'enseignement en un même lieu interpelle. Enfin, les moyens à mobiliser inquiètent, voire effrayent, les Responsables ;
- l'Institut devant délivrer un enseignement – une éducation – au niveau souhaité, cela suppose le recrutement de personnels adaptés, la mise à disposition de locaux spacieux, de cabinets, de terrains et de bâtiments pour la pratique…

Ces obstacles ne démoralisent pas les trois fondateurs. Le Frère Menée, à force de persévérantes interventions, obtient finalement du Supérieur général – le Frère Philippe – un « *licet* », c'est-à-dire, dans le cas présent, un accord avec réserve. Longtemps après (en 1867), le Supérieur reconnaîtra, sur place, « l'accomplissement d'une prophétie ». Quant aux questions humaines et matérielles, elles seront plutôt bien résolues au fil du temps…

L'« Institut Normal agricole de Beauvais » ouvre le 8 décembre 1855, en présence des Autorités… pour cinq élèves. Et comme ses Responsables ne veulent pas dissocier théorie et pratique, ils louent un domaine de 27 ha en périphérie de la ville qu'ils étendront rapidement par locations. Des Frères et des ouvriers en assurent la bonne marche. La subvention d'Etat sert à acheter du matériel et des animaux. Par ailleurs, l'entreprise reçoit des dons en nature.

Aux rentrées suivantes, les effectifs croissent vite (p.e. 22 élèves en 1858, soit l'effectif souhaité) et les origines se diversifient (15 départements cette même année), mais les documents d'examens finaux traduisent l'insuffisance des connaissances des candidats à l'entrée. Pour tenter d'y remédier, une « section préparatoire » sera créée en 1861. Les locaux disponibles ne permettant pas un hébergement satisfaisant, le Frère directeur entreprend de nouvelles constructions sur le site.

Vaille que vaille, l'Ecole progresse et un programme et un règlement « définitifs » sont mis en place en 1862. L'article premier indique les buts :

- « ... donner l'instruction théorique et pratique aux jeunes gens âgés de 16 ans au moins, qui désirent embrasser la carrière agricole ;
- préparer au professorat agricole ».

Les études sont réparties entre trois années, et une commission d'examen est nommée par le préfet.

En fin de troisième année et après réussite (les deux tiers au moins du maximum des points), les élèves obtiennent le brevet de Capacité agricole. Ceux qui se destinent au professorat subissent un examen général, doivent soutenir une thèse agricole et dispenser une leçon.

Les détails de la vie de l'époque sont réglés : ainsi le lever a lieu à 5 heures et le coucher à 9 heures ! Chaque après-midi, les élèves se rendent à l'exploitation pour recevoir des enseignements pratiques et participer aux travaux. On insiste sur les rôles de la bibliothèque et des collections.

Dix ans après la fondation, le Frère Menée disparaît au terme d'une vie bien remplie. Son œuvre est immense. Louis Gossin demeure le principal, et vénéré, enseignant. Edouard de Tocqueville continue de jouer un rôle politique et relationnel important, notamment par l'intermédiaire de la Société des Agriculteurs de France dont il a été l'un des fondateurs et un vice-président, structure qui sera d'un grand secours pour l'Institut, plus tard et pendant longtemps.

1864 : un nouveau responsable est nommé, le Frère Eugène-Marie qui sera un très grand directeur et aura parmi ses nombreux titres de gloire la création de la variété de Pomme de terre « Institut de Beauvais ».

1.2. Le Frère Eugène-Marie : du jeune Novice au Directeur de l'Institut agricole

Eugène Chanoine naît le 23 avril 1824 à Ablancourt, canton de La Chaussée, arrondissement de Vitry-le-François, dans le département de la Marne. Son père, Jean-François, a alors 25 ans, il est manouvrier. Sa mère, Marie-Victoire Simonet, aura cinq enfants dont trois fils. Eugène-François, Eugène pour l'état civil, son premier prénom étant celui de son grand-père alors âgé de 75 ans et également manouvrier, est le troisième enfant de la famille.

Acte de naissance de François-Eugène Chanoine (copie)

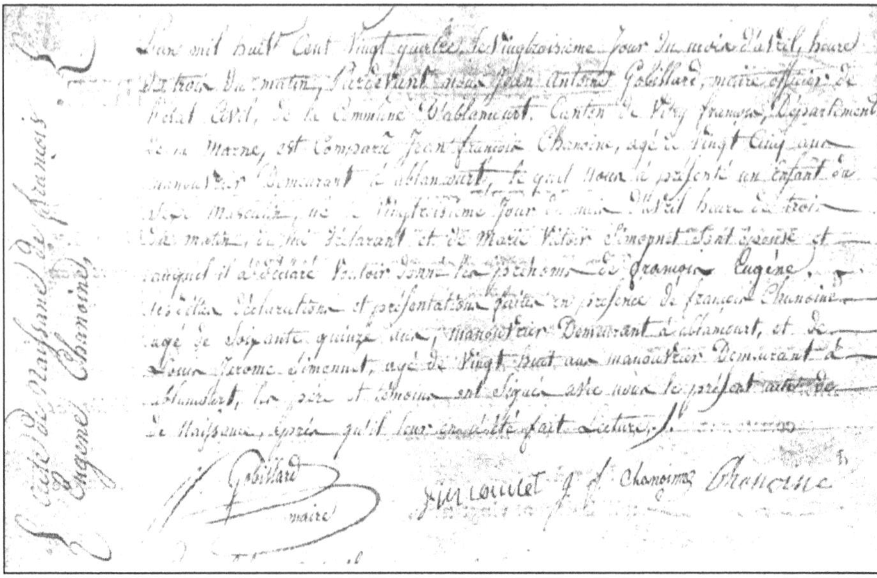

L'an 1824, le vingt-troisième jour du mois d'avril heure de trois du matin, pardevant nous Jean Antoine Gobillard, maire officier de l'état civil de la Commune d'Ablancourt, canton de Vitry-le-François, département de la Marne, est comparu Jean-François Chanoine, âgé de 25 ans, manouvrier, demeurant à Ablancourt, lequel nous a présenté un enfant du sexe masculin, né le 23e jour du mois d'avril, heure de trois du matin ; de lui déclarant et de Marie-Victoir Simonnet sont épouse et auquel il a déclaré vouloir donné les prénoms de François Eugène, les dites déclarations et présentations faites en présence de François Chanoine, âgé de 75 ans, manouvrier, demeurant à Ablancourt et de Louis Jérôme Simonnet, âgé de 28 ans, manouvrier, demeurant à Ablancourt, les père et témoins ont signé avec nous le présent acte de (de) naissance, après qu'il leur en a été fait lecture.

Son père disparaîtra en 1854, victime du choléra ; sa mère aura une longue vie – de sacrifices semble-t-il – et mourra à 96 ans, en 1889, soit peu avant le décès de son troisième enfant.

Après l'école d'Ablancourt, Eugène, qui manifeste de grandes dispositions pour les études, est confié par ses parents aux Frères des écoles chrétiennes et rejoint en conséquence Vitry-le-François. Le directeur de l'établissement, le Frère Aimare, repère rapidement les qualités et prédispositions de l'élève qui demande à entrer dans la Congrégation. Ses parents s'y opposent dans un premier temps, puis acceptent en 1837. Leur fils n'a alors que 13 ans. Il rejoint, en tant que novice, la Maison mère située à Paris, rue Saint-Martin. Ces « Petits-noviciats » destinés à accueillir des garçons âgés de 13 à 16 ans et manifestant des signes de vocation religieuse, étaient une nouveauté voulue par le Frère Philippe, Supérieur général de l'époque qui marqua profondément la Congrégation au cours des trente-sept années de ses mandats successifs.

Eugène y demeure deux ans, jusqu'en 1839 donc, et rencontre là plusieurs futurs Frères visiteurs ainsi que le Frère Joseph qui deviendra Supérieur général. Il demande à poursuivre et entre au Grand noviciat où il parfait son éducation religieuse et assure sa vocation.

A un peu plus de 16 ans, sa formation étant considérée comme suffisante et terminée, il est envoyé, le 8 juillet 1840, au Pensionnat de Passy – établissement renommé encore de nos jours – où il devra se former à sa mission de professeur et d'éducateur lasallien. Il est placé sous la direction du Frère Théotique considéré comme un organisateur et un éducateur de premier ordre.

Mais Eugène – devenu Frère Eugène-Marie[1] en religion – fait, à la rentrée 1840, une rencontre décisive : le Frère Menée, directeur des établissements de Beauvais, rend visite à son Supérieur. Il a de très grands projets à réaliser dans l'Oise et recherche des professeurs sur lesquels il pourrait miser pour l'avenir.

Eugène-Marie est appelé. Ses contemporains le décrivent comme un personnage « de taille modeste, à mine ronde et souriante, à l'œil étincelant, à la démarche vive et décidée… ».

De l'entretien ressort une décision : le Frère Menée arrête son choix et tous deux partiront pour Beauvais, précisément le 2 octobre. Il y a sans doute eu un mélange d'obéissance congréganiste et d'intérêt personnel de la part de ce jeune Frère décidé, énergique et plein de vigueur.

Son passage par Passy aura été de courte durée !

Une fois à Beauvais – où il restera 53 ans –, on lui confie la première classe de l'école communale de la place Saint-Etienne puis la responsabilité de la partie scientifique du Demi-Pensionnat ainsi que du Pensionnat, transféré rue Nully-d'Hécourt dans des bâtiments en rénovation et en construction qui hébergeront, jusqu'en 1968, le futur Institut agricole.

---

[1] Il apparaît utile de signaler qu'un autre Frère, contemporain du Frère Eugène-Marie, porte le même nom religieux : il s'agit d'un « Frère de Saint-Gabriel », communauté fondée par Louis-Marie Grignion de Montfort (1673-1716), et dont la mission principale est l'éducation et l'instruction de la jeunesse.
Cette Congrégation a beaucoup évolué au cours des siècles : importante en France au XIXe, surtout dans l'Ouest et au niveau de l'enseignement primaire, elle a été rénovée dans la suite du concile Vatican II. Aujourd'hui, ses forces vives se sont déplacées d'Europe et du Canada vers l'Afrique et l'Asie.
Le Frère Eugène-Marie (Antoine Baumet, 1823-1883) en fut le troisième Supérieur général, entre 1862 et 1883. Bien que de santé délicate, il aura été élu cinq fois à cette fonction suprême. Sa culture biblique était, paraît-il, prodigieuse. Il rédigea une nouvelle Règle, moins juridique que celle qui précédait, donnant la priorité à la pédagogie car il souhaitait que les Frères disposassent d'une solide formation religieuse et profane « sans jamais séparer la science de la vertu ». Le souffle important qu'il donna à cet Institut s'exerça aussi en matière d'implantation et de financement de noviciats répartis sur le territoire français.

Il enseigne de nombreuses disciplines : mathématiques, sciences physiques et naturelles mais aussi français et grammaire, et « monte » rapidement de classe en classe jusqu'à atteindre le niveau le plus élevé du Pensionnat. Certains de ses anciens élèves du moment intégreront ensuite les plus prestigieuses Grandes écoles françaises. Tous vanteront son remarquable élan, sa vivacité et sa lucidité, par exemple pour des questions ardues de mathématiques.

Comment faisait-il pour y parvenir, lui à peu près autodidacte[1] ? Par un travail acharné, une curiosité insatiable et avec la même minutie que dans la préparation de ses cours. Il utilisait, dira-t-il plus tard, tous ses moments disponibles, dont les vacances des élèves.

Ses prédilections se portèrent vite vers les sciences naturelles, et notamment, c'était peu fréquent à l'époque, en ce qu'elles touchent à l'agriculture : il herborise, dissèque, observe et lit les principaux auteurs du moment. Frère Eugène devient aussi un bon chimiste. Il est également reconnu comme botaniste et zoologiste qui tient toujours à associer théorie et pratique. Mais il n'oublie pas le reste, spécialement la littérature et l'étude de l'antiquité… et ne néglige pas ses devoirs religieux ! Il constitue, en tout cela, un personnage à culture encyclopédique, comme on en trouve beaucoup au XIXe siècle.

A l'aube de sa future aventure agricole, écoutons ce qu'il pense du professeur religieux : « La jeunesse est ardente, passionnée ; deux courants opposés la sollicitent ; l'un plus fort, le mal, la satisfaction des sens ; l'autre le bien. Voulez-vous garder leur moralité, enrayer ce courant vers le mal ? Donnez-leur la passion du travail ; alors ils deviennent accessibles à la piété, à l'amour du bien ; vous les sauverez du naufrage ».

Frère Eugène montre en tout cas l'exemple, n'hésitant pas à enseigner dix ou douze heures par jour. « C'était le bon temps » affirmera plus tard ce véritable bourreau de travail.

A partir de 1852, le Frère Menée reçoit la direction du Cours Normal de l'Oise auquel le Frère Eugène apportera également sa contribution éducative.

Puis c'est la préparation du grand projet agricole avec Edouard de Tocqueville et Louis Gossin. Frère Eugène y est étroitement associé et travaille de concert avec son supérieur dont il est devenu le bras droit.

L'Institut Normal agricole est fondé et a besoin de cadres et d'enseignants de qualité (rappelons, à nouveau, que ce projet était novateur et hardi pour la Congrégation) : notre héros trouve là une occasion rêvée d'aller de l'avant ; sa présence, sa disponibilité, sa passion pour l'agriculture le rendent incontournable. Il a 31 ans.

---

[1] A replacer dans le contexte de l'époque : il n'était alors pas rare de rencontrer de tels scientifiques autodidactes. On peut citer Bella, ancien militaire… et fondateur de l'école de Grignon.

Tout en poursuivant, quelques années encore, ses cours au Pensionnat, il enseigne, en « section agricole », les mathématiques élémentaires et supérieures, la physique, la chimie dans ses différentes composantes, la botanique et la zoologie générale (!). Et comme il ne veut rien laisser sans applications pratiques, il investit le petit domaine de l'abbaye de Saint-Lucien loué par l'école : ses terres seront assolées, cultivées avec soin et largement ouvertes aux champs d'expériences. C'est une nouveauté pour l'époque mais, il est vrai, pas seulement à Beauvais.

Avec rigueur et méthode, notre Enseignant y fera, aidé par les élèves, ses premières études et recherches. Les animaux ne sont pas oubliés et l'on y évalue les races convenant le mieux à la région.

D'importantes collections des trois grandes céréales de l'époque (blé, orge et avoine) sont constituées, permettant de réaliser des observations méticuleuses, pas seulement phénologiques, et d'effectuer moult analyses (gluten, amidon, aptitude à la panification...).

Les pommes de terre suivent rapidement avec plusieurs centaines de « variétés », éprouvées notamment pour leur richesse en fécule.

Viendront d'autres collections : de légumineuses et de graminées fourragères en particulier.

C'est dans ce creuset que seront préparés les futurs « mémoires » dans lesquels le Frère Eugène jouera un rôle capital.

Les récompenses arrivent vite : une médaille d'or dès 1854 et... quarante-neuf prix entre la création de l'Institut et 1862. Le professeur reste modeste et vante les mérites de l'établissement... Il reçoit toutefois, en 1860 et à titre personnel, un diplôme d'honneur spécial délivré par la Société Polytechnique universelle.

Et c'est au cours de ces années, principalement consacrées à l'enseignement, à l'expérimentation et à la recherche que le Frère Eugène-Marie a « la main heureuse » en réalisant – probablement en 1856 – le fameux semis de graines de pomme de terre qui conduira à la création de la variété « Institut de Beauvais » (ou « Semis de l'Institut »).

On ressent aisément que durant les dix années qui suivent la création de l'Institut, le Frère Eugène, malgré son jeune âge, occupe progressivement – mais sans doute dès le début – la place de « numéro 2 » : le Frère Menée, directeur du grand ensemble, est sans doute très pris par ses responsabilités et délègue beaucoup du quotidien à son Confrère.

Il est possible d'affirmer que le développement fulgurant de l'Ecole dans les années qui suivront sera dû à ce remarquable binôme d'hommes si complémentaires. Que serait-il devenu dans l'hypothèse – toute théorique ! – d'un non-passage du Frère Menée à Passy ? Certains évoqueront la Providence...

En 1859, la nomination du Frère Eugène à la fonction de Sous-directeur de l'Institut agricole, officialise les choses en lui offrant une position plus claire au sein de l'établissement.

Quatre années plus tard, la santé du fondateur-frère décline sérieusement : sa mission est remplie, les difficultés de tous ordres rencontrées ayant été combattues avec succès. Au-delà de sa fonction officielle, Eugène est devenu une sorte de confident et conseiller du Frère directeur : il sait tout du fonctionnement de l'Ecole, des questions qui sont posées et du chemin sur lequel il va falloir progresser.

Durant l'année de maladie du Frère Menée, le Frère Eugène va, en conséquence, assumer une direction de fait qui l'éloignera forcément un peu de ses préoccupations professorales, mais il ne négligera, semble-t-il par ses publications en tout cas, pas grand-chose.

Le premier directeur s'éteint le 10 juin 1864. Lors de la remise des prix qui intervient durant l'été, son président, l'évêque de Beauvais, Monseigneur Gignoux indique que « ...la Providence nous en a réservé un autre [Père] que vous connaissez bien... ». Avant même la nomination officielle par l'Institut des Frères, Eugène est donc intronisé dans la plus haute fonction. Il vient d'avoir 40 ans.

En réalité, l'affaire telle que présentée « officiellement » n'a pas dû être aussi simple : des documents font état de réserves de la hiérarchie qui n'a, certes, aucune critique à formuler en matière de niveau et de compétences du « candidat de fait », mais qui s'inquiète sans doute de la grande liberté d'initiative prise par le Sous-Directeur et surtout de l'état de ses rapports avec certains de ses Confrères. Le Frère Eugène dérange par son activité débordante et dans un grand nombre de directions. De plus, question récurrente dans la Congrégation, il va diriger une Ecole supérieure...

Toujours est-il qu'il est Directeur le 6 août 1864. Ce sera pour 29 ans !

En accédant à la fonction suprême, il sait pouvoir compter sur des soutiens solides mis en place autour de lui comme ceux des Frères Arsénius, Laurentius ou Adelin (à distinguer parmi d'autres), des professeurs laïcs (Messieurs Dubos, Auger, Delaville...), mais aussi des responsables nationaux au ministère de l'Agriculture (Drouin de Lhuys, Lefèvre Sainte-Marie, en particulier) ou au sein du département (Randoin-Berthier, Chevreau...).

Tout un réseau donc qu'il a su constituer, sélectionner et fidéliser au cours de ses années de professorat. Cet ensemble lui sera fort utile pour faire avancer ce qu'il dirige : le Pensionnat, le Cours Normal et l'Institut agricole.

Par ailleurs, nous sommes dans la dernière partie du Second Empire auquel Frère Eugène apparaît très favorable par ses écrits (au moins en filigrane) et son comportement. En 1869, il accueille, à Beauvais, l'Empereur et l'Impératrice Eugénie venus pour le Concours régional agricole de la région Nord. A cette occasion, il prononce un discours par lequel il vante – à juste titre – les mérites du Souverain « protecteur puissant de l'agriculture ». De son côté, le vicomte de Tocqueville glorifie la place de l'Institut au sein du département et le rôle essentiel de l'initiative individuelle pour mener à bien un tel projet.

Ce sera, sans doute, la meilleure période de l'établissement au plan de ses rapports avec le pouvoir politique car la « république monarchiste » qui suivra la Commune et à laquelle le Frère Eugène semble avoir été favorable, décevra vite. Et les années qui suivront seront celles du début des difficultés...

Le long directorat du Frère Eugène-Marie va être marqué par un grand nombre de réalisations et de progrès qu'il est nécessaire d'indiquer sommairement.

Un premier groupe touche au cadre des études avec, en premier lieu, les bâtiments abritant Elèves et Responsables, et l'exploitation agricole.

Le Directeur parachève d'abord le campus sur lequel sont situés le Pensionnat et l'Institut agricole. Son prédécesseur avait bien entamé la chose au cours de la petite quinzaine d'années précédant et entourant l'ouverture, puis en réalisant les constructions nécessaires. Frère Eugène poursuit par quelques achats de terrains qui donnent à l'ensemble une surface respectable pour l'époque (1,2 ha, en plein centre-ville) et le visage qu'il aura durant un siècle.

On a évoqué le petit domaine de Saint-Lucien, ses avantages pour la partie pratique de l'enseignement mais aussi ses limites dues à sa superficie. Frère Eugène cherche ailleurs, trouve puis tente d'obtenir l'accord de ses Supérieurs. Tâche difficile jusqu'à ce qu'il propose une ferme d'environ 100 ha à la sortie nord-ouest de la ville aujourd'hui étendue. Cette exploitation dite « ferme de la Maison-Rouge », et plus souvent « ferme du Bois », a appartenu jadis à Bossuet et maintenant au Marquis de Corberon, ami de l'Institut. L'affaire est entendue puis autorisée par la hiérarchie. Elle est louée, en 1868, pour vingt-sept ans.

Cet outil – qu'il rebaptise « ferme Saint-Joseph » – va lui permettre de changer la dimension de l'aspect pratique de l'enseignement, ainsi que l'ampleur et les perspectives des travaux de « recherche-développement ».

Très vite, il y établit, à côté du personnel, une petite communauté de frères sous la responsabilité (« Pro-Directeur ») des Frères Laurentius, Arsénius puis Bertinien, c'est-à-dire des collaborateurs en lesquels il a toute confiance. Il demeure cependant, d'après les éléments que l'on peut trouver, le vrai chef.

Il rationalise et modernise le système de culture et fait réaliser de lourds travaux dans les bâtiments d'exploitation qu'il complète et rend vite aptes à accueillir des animaux de qualité, second pilier de l'enseignement qu'il souhaite. L'Administration des Haras y établit d'ailleurs un dépôt d'étalons qui fonctionnera pendant trente ans en assurant la remonte pour la région.

En 1881, il parachève cette partie foncière de son œuvre en constituant la « Société anonyme de Beauséjour » qui achète une vingtaine d'hectares d'herbages au Marais dans la vallée du Thérain et une propriété dite « La Folie » puis « Beauséjour » sur la route d'Amiens, futur centre fruitier, avicole, apicole...

Cadre et supports sont donc constitués et rapidement mis en ordre de marche.

Un second ensemble d'actions concerne les étudiants, leur recrutement et les enseignements qui leur sont dispensés.

Au préalable, soulignons le cheminement du Frère Eugène : autodidacte, il a d'abord enseigné, très jeune, dans le primaire puis, « en montant de classe en classe », il a atteint le sommet du Pensionnat. Au sein de l'Institut agricole, il a à faire face à une situation bien différente : il s'agit de proposer à des jeunes gens – dont une majorité seront dans leur vie professionnelle future des « agriculteurs éclairés » – un enseignement supérieur d'un niveau tout à fait comparable à celui dispensé par les Ecoles nationales.

Il va agir grâce à des leviers complémentaires.

Tout d'abord, les effectifs vont être accrus progressivement. Ils sont faibles dans les années 60-70, une quinzaine d'élèves au maximum recevant, en fin de scolarité, le diplôme de « Capacité agricole » ou celui de « Professeur agricole ». La hausse du nombre d'admis permet une meilleure sélection car les critères d'exigence deviennent plus stricts.

Ainsi, 26 élèves intègrent l'Institut à la rentrée 1888.

Une seconde révolution consiste en une ouverture du recrutement à des étudiants étrangers à partir de 1869. Polonais, Mexicains, Espagnols et beaucoup d'autres « font » Beauvais grâce aux établissements lasalliens implantés un peu partout. A la fin du directorat du Frère Eugène, ces élèves étrangers, provenant des cinq continents, et les Anciens répertoriés sont originaires de 25 pays. On commence à parler, d'ailleurs, d'Institut international agricole de Beauvais.

Concomitamment, les programmes d'enseignement sont sérieusement revus, ainsi que les modalités pédagogiques.

On peut souligner la part des « sciences fondamentales » (mathématiques, physique et chimie) dans les cours durant les trois années d'études, et ce en comprenant leurs applications. Les apports des sciences naturelles dans leurs nombreuses composantes (botanique, zoologie, entomologie, géologie, « biologie » en tant que telle et progressivement) sont, bien entendu, fondamentaux. Et à côté des cours d'agriculture, on retrouve tout ce qui sera nécessaire aux futurs cadres avec le génie rural, le droit, la comptabilité, l'économie rurale… Sans oublier les technologies et « industries » appuyées sur les visites hebdomadaires, une marque de fabrique qui durera longtemps à l'Institut.

Un ensemble largement dû à la volonté du Frère Eugène.

A partir de 1888, le Professorat n'est plus délivré et il est remplacé par le Diplôme supérieur d'agriculture qui aura, sous des appellations un peu modifiées, une très longue existence. Ce diplôme est en quelque sorte le couronnement des études à Beauvais : un premier niveau est celui du Brevet d'agriculture (à la place de la Capacité) et les élèves qui le souhaitent se présentent au « supérieur » qui comporte une leçon et la soutenance d'une thèse.

En fait, le Frère Eugène a préparé tous les ingrédients nécessaires à ce que les élèves qui le méritent obtiennent un diplôme d'ingénieur... qui ne sera décerné qu'à partir de 1913.

C'est à ce niveau qu'il faut replacer l'étroite complémentarité entre enseignement théorique et aspects pratiques. On l'a vu, le Frère Eugène a toujours voulu les associer.

Doté de ces nouveaux outils de travail, il va magnifiquement réussir ses recherches et actions de développement. Il a très vite compris en effet qu'il lui fallait disposer d'une autorité scientifique incontestable appuyée sur des publications reconnues. Il va ensuite pouvoir rayonner.

Ses travaux et la création de la Station agronomique de l'Oise et de ses Annales, dont il sera le directeur et l'âme incontestée, vont lui permettre d'asseoir son autorité, locale et départementale bien sûr, régionale et nationale également.

Enfin, mais sans que des développements soient ici nécessaires, on soulignera :

- son attitude courageuse et intrépide durant la guerre de 1870-1871,
- l'action qu'il joua dans la constitution de la « Société des Anciens Elèves »,
- sa volonté – motivée par des questions de sursis aux obligations militaires – pour les élèves d'une reconnaissance de l'Institut en tant qu' « Ecole nationale ». Une démarche surprenante mais généreuse et « égalitaire » qui, après de multiples rebondissements, échoua. Le sursis fut cependant obtenu, moyennant quelques conditions, et la chère liberté de l'Institut maintenue.

Avec la montée de l'anticléricalisme, une question importante se posa rapidement. Elle revêtait un double aspect : en 1882, une dernière subvention, modeste, est accordée à l'Institut mais, surtout, le Préfet qui jusque-là s'occupait de la Commission des examens et de la co-signature des diplômes en est déchargé.

Frère Eugène se tourne alors vers la Société des Agriculteurs de France (SAF) appuyé par de puissantes relations dont beaucoup d'Anciens élèves. Cette structure puissante (autour de 10 000 membres à l'époque) présente une grande diversité de composantes : grands propriétaires, notables, grands scientifiques, fondateurs de l'enseignement agricole, hommes politiques influents...

Cette Société acceptera vite d'apporter son patronage à « Beauvais » qui se concrétisera par un appui sans faille et une mission importante d'examens perdurant jusqu'en 1939.

Soulignons que la SAF favorisera plus tard la création de l'Ecole supérieure d'agriculture de Purpan (Toulouse) puis celle de Lille.

* * *

1.3. La Station agronomique de l'Oise

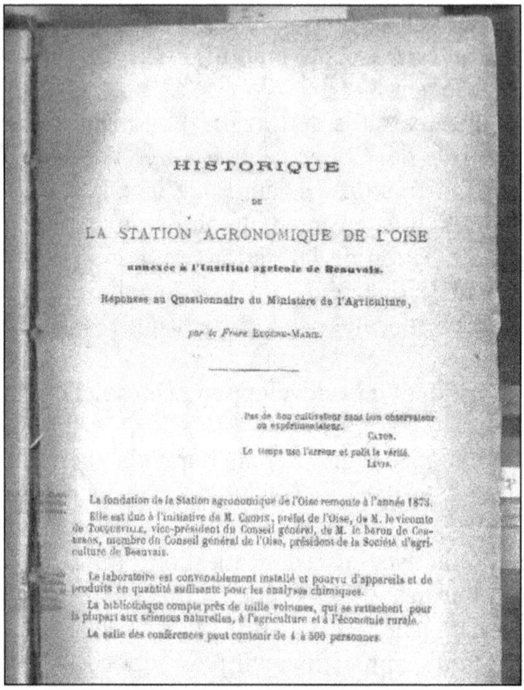

HISTORIQUE

DE

LA STATION AGRONOMIQUE DE L'OISE

annexée à l'Institut agricole de Beauvais.

Réponses au Questionnaire du Ministère de l'Agriculture,

par le Frère EUGÈNE-MARIE.

Pas de bon cultivateur sans bon observateur ou expérimentateur.
CATON.

Le temps use l'erreur et polit la vérité.
LÉVIS.

La fondation de la Station agronomique de l'Oise remonte à l'année 1873.

Elle est due à l'initiative de M. CHOPIN, préfet de l'Oise, de M. le vicomte de TOCQUEVILLE, vice-président du Conseil général, de M. le baron de CORBERON, membre du Conseil général de l'Oise, président de la Société d'agriculture de Beauvais.

Le laboratoire est convenablement installé et pourvu d'appareils et de produits en quantité suffisante pour les analyses chimiques.

La bibliothèque compte près de mille volumes, qui se rattachent pour la plupart aux sciences naturelles, à l'agriculture et à l'économie rurale.

La salle des conférences peut contenir de 4 à 500 personnes.

C'est à l'initiative du préfet de l'Oise, Monsieur Chopin, que le Conseil général du département décida, le 2 avril 1873, et à l'unanimité, qu'une Station agronomique sera créée et installée à l'Institut agricole, et sa direction confiée au Frère Eugène-Marie.

Différentes personnalités de premier plan étaient, en effet, convaincues de sa nécessité, parmi lesquelles le duc d'Aumale, président du Conseil général, le vicomte de Tocqueville, vice-président, et le baron de Corberon, membre et aussi président de la Société d'agriculture de Beauvais. Ces décisions – qu'il faut replacer dans l'environnement de l'époque – furent prises sans difficultés.

Frère Eugène accepta sans doute cette charge supplémentaire – reconnue officiellement – d'autant qu'il l'avait d'une certaine façon « préparée » par son souci constant d'associer enseignement et expérimentation, son goût marqué pour la réunion de collections importantes, et ses essais imposants dont les résultats constituèrent une bonne partie des cinq années d'Annales de l'Institut normal agricole de Beauvais, publiées entre 1860 et 1870, mais qui couvrent une quinzaine d'années de labeur acharné.

A la demande du directeur, un Conseil d'administration – parfois nommé de surveillance – est constitué par le préfet. Dans sa première composition, il comporte onze membres aux cursus et responsabilités judicieusement équilibrés : conseillers généraux, présidents des Sociétés départementales d'agriculture, agriculteurs distingués et... trois Frères, chevilles ouvrières des essais.

Ce Conseil est présidé par le baron de Corberon, son secrétariat tenu par Ernest Dubos, inspecteur des épizooties (ainsi que professeur à l'IAB), tandis que Frère Albert-Eugène, sous-directeur de l'Institut, en assure la trésorerie.

L'idée de disposer d'une telle organisation – que l'on peut penser « inspirée » par le Frère Eugène – permettant d'obtenir le recul et le soutien des parties concernées, puis d'en tirer profit, était neuve : elle était promise à un bel avenir. Ses publications seront régulières, nombreuses et variées.

Mais quel était le contexte en ce domaine ?

Dans la 10e livraison des Annales (1878), on trouve un très utile article général sur les « Stations agronomiques en France » sous la plume d'Alfred Durand-Claye, Ingénieur des Ponts et Chaussées qui s'appuie sur un rapport d'enquête faite par une Commission de la Société des Agriculteurs de France dont la source exacte n'est pas indiquée.

Ce document est très intéressant même s'il ne semble pas exhaustif car il ne s'agit que de celles qui « ont répondu » – vingt-trois – même si vingt seulement sont explicitement indiquées en annexe avec les noms de leurs directeurs.

Ces Stations sont jeunes, avec des dates de création entre 1847 (à Caen) et 1877 pour les deux dernières. Elles sont inégalement réparties sur le territoire national avec trois dans le Nord, six – dont Beauvais et Grignon – dans le Centre et le bassin de la Seine, quatre dans l'Ouest, sept dans celui de la Loire, deux dans l'Est et une seule dans le Midi, à Montpellier, avec une Station séricicole. La Commission émet d'ailleurs un vœu de nouvelles implantations spécialement dans le Midi et l'Est.

Leur implantation physique est fort variable : huit sont isolées, neuf sont des dépendances d'établissements universitaires ou sociaux et six se rattachent à des structures d'enseignement « supérieur » agricole dont celles de Beauvais, Grignon et Montpellier.

Au plan de leur administration, dix sont « libres et indépendantes », bien que plusieurs directeurs aient aussi des fonctions universitaires. Les autres dépendent de structures telles que les Conseils généraux, les Sociétés agricoles départementales, les Comices agricoles avec, le plus souvent, existence d'un Conseil d'administration ou de surveillance représentatif des parties concernées.

Le personnel est fréquemment réduit à un directeur, un préparateur et un « garçon de laboratoire » mais avec des exceptions par exemple à Grignon (huit personnes) et à Beauvais (sept).

Un tiers des Stations disposent de champs d'expérience, comme à Grignon et Beauvais, également en raison de l'existence de domaines liés à l'établissement d'enseignement. Pour les autres, soit il n'y a rien soit cela se passe en association avec des particuliers...

Concernant leur fonctionnement, une bonne moitié sont subventionnées par le ministère de l'Agriculture et du Commerce. Les autres reçoivent des aides des Conseils généraux, des Sociétés d'agriculture, de la Société des Agriculteurs de France ou... d'un simple particulier motivé à Clermont-Ferrand.

Que réalisent-elles ? Principalement des analyses d'engrais et de sols, et des produits agricoles, souvent avec une spécialité régionale. Celles faites à la demande des particuliers sont facturées selon un barème.

La plupart des responsables de Stations effectuent des travaux scientifiques variés consignés dans des ouvrages ou des revues.

En conclusion, les Stations sont jugées efficaces et utiles, et s'inscrivent dans une perspective de rencontre entre chimistes et agronomes.

Certaines auront un long et bel avenir et seront pour plusieurs reprises et développées beaucoup plus tard par l'INRA, telle celle d'Arras, ou seront intégrées à des Centres de recherche de cet Institut.

* * *

Revenons-en à celle de Beauvais.

Les livraisons des Annales nous renseignent chaque année sur ses activités.

Dès 1875, un copieux rapport est présenté par A. Ducrocq, chef de laboratoire. Il nous renseigne sur l'activité avec par exemple 436 analyses en 1874, dont 240 d'engrais, 44 de betteraves et 72 de « densité » de végétaux divers.

Sont indiqués ensuite des résultats pour des Sociétés d'agriculture du département et une proposition d'amélioration de méthodes existantes pour doser le sucre des betteraves.

Les années suivantes, les bilans de la SAO prendront place en fin de volume avec indications des analyses rétribuées, non rétribuées (majoritaires, associées aux travaux expérimentaux et de recherche, faites par des Frères), des tarifs pratiqués, de la composition du Conseil d'administration puis du personnel.

A partir de 1894, les volumes débuteront par une présentation de la Station et de ses propositions tarifées d'analyses.

* * *

Dans la quatorzième livraison des Annales (1882), on trouve sous la plume du Frère Eugène-Marie un article de treize pages portant le titre

« Historique de la Station agronomique de l'Oise annexée à l'Institut agricole de Beauvais » avec pour sous-titre « Réponses au Questionnaire du Ministère de l'Agriculture ». On ignore si ce questionnaire n'a été envoyé qu'à la Station de l'Oise ou bien à toutes les structures comparables.

Fondée en 1873, la Station avait environ huit ans lorsque son directeur a dû répondre, compte tenu du délai de publication des Annales et des données fournies. Cette demande n'était pas surprenante dans la mesure où le ministère et le Conseil général versaient une subvention annuelle.

Le questionnaire contenait 19 points repris en regard des réponses au fil du texte lesquelles, émanant du Frère Eugène, sont précises et circonstanciées, selon ses habitudes. En revanche on est surpris de trouver en préambule deux citations :

« Pas de bon continuateur sans bon observateur ou expérimentateur » (Caton)

« Le temps use l'erreur et polit la variété » (Lévis)

Non pas en ce qu'elles traduisent des idées chères à l'auteur mais au fait que leur présence n'est pas de mise dans un document administratif.

Comment se présentent les questions et les réponses ?

Les quatre premières n'apportent rien que de déjà connu en matière de moment de création, d'installation (« laboratoire convenablement installé..., bibliothèque comptant près de mille volumes, salle de conférence pour 4 à 500 personnes »), de champs d'essais (ferme du Bois et trois jardins) et de subventions (1 000 F du ministère et du Conseil général et la même somme dans les débuts par la SAF pour l'installation du laboratoire).

La cinquième question porte sur d'éventuelles analyses gratuites. Il y est répondu que ce qui est nécessaire à la constatation des expériences scientifiques est à la charge du directeur de l'Institut (les « Analyses non rétribuées », majoritaires en nombre et si utiles aux travaux expérimentaux et de recherche).

Vient ensuite une demande sur les tarifs pratiqués. Frère Eugène y répond de façon très précise et systématique en prenant soin d'ajouter les diverses recommandations indiquées aux clients pour que les résultats soient les plus fiables possibles. Les produits apparaissent faibles avec une somme située entre 300 et 500 francs.

La septième question a trait aux nombres d'analyses depuis la fondation. Ils sont indiqués précisément avec une moyenne de 816 sur huit années et un développement analytique est produit pour la dernière en 1880-1881.

Et la suivante a pour objet de préciser les matières analysées qui couvrent un large spectre.

Il est ensuite demandé quelle direction est donnée aux études et travaux. La réponse est circonstanciée et développée sous trois rubriques : la météorologie, avec des relevés six fois par jour ensuite transmis à l'Observatoire de Paris en début de mois ; la zootechnie pour laquelle sont indiqués dix thèmes, la plupart ayant fait l'objet de publications aux

Annales, ainsi que quelques questions plus accessoires ; l'agriculture proprement dite avec des expériences sur blé, avoine, betterave, pomme de terre et plantes fourragères selon vingt-cinq « points de vue » pour ces dernières qui couvrent toute la palette de la connaissance.

Vient ensuite une indication en douze points sur les essais menés sur pomme de terre dont la collection atteint 250 variétés parmi lesquelles dix-huit sont spécialement suivies. Le développement est plus mince sur la betterave avec des études de rendement, de richesse en sucre et sur les conséquences de la « loi des espacements ».

Afin de bien montrer que le programme est évolutif, le Frère Eugène présente enfin les développements prévus en 1881-1882 qui figurent sous huit rubriques, il est vrai plutôt larges comme « Les céréales les plus importantes… » et « Essais sur les engrais ».

La question dix demande des informations sur les publications faites. Habilement, le Directeur commence par indiquer l'ouverture au public qui le souhaite de certaines parties des essais relatifs à l'agriculture et à l'horticulture, avant d'en venir aux Annales qui sont « le résumé des études faites par le personnel attaché à l'Institution, et des résultats obtenus dans les diverses expériences ». Il indique également les reprises d'articles dans les Annales agronomiques et la « Gazette des Campagnes » (nationales), le « Moniteur de l'Oise » et le « Journal de l'Oise » (départementaux), le « Journal de Charleville » et le « Bien public » de Reims (hors département).

On apprend à cette occasion que les Annales de la SAO sont envoyées gratuitement à un vaste et utile public : les ministères concernés, les professeurs d'agriculture de tout le pays, les directeurs des autres stations agronomiques, les instituteurs et les membres des Sociétés d'agriculture du département, les politiques du Conseil général.

Ce point est important car il manifeste le retour gratuit de précieuses informations à ceux qui seront ainsi informés et auront en charge leur vulgarisation.

Les demandes onze à treize portent sur la direction (le Frère Eugène), les auditeurs (quarante jeunes) et les préparateurs et chimistes (deux pour chaque catégorie).

La suivante porte sur le Conseil d'administration fort de sept personnalités influentes en plus du directeur et sur le personnel attaché qui comprend douze personnes – dont huit Frères – présentées par discipline.

A la question d'un éventuel rapport annuel, il est répondu que les travaux sont consignés aux Annales, et à celle des moyens il est dit qu'un rapport et la balance des comptes sont présentés chaque année au Préfet.

La question dix-sept porte sur la personne faisant le cours d'agriculture à l'Ecole Normale ; c'est Charles Gossin, et M. Delaville aîné pour l'horticulture.

Vient ensuite une rubrique sur les « Renseignements non prévus au Questionnaire ». Le rédacteur indique ici les ressources (4 000 F), le traitement du chimiste (1 000 F), le fait que le directeur et les professeurs ne perçoivent rien et que les frais généraux sont à la charge de l'Institut agricole. Une Station agronomique peu coûteuse.

L'ultime question porte sur les sources documentaires reçues : elles sont au nombre de vingt-six dont quatre en provenance de pays étrangers (Canada, Espagne, Italie et Portugal) et une d'Algérie. Pour chacune, les noms des Responsables (Rédacteurs en chef surtout) sont indiqués. L'ensemble couvre les champs nationaux et de quelques régions de l'information de ce type. L'ensemble couvre les champs nationaux et régionaux relatifs à ce type d'information.

On dispose là, près de dix ans après sa création, d'un tableau flatteur de la Station et qui n'est pas seulement « historique » comme son titre l'indique.

* * *

Revenons sur le fait qu'aucune rétribution spécifique n'est accordée ni au directeur ni aux enseignants, et que les dépenses générales de fonctionnement se trouvent supportées par l'Ecole. Ce point peut surprendre mais il ne résiste pas à l'analyse : Frère Eugène considère d'abord les bénéfices tirés par l'établissement, ses enseignants et ses élèves, ainsi que l'auréole de référence qui entoure progressivement l'Ecole. En conséquence, il y a lieu de faire beaucoup mais gratuitement, et un équilibre global est trouvé entre des sujétions contradictoires.

Comment se répartissent les activités de la Station ?

A cette époque, comme au sein d'implantations similaires, les « analyses » occupent une grande place dans les travaux et constituent, pour l'extérieur, une preuve du sérieux scientifique et technique de la structure. Aussi, n'est-il pas étonnant de voir figurer, en bonne place, aux Annales, les bilans annuels du laboratoire dirigé par C. Leluy.

Jusqu'à la treizième livraison de la Revue (1881), le nom du « Chimiste de la Station » est en effet mentionné, et le sien seulement. Puis apparaît (apparaissent) le (les) nom(s) du (des) Frère(s) réalisant les analyses « non rétribuées », ce qui constituait à la fois un hommage à l'(aux) intéressé(s) et une démonstration d'implication d'une équipe. Entre 1882 et 1889, est indiqué « Frère Eugène-Marie et ses Collègues » (et non Confrères). L'année suivante, le nom du Directeur est suivi de ceux des Frères Antonis, Almi(y)r(e), Alfrid(e) et Charles. En 1892, est ajouté Frère Alcindor tandis que le numéro de 1894 ne mentionne plus, bien évidemment, l'ancien Directeur, décédé en début de campagne d'analyses et d'essais.

La palette offerte à la clientèle correspond aux besoins ; elle est vaste et répartie entre :

- les dosages d'éléments dans les engrais naturels et artificiels (de un à cinq francs), ainsi que dans les cendres de végétaux (trois francs pour chacun),

- l'analyse mécanique et chimique des terres,
- l'analyse des eaux,
- les dosages d'éléments dans les aliments et produits agricoles (par exemple l'alcool dans les vins et bières, le sucre dans les betteraves ou la fécule dans les pommes de terre).

Le tableau qui suit présente, sur la période concernée, les nombres d'analyses, expériences et essais effectués, sans que les données permettent de distinguer entre les composantes.

On notera que la fraction « non rétribuée » et donc à vocation de recherche expérimentale ou pédagogique est toujours, et de loin, majoritaire, témoignage certain des préoccupations du Frère Eugène. Entre 1877-1878 et 1893-1894, ont été distinguées les analyses… portant sur la Pomme de terre : elles en représentent une forte proportion, par exemple près de 69% en 1878-1879, de 80% en 1880-1881 et de 62% en 1883-1884, donc au cours de moments particulièrement sensibles à l'aboutissement des travaux du Directeur sur les pommes de terre.

Nombres d'analyses, expériences et essais effectués par la Station agronomique de l'Oise

Années	**Analyses**				**Part (%) expérimentale**
	rétri-buées	**non-rétribuées**		**totales**	
1874	N I	N I		436	?
1875-1876	N I	N I		1 058	?
1876-1877	N I	N I		386	?
1877-1878	117	520	**dont sur pomme de terre** 169	637	81,6
1878-1879	133	780	537	913	85,4
1879-1880	78	556	180	644	86,3
1880-1881	120	976	763	1 096	89,1
1881-1882	150	703	366	853	82,4
1882-1883	154	846	345	1 000	84,6
1883-1884	84	967	604	1 051	92
1884-1885	130	1 159	350	1289	90
1885-1886 [x]	206	1 518	555	1 724	88,1
1886-1887	127	1 040	420	1 167	89,1
1887-1888	215	1 226	510	1 441	85,1
1888-1889	96	1 531	450	1 627	94,1
1889-1890	233	1 601	456	1 834	87,3
1890-1891	231	1 277	458	1 508	84,7
1891-1892	262	1 112	360	1 374	80,9
1892-1893	203	1 429	375	1 632	87,6
1893-1894	281	884	385	1 165	75,9
1894-1895 [xx]	307	864 [xxx]	NC (30)	1 171	73,8

NI : non indiqué.
NC : non comparable.
(x) : Il est spécifié d'août 1885 à août 1886.
(xx) : Du 1er juillet au 30 juin suivant.
(xxx) : Les données ne sont plus comparables : il ne s'agit maintenant que des analyses. Les expériences et champs d'essais (360 variétés de pomme de terre), les races de bétail… sont présentés séparément.

Au total, la Station agronomique de l'Oise aura beaucoup contribué à la notoriété de l'Institut agricole – et à celle de son Directeur –, à la réalisation d'essais et d'études nombreux sur des sujets fort variés, et à la concrétisation des recherches du Frère Eugène sur la Pomme de terre dont « Institut de Beauvais » constituera le succès le plus abouti.

Après 1893-1894, son activité déclinera rapidement sous les coups conjugués de la disparition de son véritable créateur et, mais surtout, de la « guerre » qui fait rage entre la République et l'enseignement congréganiste.

Puis elle cessera, obligée, ses activités en 1904, au moins à travers le prisme de la publication de son bilan.

1.4. L'affaire du sursis et la demande de reconnaissance comme Ecole nationale

L'origine de cette question est le sursis pour accomplir les obligations militaires, accordé aux élèves des Ecoles nationales mais pas à ceux de « Beauvais ».

A partir de la fin de l'été 1872, le Frère Eugène est fortement mobilisé par un projet peu ordinaire qui ressort de ses correspondances. Celles qui nous sont parvenues peuvent être regroupées en deux séries ; la première sur un peu plus de trente jours, de fin août à fin septembre, la seconde, lacunaire, date de 1875.

Courrier du Frère Eugène au Frère Assistant (25 août 1872)

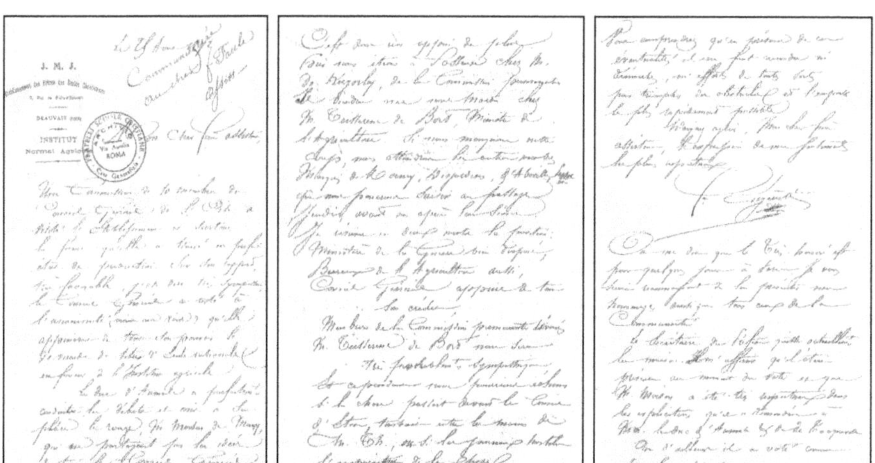
J. M. J.
BEAUVAIS

Pour la première époque, on dispose de cinq lettres qui témoignent toutes d'une volonté obstinée d'aboutir, d'une perception fine des sentiments et des réactions probables des destinataires et d'un sens aiguisé de la synthèse. On ignore, malheureusement, la teneur des réponses écrites, verbales ou interprétées qui furent faites mais on peut les deviner par la succession des idées exprimées par les courriers.

De quoi s'agit-il ?

Le 25 août 1872, Frère Eugène écrit au Frère assistant Facile (les Assistants sont des conseillers du Frère Supérieur également en charge de Districts ou de Provinces). Son expression, libre et précise, correspond à l'établissement d'un point de situation qui comprend les éléments suivants :

- une Commission de dix membres du Conseil général de l'Oise a visité les implantations de Beauvais et la ferme et trouvé l'ensemble « en parfait état de production » d'où un rapport très favorable. Une situation « très sympathique » selon le rédacteur ;
- le Conseil général a, en conséquence, voté à l'unanimité moins une voix – celle d'un républicain – son appui pour que le titre d'Ecole nationale soit conféré à l'Institut agricole ;
- le duc d'Aumale, président, est qualifié de « parfait » dans la conduite des débats, notamment face au « rouge » (!) Moison de Merspy qui ne partageait pas les mêmes idées.

Frère Eugène indique ensuite qu'il se rendra très prochainement auprès du ministre de l'Agriculture Teisserenc de Bort, en compagnie de Monsieur de Kergorlay, membre de la Commission permanente du Conseil général et de quelques autres personnes « à saisir au passage ».

Avec sa finesse de la tactique, il résume les positions des parties qui comptent : le ministre de la Guerre pour le sursis à accorder aux Elèves est bien disposé, de même que les Bureaux de l'Agriculture et le ministre lui-même qui « nous sera très probablement sympathique », le Conseil général appuie de tout son crédit et les membres de sa Commission permanente sont « dévoués ».

Mais il reste prudent à trois niveaux en redoutant les risques d'un passage devant le Conseil d'Etat, le pouvoir de nuisance de « M. Th » – qui ne peut être qu'Adolphe Thiers, Président de la République – et les réactions de journaux hostiles au cas où ils seraient mis au courant de l'affaire.

Il demeure cependant confiant mais il faut aller vite et ne craindre ni démarches ni ménager ses efforts.

Dans un long *post-scriptum*, le Directeur indique avoir appris que le Très honoré Frère Supérieur général se trouvait à Paris et il prie son correspondant de lui présenter son hommage personnel et ceux de la communauté beauvaisienne avant de revenir rapidement à l'affaire en précisant que le secrétaire du Préfet de l'Oise quitte à ce moment l'Institut et qu'étant présent lors du vote du Conseil général, il a pu constater que le seul opposant avait été très respectueux dans ses demandes d'explications au Président et à Monsieur de Tocqueville et qu'il avait finalement voté comme tout le monde. On ne saura sans doute jamais de qui venait la voix…

L'exposé est précis et concis. C'est celui d'un chef aux commandes qui rend compte mais ne demande ni approbation ni conseils. La hiérarchie des Frères avait-elle totalement délégué la question au directeur de l'Institut ? Mais avait-elle été mise au courant de la démarche préalablement ? Ou encore l'Institut des frères voyait-il d'un bon œil le départ de « Beauvais », seul établissement supérieur sous tutelle dont la création avait posé quelques difficultés ? Toutes ces propositions méritent attention.

Six jours plus tard, un courrier co-signé par le Frère Eugène-Marie et Louis Gossin est adressé aux membres du Conseil d'Etat. Compte tenu de ce qui précède, s'agit-il d'une sage conduite inspirée par la prudence ou d'une démarche résultant de la rencontre récente avec le ministre de l'Agriculture ? Peut-être un mélange des deux réponses.

Cette missive est un modèle d'argumentation.

Le but rappelé est que les jeunes gens de l'IAB aient le droit de contracter le « volontariat d'un an » pour continuer leurs études et que le moyen d'y arriver est que l'établissement figure parmi les Ecoles nationales d'agriculture, seules concernées pour l'heure par l'article 53 correspondant.

Les arguments pour obtenir cette reconnaissance sont nombreux, certains généraux, d'autres particuliers.

Parmi les premiers sont cités :

- le fait que les enseignements théoriques et pratiques soient destinés à des fils de propriétaires et fermiers aisés (!) ;
- l'existence à Beauvais de programmes assimilables à ceux d'écoles d'un niveau supérieur (Grignon, Grand-Jouan et Montpellier) ;
- la création de l'Institut, en 1855, avec le concours de plusieurs partenaires : le ministère de l'Agriculture, le département de l'Oise, l'Institut des Frères des écoles chrétiennes, et la participation de plusieurs personnalités laïques. Un ensemble alors très original.

Des raisons plus spécifiques sont ensuite présentées :

- le ministère vote une subvention sans laquelle l'Institut n'existerait pas ;
- le cours principal et emblématique, celui d'agriculture, est dispensé par Louis Gossin, professeur départemental donc fonctionnaire ;
- les études et le fonctionnement sont contrôlés chaque année par des Inspecteurs généraux de l'agriculture ;
- il en va de même pour les examens – de Capacité et de Professorat – et les diplômes sont signés par le Préfet ;
- les jeunes accueillis proviennent de toute la France [caractère national] et certains de l'étranger ;

- les Frères des écoles chrétiennes ne constituent qu'une fraction des enseignants et il est rappelé que l'ordre est sous la tutelle de la nation et que l'avis du Conseil d'Etat est sollicité pour les acquisitions ou ventes de biens.

On en vient ensuite aux moyens et aux coûts :
- l'Ecole de Beauvais rend beaucoup de services à peu de frais. Les Elèves payent leur scolarité, à l'exception de deux boursiers départementaux, et parmi les 380 déjà sortis, la plupart sont devenus des agriculteurs distingués ;
- le mélange privé-public-religieux permet une plus large répartition des financements nécessaires (locaux, ferme, cheptel...) ;
- les distinctions, prix et décorations reçus témoignent du bon niveau des travaux scientifiques réalisés.

Enfin, les auteurs de la lettre opèrent un retour sur l'avis unanimement (?) favorable du Conseil général de l'Oise avant de témoigner de l'inquiétude des familles dans le contexte d'alors en évoquant un risque d'« écrasement » par les Ecoles nationales.

Par sa précision argumentaire, ce courrier surprend : les éléments religieux du dossier sont minimisés à l'extrême et les autres convergent vers la plus grande proximité possible avec les établissements nationaux existants. On a quelques difficultés à faire correspondre cet argumentaire au seul souci d'obtention du sursis. Toutefois l'élément, deux fois repris, sur le partenariat tripartite réserve un caractère original à l'établissement. Les rédacteurs y voyaient-ils une spécificité ? Mais craignaient-ils réellement pouvoir la conserver en cas d'aboutissement positif ?

A y regarder de près, il y a bien une demande originale qui ouvre la voie à des évolutions qui se produiront au cours de la seconde moitié du siècle suivant. Une vision prémonitoire ?

Le 25 septembre 1872, le préfet de l'Oise reçoit une lettre du ministre de l'Agriculture et du Commerce (Teisserenc de Bort) – datée du 25 août – et qui émane du Bureau de l'enseignement agricole et vétérinaire relevant alors de la Direction de l'agriculture.

Il s'agit d'une note de situation articulée en trois parties.

Un mois plus tôt, le ministre a donc reçu le vœu émis par le Conseil général au sujet de la faveur accordée par l'article 53 de la nouvelle loi sur le recrutement de l'armée et qu'il demandait d'étendre à l'IAB.

Le ministre reconnaît pleinement les mérites de l'Ecole et la bonne gestion de l'ensemble et il aurait souhaité aboutir mais l'étude attentive de la loi lui a montré qu'admettre la demande serait empiéter sur les attributions du pouvoir législatif.

Il s'ensuit que compte tenu des débats à l'Assemblée nationale des 19 et 20 juin précédents, on ne peut rien faire malgré les interventions justifiées de certains.

Au total, le ministre indique qu'il n'a pas de marge de manœuvre par rapport au texte et regrette, avec insistance, de ne pouvoir octroyer à l'Institut une disposition hors de ses compétences d'action.

Il n'évoque pas – réserve administrative oblige – la visite qu'a dû lui faire le directeur de l'IAB et ses compagnons « politiques » en appui, peut-être dans les premiers jours de septembre.

Le 29 septembre 1872, Frère Eugène annonce à ses supérieurs le résultat des opérations entreprises. Son ton est quelque peu amer, les aspects religieux refont nettement surface mais la volonté d'aboutir demeure, par une voie ou une autre.

Progressons avec l'ordre hiérarchique de son texte.

Il n'écrit pas au Supérieur général – ainsi qu'il le fera trois ans plus tard – mais au Frère assesseur. Pour quelle raison ? On l'ignore.

Sa lettre débute par une mention suprapaginale : « L'immunité demandée est ajournée ». Le directeur vient de recevoir deux courriers lui annonçant le rejet de la demande de classement en Ecole nationale d'agriculture. La nouvelle émane du ministre Teisserenc de Bort et de Monsieur Lefebvre de Sainte-Marie, directeur à ce même ministère. Elle s'appuie sur les échanges à la Chambre et le résultat négatif du vote qui suivit.

Toutefois ces deux correspondants continuent d'estimer la cause juste et le second, peu avant semble-t-il, était assuré d'un aboutissement positif puisqu'il avait autorisé Frère Eugène et Louis Gossin à annoncer officiellement le décret de classement à venir…

Le Frère directeur rappelle le contexte pourtant favorable et prie le Frère assesseur de demander au Très honoré Supérieur général d'écrire aux responsables de pensionnats afin qu'ils attirent l'attention des familles riches dont les enfants, en fin d'études, se destinent à l'agriculture, afin qu'ils se dirigent vers « Beauvais ». En tout état de cause, il ne doute pas que la prospérité de l'IAB puisse défier celle des « écoles du Gouvernement, si protégées par la nouvelle loi ». Il estime que c'est Dieu qui l'a voulu en jugeant « qu'un Gouvernement instable ne pouvait assurer l'existence d'une institution religieuse qu'il tolère sans l'affectionner ». Une belle formule !

Sa farouche détermination ressort bien en fin de texte : la question demeure pendante et le restera jusqu'à obtention de la victoire. Les moyens sont à réfléchir et seront mis en œuvre dès que l'occasion se présentera.

Il achève son courrier en demandant l'information du Très honoré et de son entourage.

Le même jour, il écrit au Frère assistant.

C'est, curieusement, une véritable « lettre de campagne » et il n'en fait transmettre aucun élément au Supérieur général.

Il rappelle d'abord les noms des protecteurs et amis du Conseil général et du ministère – dont le ministre lui-même – et indique qu'ils sont en accord avec les propositions qui suivent.

Afin de trouver « de nouveaux adhérents à notre cause », il est nécessaire de rechercher des sympathies à l'Assemblée nationale, où l'on compte déjà 250 à 260 députés favorables et ce via la Société des Agriculteurs de France, bref d'y faire du « lobbying » mais sans préciser lequel ni comment.

Frère Eugène pense démarrer les opérations sous un mois ou un mois et demi, temps nécessaire pour calmer la Chambre et achève en insistant sur le caractère vital de cette question pour l'Institut agricole tout en assurant qu'il ne doute pas du résultat final. Une démarche optimiste !

Mais rien ne se passe pendant trois années.

En 1875, l'affaire est reprise par une lettre, non datée précisément, du Frère Eugène en direction du nouveau ministre de l'Agriculture et du Commerce. Il s'agit d'un argumentaire méthodique fondé sur les positions et actions passées.

La pétition de 1872 en vue de faire reconnaître l'Institut comme Ecole nationale d'agriculture est rappelée tout comme le but principal de la démarche : faire que les Elèves puissent bénéficier des dispositions de l'article 53 de la loi sur le recrutement de l'armée, c'est-à-dire contracter le volontariat d'un an et, selon l'article 57, obtenir un sursis s'il s'avère nécessaire à la continuation de leurs études. Viennent ensuite l'énumération des étapes du « combat » et la citation des Personnalités favorables avec leurs arguments.

Mais l'examen de cette lettre indique qu'en 1875 Frère Eugène semble s'être fait une raison : l'IAB ne sera pas une Ecole nationale mais la question du sursis demeure et il s'agit de la résoudre.

On est malgré tout surpris : nulle part, et la récente période est longue, il n'y a trace de reproche ni même d'avis émanant des Supérieurs sur le premier sujet. Le directeur aurait-il simplement compris, de par lui-même, qu'en l'obtenant on se serait écarté de l'idéal éducatif lasallien ? Ou bien le lui a-t-on fait savoir, directement ou non ? Ou encore est-ce lié à l'évolution politique du pays car des épreuves s'annoncent ?

La question en suspens est ainsi présentée : chaque année les élèves dont l'âge réglementaire est arrivé et qui contractent l'engagement volontaire d'un an sont obligés de s'éloigner de leurs camarades et d'interrompre leurs études. Or, peu reviennent à l'issue de cette année de service militaire. C'est donc une perte de substance et un risque de « languissement » de l'Ecole.

Frère Eugène développe ensuite une nouvelle stratégie que l'on peut qualifier de prémonitoire pour l'IAB du futur.

Partant du principe selon lequel l'établissement a la qualité pleine et entière d'une Ecole nationale, il sépare ce qui relève du côté national (nourriture, entretien, administration…), assumé par les Frères, de l'ensemble enseignement-organisation et direction qui regarde l'Etat.

Dans cette perspective, le Supérieur des Frères présenterait au ministre – qui les nommerait – le directeur et les professeurs. Quant à la subvention accordée depuis 1855, elle serait spécialement dédiée à l'enseignement. La présidence des sessions d'examen serait assurée par le ministère et des Inspecteurs d'agriculture pourraient effectuer des contrôles.

Un tel système de division serait conforme à l'esprit de la loi de 1875 sur l'enseignement primaire pratique agricole et l'Institut pouvant être qualifié d'école secondaire (!), on ne tomberait pas sur une opposition du type de celle présentée pour devenir Ecole nationale.

Il rappelle par ailleurs que la loi d'octobre 1848 portant l'organisation de l'enseignement agricole avait prévu l'existence de vingt écoles secondaires dites régionales. Or il n'en existe que trois (Grignon, Grand-Jouan et Montpellier).

Une quatrième pouvait se situer à Beauvais qui, en cessant d'être complètement libre, rentrerait dans l'esprit de la loi.

Avant la formule de politesse, le rédacteur revient curieusement sur le souhait de reconnaissance en tant qu'Ecole nationale. C'est peut-être une bonne tactique avec agitation de l'objectif maximal après une habile proposition intermédiaire. On trouve là une autre preuve du total engagement et de la responsabilité du Frère Eugène dans les négociations.

En octobre 1875, on dispose de deux lettres relatives à cette affaire. Elles sont internes à l'Institut des Frères.

La première, du 6, est destinée au Frère Supérieur et est accompagnée de pièces justificatives. En son début, elle reprend la question posée en indiquant explicitement que « mais sollicitons le titre et la qualité d'Ecole nationale » – l'accord du Très honoré était donc réputé acquis – puis indique les amis, soutiens et aussi les réactions hostiles. Frère Eugène insiste sur l'accord du ministère de la Guerre (« ...il eut suffi d'un mot du ministère de l'agriculture ») et signale le probable double jeu de ce dernier.

Il s'agit donc maintenant de la réparation « vitale » d'une injustice.

Le directeur suggère des contacts utiles parmi lesquels Monsieur de Chasseloup, député, qui avait présidé une Commission sur le sujet. Comme l'Institut existait avant la loi, il s'agit donc d'une question d'administration pour obtenir le sursis et non pas d'une dispense.

Il rappelle enfin une objection du Bureau du ministère de l'Agriculture selon laquelle ce qui n'est pas possédé par l'Etat ne dispose pas des privilèges conférés par la loi. Or plusieurs Cours Normaux se trouvent dans ce cas (dans le Pas-de-Calais, la Nièvre...) : ils ne sont pas « possédés » mais jouissent de l'immunité selon un engagement décennal car ils sont parties d'un ensemble reconnu par l'administration. L'argumentaire manque un peu de clarté mais il est habile. On ignore aujourd'hui ce que fut, si elle a existé, la réponse du Supérieur.

Quelques jours plus tard, le 15 octobre, le directeur écrit au Frère assistant.

La lettre n'apporte guère de nouveautés mais elle montre bien que ce correspondant était au fait du dossier. Elle comprend cependant un intéressant argument chiffré du vicomte d'Aboville, membre de la Commission de la Guerre, selon qui un élève d'Ecole nationale coûterait 5 000 francs, ce que le ministre de l'Agriculture confirme. Si la « faveur » était concédée aux beauvaisiens, cela exigerait de plus importants débours...

Après avoir signalé d'autres relations, Frère Eugène justifie son retard à écrire par l'arrivée de Frères et la tenue récente d'examens.

Mais l'épilogue approche : cette même année 1875 et sur la proposition du vicomte d'Aboville, l'Assemblée nationale accorde le sursis d'appel aux étudiants qui auront subi l'examen du volontariat.

On ne trouve pas de commentaires du Frère Eugène associés à cette bonne nouvelle, mais on peut penser qu'il avait pris progressivement conscience de l'incompatibilité entre le caractère religieux de l'établissement qu'il dirigeait et l'obtention du caractère « national » de Beauvais.

Ce fut, en tout cas, une victoire importante et bien méritée.

L'affaire à travers les écrits internes

La disparition du Frère Eugène-Marie en 1893 donne lieu, l'année suivante, à l'édition d'un livre à sa mémoire (Anonyme, 1894).

La relation de cette péripétie administrativo-politique est présentée en quatre points ainsi construits :

- la discussion de la loi sur le volontariat d'un an, en 1872, incita le Directeur de l'IAB à demander activement que ses élèves bénéficient des mêmes avantages que ceux des autres écoles régionales, à savoir une équivalence entre leurs examens et ceux du fameux volontariat ;
- il est rapporté ensuite que le ministère de l'Agriculture étant très bien disposé à l'égard de l'Institut, avait *a priori* un double avis favorable d'une part à l'opération relative au volontariat, d'autre part en réponse à une demande (?), au classement, par décret, de l'IAB comme Ecole nationale, mais placée sous l'autorité des Frères. Cela avait d'ailleurs été confirmé par le ministre en personne au Frère Eugène avec, comme une sorte de gage de bonne volonté, une offre de trente bourses de l'Etat ;
- après consultation de son « Conseil » (?), le Directeur « aimant mieux conserver une certaine autonomie » refusa les bourses tout en maintenant les deux demandes ;
- mais l'affaire échoua à cause d'« intrigues jalouses ». Heureusement à la Chambre des députés et sur la proposition de Monsieur d'Aboville, le sursis d'appel fut accordé aux élèves satisfaisant aux conditions.

La conclusion présentée est quelque peu en contradiction avec les écrits et interventions du Frère Eugène : on nous y expose en effet que celui-ci ne regretta jamais cet échec car il avait pressenti, dès le début, les risques et tracasseries associés à l'ingérence de l'administration dans le futur de l'Ecole.

En 1921 paraît sous la plume de (Frère) Julien Bavencove, alors Directeur-administrateur de l'IAB, une description historique puis du moment de l'Institut. On se situe après les durs combats de la Séparation de l'Eglise et de l'Etat et la sécularisation conséquente des Frères.

La rédaction de l'affaire reprend idée par idée le développement de 1894.

Dans sa série magistrale consacrée à l'Histoire générale de l'Institut des Frères des écoles chrétiennes, Georges Rigault évoque ainsi la question au tome VII, consacré à la fin du XIXe siècle, « Travaux et luttes des Lasalliens en France » (1949) : après 1870, l'appui des autorités civiles à l'Institut agricole reste acquis et le gouvernement laisse même espérer une récompense bien méritée, à savoir « le titre et les prérogatives d'Institut agricole national ». Mais brusquement les démarches (?) deviennent infructueuses. Le sursis n'est pas évoqué.

En 1955, à l'occasion du centenaire de l'IAB, est publié un ouvrage-souvenir illustré (Anonyme, [rédigé par les Frères Basilien et Gagne]) mais au texte succinct n'indiquant pas les détails.

Vingt-trois ans plus tard, la Revue de l'époque des Anciens (« Technique, économie, sociologie en agriculture ») consacre un imposant numéro abondamment illustré à l'histoire et à l'évolution de l'IAB-ISAB.

Sous la plume du Frère Gagne, on y trouve un texte copieux et équilibré, intitulé « Fondation et historique sommaire de l'ISAB », par lequel sont présentées, dans la partie consacrée au Frère Eugène, les péripéties de 1872-1875 : il s'agissait pour le Directeur en poste d'obtenir pour ses Elèves un traitement analogue à celui accordé par une loi à ceux des Ecoles nationales d'agriculture, à savoir le sursis pour accomplir le service militaire. On nous indique ensuite que le premier mouvement est de faire reconnaître l'établissement comme ENA mais qu'« au moment d'aboutir, il renonce pour ne pas perdre le bénéfice de la liberté » tout en obtenant néanmoins la modification législative souhaitée en matière de sursis.

Dans son ouvrage de 2005 « Des racines pour l'avenir », Pierre Quéméré revient sur ce sujet selon une démarche d'historien soucieux des sources et il rétablit le cheminement des idées et des positions.

Comme on a pu le constater, les relations rapportées de l'affaire du sursis, à l'exception de la dernière, sont assez voisines et elles ont une nette tendance à modifier quelque peu les faits de l'époque.

Il semble établi qu'une réponse positive du Gouvernement et de la représentation nationale au moment des démarches aurait transformé l'IAB en Ecole Nationale avec l'accord (et l'empressement) du Frère Eugène qui paraît avoir été le seul qui comptait du côté de la Congrégation, les Supérieurs paraissant peu intéressés par le maintien de l'établissement dans leur giron. L'obtention du sursis a finalement constitué une sortie honorable pour les parties en présence.

Au total, le sort de l'Institut aura été fixé par cette décision prise au plus haut niveau politique du pays dans un climat qui dérivait déjà nettement vers une opposition à l'enseignement congréganiste et à ce qu'il représentait. Tel n'aurait sans doute pas été le cas si une demande du même ordre avait été formulée quelques années plus tôt sous Napoléon III, compte tenu des sympathies mutuelles alors en présence.

1.5. Place du Frère Eugène-Marie au sein des Annales de l'Institut Normal agricole de Beauvais puis de la Station agronomique de l'Oise

Les Annales de l'INAB comprennent cinq numéros datés de 1860 ou 1861 (travaux de 1855 à 1860), 1862, 1864, 1865 ou 1866 et 1870, comportant respectivement 72, 38, 65, 120 et 61 pages soit un total de 356.

Les Annales de la SAO correspondent à 29 numéros (ou « livraisons ») réellement parus pour un nombre annoncé de 36 qui comprend en fait les cinq numéros de l'INAB et les volumes indiqués mais non publiés de 1874 (« 1ère année ») – c'est-à-dire l'année suivant la création officielle de la structure le 2 avril 1873 – et de 1900 (32e livraison) par manque de moyens.

Le total correspond à 2 378 pages.

Le volume des livraisons est variable, à la mesure des expérimentations, de l'expression de leurs résultats, de l'ampleur des monographies et de la présence ou non de synthèses. Il serait fastidieux d'en indiquer le détail mais utile de préciser les extrêmes : plus hautes valeurs en 1878 (109 pages), 1887 (109) et 1894 (142) ; plus faibles en 1898 (16 pages), 1877 (36).

Les Annales de l'INAB représentent 15% de l'ensemble, et celles de la SAO 85%.

Quelle est la place quantitative tenue par le Frère Eugène dans cet ensemble bien entendu borné par son décès (aucun travail ne fut publié à titre posthume) ?

- Annales de l'INAB : 197 pages sur 356, soit un peu plus de 55%.
- Annales de la SAO : 1 065 pages sur 1 760, soit 60,5%, en 19 années.

Au total, notre Auteur aura publié 1 262 pages sur 2 116, soit 59,6% du total, entre 1860/1861 et 1893, soit une « moyenne » de 38 pages par année, moyenne toute théorique et sans signification pour trois raisons :

- entre 1855 et 1870, il lui a fallu – ainsi qu'à ses collaborateurs – mettre en place de lourdes expérimentations avec des résultats traduits dans les cinq numéros des Annales de l'INAB dont il n'est absent qu'en 1865-1866 ;

- ses travaux de « recherche et développement », comme nous l'écririons aujourd'hui, ne représentent qu'une fraction de sa dévorante activité. Certes, elle lui plaisait énormément mais il avait de multiples autres charges ;
- l'aspect qualitatif est essentiel : au long de ses « papiers » aux Annales, il traduit ses qualités scientifiques, sa rigueur, ses recherches bibliographiques et la critique de ses propres travaux. Il est le seul auteur à s'appuyer largement sur des expérimentations importantes et de qualité. De ces points de vue, il domine ces périodiques.

Par ailleurs, en tant que Directeur de la SAO, hautement responsable, il a dû être un Rédacteur en chef méticuleux et exigeant avec ses collaborateurs.

Les tableaux qui suivent présentent le détail des données quantitatives.

Place tenue par le Frère Eugène-Marie au sein des Annales

1 - Annales de l'Institut Normal agricole de Beauvais

Année	Livraison (x)	Nombre total de pages	Nombre total d'articles	Nombre d'articles du F E-M	% de pages du F E-M
1860 ou 1861 (travaux de 1855 à 1860)	1ère	72	2	1	90
1862	2e	38	3	2	74
1864	3e	65	4	1	71
1865 ou 1866	4e	120	4	0	0
1870	5e	61	1	1	100

(x) Les numéros des livraisons ne sont pas explicitement mentionnés. Ce n'est qu'à partir des Annales de la SAO de 1877 (« 9e livraison ») qu'ils seront – et rétroactivement – attribués.
Nombre total de pages pour ces Annales de l'INAB : 356.
Nombre total d'articles : 14.
Nombre total d'articles du Frère Eugène-Marie : 5 (et en pages : 197).
% moyen d'articles du Frère Eugène-Marie (en pages) : 55%.

2 - Annales de la Station agronomique de l'Oise

Année	Livraison	Nombre total de pages	Nombre total d'articles (xx)	Nombre d'articles du F E-M	% de pages du F E-M
1874	« 1ère année »	Pas de parution		-	-
1875	« 2e année »	63	5	1	51
1876	« 3e année »	50	3	1	72
1877	9e	36	3	2	84
1878	10e	109	9	3	72

1879	11e (écrite par erreur 10e)	63	9	1	37
1880	12e	83	9	4	82
1881	13e	84	8	3	69
1882	14e	109	12	4	58
1883	15e	104	12	3	41
1884	16e	63	6	2	51
1885	17e	58	4	3	90
1886	18e	64	4	1	55
1887	19e	104	8	4	65
1888	20e	72	5	2	56
1889	21e	74	6	2	54
1890	22e	76	4	2	71
1891	23e	60	5	3	53
1892	24e	66	6	3	66
1893	25e	66	6	5	74

Nombre total de pages des Annales de la SAO entre 1875 et 1893 : 1 404.
Nombre total d'articles : 124.
Nombre total d'articles du Frère Eugène-Marie : 49 (et en pages : 868).
% moyen d'articles du Frère Eugène-Marie (en pages) : 62%.

Annexe : Annales de la Station agronomique de l'Oise
après le décès du Frère Eugène-Marie

Année	Livraison	Nombre total de pages	Nombre total d'articles (xx)
1894	26e	112	5
1895	27e	79	10
1896	28e	80	5
1897	29e	63	4
1898	30e	16	1
1899	31e	56	4
1900	(32e)	Pas de parution	
1901	33e	40	6
1902	34e	68	2
1903	35e	46	6
1904	36e	58	5

(xx) hors bilans des analyses, membres du Conseil d'administration et Personnel.
Nombre total de pages des Annales de la SAO entre 1894 et 1904 : 618.
Nombre total d'articles : 48.

1.6. Le Frère Eugène à travers la Société des Anciens Elèves de l'Institut Normal agricole de Beauvais

L'Association des Anciens Elèves est constituée sous le titre de Société par une assemblée du 6 juin 1867, alors que l'Institut a douze années d'existence. Vingt Anciens y sont présents et 34 y ont adhéré. Son premier président, Louis Gossin, fondateur et professeur à l'Institut, le restera jusqu'en 1880. Il sera alors remplacé par Paul Blanchemain, Ancien Elève, qui demeurera en fonction 45 ans !

Chaque année, le plus souvent en ses premiers mois, une assemblée a lieu à Paris (café Bignon, café Riche, « Chez Darras », hôtel Continental ...) et un Bulletin annuel est ensuite publié, reprenant les faits et nouvelles de la réunion et aussi l'indication de ce qui s'est passé d'important à l'Institut et sur sa ferme.

Le premier numéro a huit pages et le dix-neuvième (1890) 144, largement du fait, il est vrai, de la célébration des Noces d'Or du Frère Eugène. Ce Bulletin, qui deviendra trimestriel à partir de 1913, paraîtra continûment mais sous des formes en évolution jusqu'à nos jours.

A travers lui, c'est un autre regard que l'on peut porter sur le Frère Eugène, toujours présent à la manifestation, figurant d'abord parmi les « Fondateurs et Maîtres » en tant que directeur de l'Institut puis comme Président d'honneur.

On suivra l'ordre chronologique des « Réunions ».

Jusqu'à la cinquième, le Directeur intervient peu. La Société se met en place puis les préoccupations associées à la guerre et aux événements de la Commune mobilisent les Anciens, et c'est bien normal.

Comme dans toutes ces assemblées, il est d'usage qu'au dessert les personnalités présentes portent un « toast » en prononçant une allocution. Celle du Frère Eugène sera, à partir de 1872, systématique et courte – autour d'une page de la Revue – et aura avant tout des fondements religieux (mais aussi politiques, reflets d'une période troublée). C'est nouveau pour nous, habitués à ses mémoires et articles scientifiques et techniques, et cela constitue la seule véritable approche religieuse du personnage. On ne s'en plaindra pas car cet aspect essentiel de sa personnalité et de ses fonctions n'est sinon guère abordable.

Les trois premières réunions concernées dérogent cependant à la règle qui vient d'être écrite.

En premier lieu, il a des mots aimables sur l'éducation, sur le fait heureux de « voir grandir » ses Elèves puis il indique des résultats d'essais d'engrais sur pomme de terre et betterave que l'on ne s'attend pas à trouver ici. Le chercheur et expérimentateur refait surface ! L'année suivante, il présente en détail le bétail « considéré du point de vue économique » et les différents lieux d'élevage sur la ferme du Bois, et donne des indications sur la Station agronomique de l'Oise créée récemment.

Lors de l'assemblée de février 1874, il expose les travaux réalisés en cours de la première année d'existence de la Station en matière de météorologie, d'essais d'engrais sur betterave et avoine et de léporides puis indique le copieux programme pour 1874 ainsi que les aspects administratifs du Règlement, du Budget, du Conseil en présentant les tarifs des analyses, sans doute en forme d'appel à participation en direction des Anciens présents et de ceux qui liront le Bulletin.

En 1875, Frère Eugène affirme aux Anciens qu'ils sont les chevaliers de l'agriculture et « même les apôtres » et qu'il leur appartient de « tenir levée, haut et ferme la noble bannière de l'agriculture ». L'année suivante, il se contente de porter un toast spécialement en direction des trois députés présents et on comprend sa démarche car les temps ont commencé à devenir difficiles.

Lors de la Réunion de 1877, entre un rapport de Paul Blanchemain sur l'Institut et une publicité pour les ouvrages de professeurs et d'élèves actuellement en vente, parmi lesquels onze de Louis Gossin et six d'Ernest Dubos, professeur de zootechnie – quelle période féconde ! –, il demande de louer Dieu « car il a remis entre vos vaillantes mains cette terre bénie », pour « avoir allumé sur vos pas le flambeau de la science pour vous diriger », et « de vous avoir ménagé des amis dévoués, des guides sûrs ». En conclusion, il exhorte les Anciens à jouir « des charmes et du bonheur de l'amitié chrétienne ».

Le 17 juin 1879 – une assemblée tardive en saison –, l'habituel rapport sur la ferme du Bois est présenté par un Elève … qui a dû faire beaucoup d'erreurs car l'exemplaire a notre disposition est plus que copieusement raturé et complété à la plume par une écriture qui apparaît davantage être de Louis Gossin que du Frère Eugène. Ce dernier revient sur les vénérés fondateurs de l'Institut et le sillon qu'ils ont ouvert, puis demande de méditer sur la devise : « Quand tous sacrifieraient à l'erreur, moi et mes frères, nous obéir[i]ons à la loi de nos Pères ».

Dans la livraison suivante – les temps se durcissent de plus en plus –, le plaidoyer du Directeur est en deux parties : les Anciens doivent prouver que l'Institut agricole est une école de vertu, de science et de travail mais aussi un noble foyer de patriotisme « … et qu'autant on en sort ferme et dévoué catholique, autant on en sort français ». On ne pouvait être plus clair !

La liste des livres produits s'enrichit avec, à côté du nom du double directeur des « Annales de l'Institut et de la Station », plusieurs fascicules.

Au tournant des années 1880 et avec la disparition de Louis Gossin, le Frère Eugène prononce un panégyrique du fondateur et maître incontesté, souligne la « mission providentielle dont il était investi » et évoque précisément le buste que la Société se propose d'ériger à sa mémoire. Il termine son intervention par la belle phrase suivante : « Toute votre vie, vous aurez vingt ans, je veux dire que votre âme conservera toujours l'espoir des grandes et nobles choses ».

La quinzième réunion contient une intervention de combat sur « les luttes ardentes, les fiévreuses ambitions, les tempêtes qui soulèvent les flots de l'Océan social sur lesquels nous sommes comme emportés ». Il insiste sur la justesse de la cause agricole, à la manière d'un repère et rend à nouveau hommage aux Maîtres disparus.

Le 27 janvier 1783, c'est le Frère Antonis qui intervient en l'absence sans doute du Directeur absent ou empêché, en rapportant ce qui a été prononcé par lui lors de la dernière fête de l'Institut, en présence de Sa Grandeur l'Evêque de Beauvais, c'est-à-dire un développement sur la foi, à l'image de celle des fondateurs : « Foi en Dieu, dans le dévouement et la science des hommes éminents, dans la bienveillance et la sympathie des agriculteurs, dans le talent des publicistes [et] de [la] presse, en vous nos chers et bien-aimés élèves ».

L'intervention suivante fait un rappel aux vaillants ouvriers de la première heure puis rend hommage au « ... culte de l'honneur qui est la splendeur du bien ».

Le 9 février 1885, pour la dix-huitième Réunion, le Marquis de Dampierre, Président de la Société des agriculteurs de France, est présent. Le Frère Eugène le comble de remerciements pour le haut patronage accordé puis célèbre l'appartenance à une nation aristocratique et l'alliance de la croix et de la charrue – *Cruce et Aratro* –, devise de nos jeunes et vaillants agriculteurs.

Dans l'habituel rapport sur la ferme, on trouve mention de la variété de pomme de terre « Semis de l'Institut » créée par le Frère Eugène, de ses qualités et de l'achat possible de son plant pour « 20 F les 100 kg en gare de Beauvais, plus le sac ». Une publicité méritée !

L'année suivante, le Directeur évoque « ... l'union sous le drapeau glorieux de la Religion, de la Patrie et de l'Agriculture » et complimente les Anciens « aux professions si diverses et qui méritent notre reconnaissance ».

En 1887, il invite les Anciens et les Elèves à se grouper autour de la SAF et rappelle qu'il a complimenté, lors du banquet de la Fête de l'Institut, les personnalités et les agriculteurs « catholiques et ruraux » qui accueillent si volontiers l'Institut pour des visites formatrices.

Cette livraison contient également une note de Charles Gossin sur la variété de pomme de terre « L'Institut de Beauvais », avec une gravure et les appréciations sur elle d'expérimentateurs éloignés, ainsi qu'un programme détaillé, en dix-huit pages, des cours professés au sein de l'établissement.

Lors de la Réunion de 1888, Frère Eugène insiste sur l'importance et le rôle de la famille, « la Religion qui nous réunit », les trente-trois années de l'Ecole et ses liens avec le Catholicisme, ainsi que « l'agriculture agonisante qui nécessite ardeur, courage et persévérance ».

Cette année est celle de la proclamation à Rome du décret de béatification du Vénérable de La Salle, le 19 février. A Beauvais, une fête aura lieu en son honneur du 20 au 22 juillet (« triduum »). Ce sera une bonne occasion de remercier l'évêque et le clergé de leur aide et protection.

La 22e réunion fournit les statuts de la SAE et ceux de l'IAB (le mot « Normal » a disparu) et indique les noms et adresses des 206 membres français et 78 étrangers de la Société. Le Directeur rappelle une fois encore les noms des « fondateurs et apôtres de l'enseignement agricole » grâce à qui l'utopie d'il y a quarante ans est devenue réalité, et magnifie la continuité des efforts déployés, appuyés sur l'union entre la « milice spéciale » de Dieu avec le sacerdoce et la société laïque.

Une annonce est faite de la célébration des Noces d'Or « de notre très aimé Directeur le 26 mai 1890 (lundi de la Pentecôte) » et un appel est lancé à une souscription afin de lui offrir un souvenir artistique.

Le volume pour 1890 est d'une ampleur considérable avec ses 144 pages en raison des Noces d'Or et de la publication, à la suite d'un article du Journal de l'Oise, de la brochure complète (36 p) relative à ce très notable événement concernant les festivités organisées pour le « Directeur de l'Institut agricole et du Pensionnat », auxquelles assisteront 85 Anciens (et de nombreux « regrets »), 122 Notabilités et 5 Responsables de presse sans compter les Frères et autres Enseignants ainsi que le Personnel.

Les interventions sont nombreuses et complémentaires, dont un long poème, selon son habitude, du Président Blanchemain.

« Enfin, le Frère Eugène-Marie s'est levé et nous a tenus [...] sous le charme de sa parole. Il était impossible de remercier avec plus d'éloquence ses hôtes, ses amis et ses élèves ».

Dans un discours très structuré de six pages denses, le héros de la fête remercie d'abord ceux qui l'ont aidé et secondé depuis 50 ans dont ses chers confrères. Il parle de « Famille », ce qui sera une ligne forte du futur de l'Ecole, évoque quelques souvenirs puis, partant du rappel du Christ au mont Thabor avec trois disciples, il le traduit par un : « Il fait bon ici » qu'il applique judicieusement à la SAF, à la gaieté et à l'entrain des jeunes, aux décorateurs des lieux, dont M. Sirouy et son fameux portrait en pied du Frère Eugène, et à tous ceux qui ont compté pour lui avec une « action de grâce » spéciale pour le Baron de Corberon. Il rend ensuite hommage à Jeanne-Hachette et à la ville de Beauvais « [toi] qui m'a accueilli dans tes murs aux jours de ma jeunesse » et souligne à cette occasion « l'union de la croix et de l'épée ».

Suit un ardent discours à l'adresse du Frère Eugène, non prononcé faute de temps, de Monseigneur Claverie, ancien aumônier et fondateur de l'archiconfrérie de Saint-Joseph.

Les quelques années suivantes, il en va à peu près de même des interventions du Directeur alors que « des temps difficiles » s'annoncent de plus en plus précisément. Puis c'est le départ de ce remarquable Directeur qui aura profondément marqué son époque.

Les allocutions du moment sont analysées par ailleurs (« A la mémoire du Frère Eugène »).

* * *

A l'énoncé sommaire de ce qui aura été prononcé à l'occasion de ces nombreuses assemblées, on retiendra plusieurs points :

- le profond – et le terme est faible – attachement de l'orateur à son œuvre et celle de ses prédécesseurs, aux Anciens et à ses Elèves ;
- l'actualité de ses déclarations par rapport au contexte politique, économique et social ;
- l'élévation de son esprit de Frère en matière religieuse que l'on avait certes perçue dans ses articles par des citations préalables et ses allusions en conclusion, mais que l'on trouve ici de façon structurée et de bonne volée.

Un ensemble qui se situait dans une volonté, à l'époque, de former des agriculteurs éclairés, devenant souvent notables, chantres du progrès et de la Religion. L'évolution sera ensuite lente, dans des situations différentes, et précédant souvent les puissantes modifications de la société. Et elle se manifestera avec force à partir de la seconde moitié du XXe siècle.

* * *

1.7. Le Frère Eugène-Marie : le Religieux et l'Homme

A différentes reprises au long des chapitres de cet ouvrage, ont été évoqués par petites touches des comportements et des aspects plus personnels de la vie du Frère Eugène qui fut tout dans cet établissement de Beauvais où il est resté si longtemps : jeune professeur puis maître reconnu, chercheur et expérimentateur au champ et en laboratoire, praticien sur les exploitations, directeur impressionnant, enfin curieux exigeant de tout ce qui touche aux sciences, naturelles en particulier.

Peut-on et doit-on tenter une courte synthèse de ce qui a fait sa vie profonde et ses relations au quotidien avec ses confrères, collègues, le personnel et les étudiants ? On le pense afin d'enrichir le vaste tableau qui a été présenté et de l'éclairer un peu différemment.

En premier lieu, il convient de noter qu'aucun écrit des nombreuses Personnalités qu'il a fréquentées et qu'aucun propos de ses Anciens Elèves n'émettent de réserves. Il est certain que ce qui a été imprimé a passé sous les fourches caudines du (des) réviseur(s), mais qu'il n'a pu en être de même des discours de Responsables de premier plan qu'on ne modifie pas. Or ces textes de circonstance ou ces panégyriques échappent rarement à l'introduction de quelque phrase de critique nuancée ou de sous-entendus équivoques qui donnent du piment au reste. Dans le cas du Frère Eugène, rien n'a été trouvé dans cette direction et les témoignages d'Anciens sont toujours éminemment flatteurs, au bon sens du terme, reconnaissants et affectueux.

Venons-en aux autres points et interlocuteurs. On en dégagera quatre.

Il est très difficile d'évoquer le Religieux car personne, par définition, ne peut porter de jugement sur le Frère Eugène à ce titre.

En présentant ses interventions à l'occasion des « Réunions » annuelles des Anciens, on a tenu à montrer que le fil des discours livrés avait été principalement religieux et qu'il dénotait recul et culture.

Qu'en a-t-il été sinon ? Seul le jugement céleste a une valeur à ce titre...

A plusieurs reprises est évoqué son comportement, particulièrement dans la notice à sa mémoire parue l'année qui a suivi son décès et probablement écrite – ou supervisée – par le Frère Antonis. On y trouve : « Jusqu'à sa mort il prit une part directe à l'enseignement [...]. A la tête de sa communauté, dès 4h30 du matin, pour les exercices religieux ... ». De même, la notice rituelle sur les Frères décédés revient sur le sujet mais de l'aveu même des responsables de l'Institut des Frères, ce genre d'écrit est d'abord fait pour édifier, ce qui paraît bien normal après une vie consacrée à l'éducation lasallienne.

Toutefois un document de première importance qui nous est parvenu rend perplexe. Il s'agit du « Rapport sur la Maison de Beauvais » rédigé par le Frère Visiteur Anthymius[1], ancien professeur d'école normale, appartenant au District d'Amiens, à l'issue de son séjour dans l'établissement du 21 mars au 17 avril 1871, une visite alors faite chaque année.

Ce document court, de quatre pages, mais très précis et sans fard, indique sur la vie de la Communauté que : « Pendant l'année qui vient de s'écouler, les exercices se sont faits trop irrégulièrement ; il y a eu parfois bien des absences à la Messe et au(x) chapelles, etc. Jusqu'à ce jour, un certain nombre de Frères ne pouvant assister à la messe de communauté, ne prenaient aucun moyen de suppléer à cette omission ; quelques-uns même n'entendaient la messe que le dimanche et le jeudi, avec leurs élèves, quoique deux ou trois messes soient dites chaque jour dans la chapelle. En présence de cette irrégularité presque chronique, j'ai cru devoir ajouter provisoirement [en caractères différents] au Règlement journalier les articles suivants ... ».

Ces articles précisent les horaires à respecter en fonction des responsabilités, dont la messe à 6h10 et le « rattrapage » possible sous la forme de la « Réponse à Saint-Joseph » après la prière du soir.

Sa nomination en qualité de Directeur ensuite, pour laquelle on a déjà évoqué les hésitations des Supérieurs des Frères. On trouve d'ailleurs dans les « Souvenirs » du Frère Assistant chargé du dossier quelques phrases qui en disent long : « Deux mois après la mort du Frère Menée, je fus à Beauvais pour voir l'état des choses, je parlai à tous les Frères. Je trouvai que le Frère Eugène-Marie avait tenu quelques propos malséants qui n'en faisaient pas

---

[1] Visiteur ensuite de Paris et proche conseiller du Supérieur général, il fut plus tard et pendant plus de vingt ans, la « cheville ouvrière des organisations d'Athis » où il assurait avec prévenance l'accueil des retraitants.

l'éloge comme directeur ; je trouvai les principaux Frères peu disposés pour lui ». On ne saurait être plus clair : il n'y avait pas de réticences quant à ses capacités pour diriger une Ecole supérieure, compte tenu de ses contacts à haut niveau, de ses expérimentations, de ses premiers articles et de son ascendant sur les élèves, mais son comportement vis-à-vis des autres, au premier rang desquels ses confrères et la grande liberté qu'il avait déjà prise, et qui s'accroîtra jusqu'à son départ, faisaient peur dans leurs conséquences. Et cependant il fut nommé !

Mais le Rapport du Frère Visiteur de 1871, sept ans donc après le début du directorat d'Eugène, confirme les craintes exprimées par l'Assistant : « Les Frères paraissent vivre en bonne intelligence. Je crois (puissé-je me tromper !) que la plupart n'ont ni affection ni estime pour leur directeur ; par suite ils n'ont point confiance en lui. Ces dispositions des esprits sont d'autant plus fâcheuses que je doute fort que les choses qui les ont fait naître puissent cesser tant que le *statu quo* subsistera car [à la manière d'une citation] Le vase est imbibé, l'étoffe a pris son pli ... ».

Est-ce à la suite de cette appréciation que des nominations auront lieu, mais autour de 1880 seulement, avec le Frère Antonis en tant que Directeur spécial de l'Institut et le Frère Albert-Eugène comme Sous-Directeur du Pensionnat ?

Une autre question est aussi posée, celle de sa gestion financière de l'ensemble à lui confiée.

Le même Frère Anthymius indique, toujours en 1871, qu'« Elles [les finances] ne sont pas prospères. Le compte des Recettes et des Dépenses [...] constate que, par suite du malheur des temps, bien des créances restent impayées. Si le Directeur ne peut parvenir à recouvrer ces sommes, j'ignore comment il pourra faire face à ses Dépenses. En résumé : au point de vue moral et intellectuel, la situation est à peu près la même que l'an dernier ; au point de vue financier, la situation est déplorable ».

Et le Frère Assistant reprend ces critiques deux ans plus tard...

Frère Eugène semble blessé et lui répond le 24 février 1873 avec des détails comptables : « Quant à la ferme, les agriculteurs sérieux et M. Gossin à leur tête [Louis Gossin jouissait d'une excellente réputation auprès des Supérieurs des Frères, en tant que Fondateur de l'Institut, professeur respecté et homme de confiance] (ainsi que les Frères Arsénius, Laurentius et Eugène) sont d'avis que la marche est bonne au point de vue financier ».

Il laisse enfin échapper avec vigueur une certaine amertume : « Je sens la nécessité de m'expliquer avec vous en toute franchise, parce qu'une telle situation devient extrêmement pénible et ôte à un homme la tranquillité d'esprit nécessaire pour régir et gouverner convenablement une maison aussi complexe que la nôtre ».

Quelle suite fut donnée à ces échanges ? on l'ignore.

Sur un autre plan, il faut noter ce que le Rédacteur de ces lignes a ressenti en lisant et analysant la production écrite du Frère Eugène : il ne laisse pas de place aux autres.

Tous ses articles et publications sont signés de son seul nom[1] alors que pour la plupart, et spécialement les plus riches, ils sont l'œuvre d'apports de plusieurs personnes. Passons sur les expérimentateurs et les différentes « petites mains » qui ont contribué à mettre en place, surveiller, récolter, analyser ..., l'époque n'était pas à la citation des participations des humbles – et cet état perdurera... très longtemps ! –, mais que l'on ne trouve nulle part les noms de ceux qui ont été ses collaborateurs directs voire ses *alter ego*, cela surprend et particulièrement au sein du groupe des Confrères en religion, dont le Frère Almir qui a réalisé une quantité incroyable d'analyses au bénéfice des travaux et de la renommée de son illustre Directeur. Au contraire, et on l'a signalé, ce dernier fait montre d'humeur lorsque les résultats impatiemment attendus ont quelque retard !

Bref, Frère Eugène se comporte en « patron » et cette situation ne semble pas lui causer la moindre difficulté : il a un double pouvoir, religieux en tant que Frère à la tête d'une communauté et civil comme « patron » d'une entreprise fût-elle d'enseignement et de recherche. Et ce, à l'image de beaucoup de chercheurs et d'enseignants de cette époque ... et de celles qui ont suivi !

Mais attention, ces remarques ne doivent correspondre qu'à un maigre voile à déposer dans le plateau d'une balance qui comporte bien peu de poids face à l'autre fortement chargé.

Il se trouve que ce cas – très « humain » – n'est pas unique, à Beauvais – où il se reproduira sous une autre forme au XXe siècle – et ailleurs, et conservons du Frère Eugène tous les côtés qui honorent, à travers son œuvre et ses apports, l'Institut qu'il a su mener à un niveau si élevé.

* * *

1.8. A la mémoire du Frère Eugène

Au cours de l'année qui suit le décès du Frère Eugène-Marie paraît, en 1894 donc, par les soins de l'Imprimerie D. Père et A. Cartier à Beauvais une imposante plaquette, livre de soixante-treize pages, intitulée « A la mémoire du Frère Eugène, Directeur de l'Institut Agricole et du Pensionnat des Frères de Beauvais (Oise) – (1840-1893) ».

---

[1] Avec une exception : dans le compte rendu des visites de fermes de 1892 figurent, en tête, deux auteurs, le Frère Eugène-Marie en qualité de président de la Commission et le Comte de Salis, rapporteur secrétaire. Ils n'étaient cependant pas placés comme des co-auteurs.

Cet important document comprend :
- un portrait en dessous duquel est rappelée la durée du directorat,
- une préface en trois pages,
- un développement réparti entre dix-huit chapitres et sur soixante-treize pages, le dossier reprenant les principaux témoignages reçus.

A LA MÉMOIRE

DU

FRÈRE EUGÈNE

Directeur de l'Institut Agricole

ET DU

PENSIONNAT DES FRÈRES DE BEAUVAIS (Oise)

(1840-1893)

CRUCE ET ARATRO

BEAUVAIS

TYPOGRAPHIE D. PERE, A. CARTIER, GÉRANT.

1894

La borne inférieure inscrite en couverture correspond à l'année d'arrivée à Beauvais du Frère Eugène, après que le Frère Menée l'eut repéré à Passy.

Le document n'est nulle part signé mais le fait qu'il ait paru vite indique probablement les auteurs, le Frère Antonis pour le corps du texte et le Frère Paulin aidé de son pro-directeur pour la préface. Peut-être l'épreuve a-t-elle été relue et amendée par d'autres personnes comme des Frères ayant bien connu le directeur décédé et l'un ou l'autre des enseignants laïcs qui formaient dans la durée le cœur des hommes de confiance des religieux ? Cette supposition paraît probable compte tenu des éléments détaillés apportés.

Cette « Notice développée » est une apologie consistante qui relègue au loin la notice de l'Institut des Frères ; c'est pourquoi on privilégiera son analyse, d'autant que son contenu traduit l'œuvre accomplie avec un certain recul et que l'on pourra y discerner, au-delà des formules habituelles du genre, ce qu'en pensaient alors ses contributeurs.

La préface part des Noces d'or, un peu plus de trois ans avant le décès, et de tous les espoirs mis alors dans la poursuite de l'accomplissement de la mission du Frère Eugène. Son écriture est très religieuse : « La mémoire du Juste sera éternelle (P. CXI) » et rend un hommage justifié à l'Institut des Frères. Y figure un rappel à sa Champagne d'origine « qui a donné tant de grands esprits, tant de cœurs généreux, tant de bras vaillants… ».

Sa vie est résumée par cinq mots : sacrifice, charité, travail opiniâtre et persévérant qui correspondent tout à fait à son existence temporelle. On peut être un peu surpris de n'y rien trouver de « spirituel » mais l'on s'est déjà exprimé sur cette question. La conclusion est en revanche bien adossée à ce qui la précède en défendant l'œuvre des Congréganistes « qu'une presse impie et menteuse [...] présente comme ses ennemis ».

Les chapitres qui suivent sont numérotés de I à XVIII mais ne portent pas de titres, que l'on reconstituera facilement à leur lecture. Leur ampleur est équilibrée.

Le premier traite de la petite enfance d'Eugène Chanoine. Son père « ...robuste et vigoureux » est présenté comme ayant « une intelligence pratique supérieure », jugeant des différends dans le pays, « intègre, scrupuleux comme un chanoine » (!) et chrétien sans reproches. Parti tôt, emporté par le choléra, la charge du petit domaine et des cinq enfants reposera sur son épouse bonne et dévouée. Quant à Eugène, ayant grandi « en âge, en sagesse et en vertu », il aura « cette énergie, cette puissance de volonté qui [...] devait opérer des prodiges » et le mener jusqu'à la direction « d'un établissement agronomique dont la réputation a fait le tour du monde ».

Le suivant indique son cheminement religieux rapide entre 1835 et 1840. D'abord avec les souhaits de l'enfant d'étudier chez les Frères et le rôle du Frère Aimare, directeur de l'école de Vitry-le-François [Français] – qui, vers 1880, prendra sa retraite à Beauvais (« devoir filial religieux ») –, mais avec les réticences des parents qui finiront par accepter le départ de leur fils comme petit novice à Paris le 29 avril 1837. Après deux années d'études et affirmation de son engagement, il entre au grand Noviciat puis est envoyé « pour aller affronter les luttes d'une classe » au Pensionnat de Passy, renommé et en plein essor. Il y restera peu de temps !

La visite du Frère Menée et ses conséquences sont relatées au chapitre trois : le départ des deux hommes pour Beauvais, le 8 octobre, conduit Eugène à enseigner d'abord à l'école communale de la place Saint-Etienne puis très vite, après fondation du Demi-Pensionnat et du Pensionnat, où il intervient déjà pour la partie scientifique avec les mathématiques ainsi que les sciences physiques et naturelles. Les témoignages d'anciens élèves sont unanimes et louent son « élan [...], cette vivacité [...] et cette lucidité » grâce auxquels il enseignait des questions difficiles. Ce qui montre les capacités de ce quasi-autodidacte car il ne faut pas oublier que la formation des Frères d'alors était bien limitée, et il n'avait que vingt ans environ ! Son concours était également requis pour d'autres charges dont celles associées autour de 1842-1844 aux aménagements et constructions des bâtiments de la rue Nully-d'Hécourt. Mais le biographe insiste sur ses prédilections pour les sciences naturelles, dont la botanique et la zoologie, et son goût pour l'herborisation et la systématique en compagnie de collègues Frères ou Laïcs, et indique que c'est ainsi qu'il opérait pour « en faire ensuite profiter ses élèves dans des leçons aussi lumineuses que savantes et pratiques ». Un trait important qu'il conservera toute sa vie. Ses talents pédagogiques sont loués, particulièrement en mathématiques, et il est insisté sur le caractère religieux de ses interventions devant et avec ses élèves.

Puis vint la direction du Cours Normal de l'Oise attribuée au Frère Menée, avec une participation importante dans l'enseignement scientifique du Frère Eugène, et d'où sortirent 850 élèves brevetés.

Peut-être ce ferment a-t-il beaucoup compté dans la préparation du nouveau projet, avec une idée de base : « ... que des leçons d'agriculture devraient, dans une juste mesure, faire partie de l'instruction publique à tous les degrés ». On connaît le montage à trois qui prospérait à cette époque à partir des vœux des Personnalités responsables des Sociétés d'Agriculture du département. Toujours est-il qu'Eugène devient rapidement le conseiller écouté du Frère Menée, son bras droit et la « cheville ouvrière » du Directeur qui a bien besoin d'un second.

Le chapitre V est consacré aux débuts de l'Institut agricole en 1854 / 1855, avec les attributions des enseignants face à un nombre d'élèves fort limité. On nous indique que Frère Eugène prend en charge les mathématiques, la physique, la chimie, la botanique et la zoologie générale, c'est-à-dire les matières auxquelles ses fonctions précédentes l'avaient directement préparé. Le côté « pratique », qui lui est si cher, est assuré sur le petit domaine loué de l'abbaye de Saint-Lucien, où l'on nous dit qu'il est assidu pendant dix ans pour ses études et recherches sur les espèces animales, dont les races convenant le mieux à la région du Nord, et surtout végétales, avec deux places de choix pour la pomme de terre (« ... pendant vingt ans, 250 à 300 variétés seront soumises à ses investigations ») et les graminées fourragères (« ... une collection de 200 variétés sera cultivée avec soin »). On retrouve là ses deux principaux sujets scientifiques et la matière de ses publications de la plus grande qualité.

Les Annales de l'Ecole sont citées ainsi que les récompenses de cette période avec, dès 1854, une médaille d'or pour une collection de produits, quarante-neuf prix au cours des huit premières années d'existence de l'Institut et le diplôme d'honneur spécial décerné en août 1860 par la Société Polytechnique universelle. « La part du Frère Eugène à ces récompenses était grande... ».

Une transition fait état de la maladie du Frère Menée et de son décès le 10 juin 1864. Mais un peu avant, celui-ci avait souhaité s'adjoindre deux Sous-Directeurs en les personnes des Frères Eugène et Milhau, ce dernier éminent entomologiste, probablement assez effacé. Durant l'année de maladie, Eugène prend de fait les rênes de la Maison et s'y montre si efficace que l'évêque de Beauvais venu pour la distribution des prix annonce sa nomination avant même que les Supérieurs des Frères ne l'aient décidée, tant elle paraissait aller de soi (« ... nos cœurs l'ont désigné ... »). C'était aller un peu vite en besogne...

L'établissement des Frères « cessa son veuvage » le 6 avril 1864 mais l'on ne nous dit rien sur les hésitations indiquées précédemment ... ce qui est normal dans une telle œuvre.

Un tour d'horizon est fait sur ses amis et soutiens : à l'Institut, Frères et Laïcs en place, au ministère de l'Agriculture et dans l'administration départementale. « Le Frère Eugène sut réunir et conserver toutes ces précieuses sympathies au profit des œuvres multiples qu'il avait à diriger ». Il sera ajouté, à sa mort « qu'il avait beaucoup d'amis, quelques contradicteurs, mais pas un ennemi ».

Un développement traite ensuite de la chapelle, centre de l'Archiconfrérie de Saint-Joseph et du soutien spirituel apporté à l'Institut.

Voici donc Eugène installé dans la fonction directoriale d'un établissement important dont les nouveaux bâtiments sont maintenant achevés.

Le chapitre VIII traite de la nouvelle ère de prospérité de l'Institut agricole en mélangeant les genres : les compliments d'E. Rendu, inspecteur d'Académie, en 1882, les mérites du cours Normal puis les récompenses officielles au-delà de 1862, avec par exemple quatre-vingt-quinze médailles pour les animaux reproducteurs, cent-trente prix pour la seule espèce chevaline ou encore vingt-huit couronnes et médailles rendant hommage à l'orphéon, la fanfare et l'harmonie !

Plus personnellement, le Frère recevait, en 1877, pour l'ensemble de ses travaux, une prime d'honneur spéciale, et les palmes d'Officier d'Académie.

Il est rapporté qu'on lui avait proposé, lors du Concours régional de Compiègne le choix entre la Légion d'honneur ou la prime d'honneur mais qu'il avait préféré choisir la seconde qui honorait ses « nombreux et dévoués collaborateurs ».

Qu'en fut-il vraiment ? On penchera pour l'écho d'une conversation entre notables et responsables, les conditions d'attribution de la première étant trop rigoureuses pour pouvoir être ainsi traitées.

Puis viennent des indications très précises sur la nécessaire extension du domaine d'observation pour les étudiants, d'expérimentation et de recherche pour les enseignants (et chercheurs), et de production, avec la location pour vingt-sept ans de la ferme de la Maison-Rouge, dite ferme du Bois, comprenant cent hectares et des prairies au Marais.

Sous l'autorité du Directeur sont réglés l'assolement, les rotations, l'implantation de plantes fourragères améliorantes avec quarante hectares de prairies artificielles... Le Rédacteur fait d'ailleurs partir de cette étape les véritables études pratiques sur les plantes et sur les animaux, ce qui est sans doute vrai compte tenu de l'exiguïté et des contraintes de « l'enclos Saint-Lucien ». Est aussi mentionnée la création du dépôt d'étalons.

Les explications qui suivent concernent uniquement les animaux avec les essais d'expérimentation de races adaptées et les tentatives d'améliorations.

Une phrase dont le contenu a déjà été signalé mérite attention : « Tout en ayant confiance en l'habile direction du Frère Laurentius, à qui a été confiée la ferme, le Frère Eugène aura la haute main sur tout et s'intéressera aux plus petits détails ». Un trait important du puissant et respecté Directeur qui ne sait pas, et ne veut pas, déléguer, d'où l'état d'esprit de ses confrères, au moins d'une majorité d'entre eux.

Un chapitre est ensuite consacré à la Station agronomique de l'Oise : sa conception, ses objets, son personnel et ses soutiens, sans oublier sa publication savante des Annales à partir de la fin de 1873.

Il se termine par les compliments d'un Inspecteur général de l'agriculture, M. Boitel : « … Que, d'ailleurs, on pouvait compter sur le patriotisme, le dévouement du personnel enseignant, qu'il connaissait de longue date, et auquel il rendait justice ». C'était un an après la création, en 1974.

Les activités intenses du Frère Eugène sont présentées en section XI, de façon mélangée : ses horaires de quatre heures et demie du matin à dix heures du soir, son souci scrupuleux du suivi de chacun et des détails, les premières conséquences de la loi du volontariat de 1872, le peu de temps consacré à sa personne et son obsession du travail.

Un peu comme une anecdote est rapportée la visite du couple impérial à Beauvais en 1869, à l'occasion du Concours régional, et le fait que le Directeur avait été « remarqué » par les augustes Visiteurs mais sans rien recevoir ou demander pour lui-même, l'intérêt de la Maison et la mise en valeur de l'œuvre des Frères constituant ses seules préoccupations.

La Guerre de 1870 occupe l'essentiel du chapitre suivant avec son cortège de misères. L'annonce des désastres et de l'avancée prussienne est faite en pleine distribution des prix. Des Anciens Elèves sont tués, l'ennemi s'installe dans l'Institut et la cohabitation est ressentie brutalement. Avec sa « prudente énergie », le Frère Eugène lâche le moins possible, résiste et rend visite en apportant des secours aux prisonniers dont des Anciens. Après l'armistice, la Commune de Paris isole les autorités de la Congrégation et oblige à l'hébergement de trente Frères étrangers. « Le Directeur ne sera jamais au-dessous de sa tâche ».

L'après-guerre engendre nombre de bouleversements et d'abord la question du sursis rapportée de façon abrégée par l'auteur de la rubrique : le sursis d'appel est finalement accordé et « Le Frère Eugène, homme de liberté et d'indépendance pour tout ce qui concernait la marche de la Maison dont il était chargé, ne regretta jamais cet échec ». C'était, comme on l'a vu, traiter en raccourci une affaire qui n'était guère marquée par sa netteté.

Est ensuite mentionnée la disparition de l'aide gouvernementale, le ministre précisant que « … L'Institut de Beauvais n'avait plus besoin d'être encouragé, soutenu ; il marchait très bien de lui-même ».

Enfin, mais sans rapport avec la situation du moment, est soulignée la disparition de Louis Gossin, l'un des trois fondateurs qui « … a été constamment un vaillant catholique et l'apôtre convaincu de l'agriculture française » (selon Paul Blanchemain, Président des Anciens).

Le long chapitre XIV est centré sur le patronage obtenu de la Société des Agriculteurs de France, les autorités départementales ayant cessé leur participation aux examens des Elèves et arrêté d'estampiller les diplômes et brevets. Les intervenants sont mentionnés pour leur aide et leurs actions, particulièrement le marquis de Dampierre, Président alors en exercice. Une première délégation officielle est nommée en 1884, composée d'illustres notabilités et en 1885, le même Président salue longuement les réalisations du Frère Eugène, « homme fort et vaillant », qualifié de révérend !

En complément est repris un article de la Gazette des Champs du Figaro dans sa livraison du 10 juin de la même année, élogieux sur le Directeur et son œuvre, dans lequel il est fait de nécessaires rappels sur le cheminement de l'Institut et les critiques infondées et mensongères de La Chalotais et Voltaire sur les apports à la société des Frères des écoles chrétiennes.

Sont ensuite présentées les Sociétés des Anciens Elèves liées à l'Etablissement : celle de l'Institut fondée en 1867, se réunit à Paris au moment du Concours général et celle du Pensionnat dont le Président est Achille Sirouy, peintre de talent qui sera l'auteur du portrait en pied du Frère Eugène, représenté à Beauséjour, en 1890. Dans les assemblées des deux, le Directeur est fêté et souvent sollicité pour des conseils. L'esprit de famille qui y règne est souligné.

Au chapitre XVI, sont exposées les Noces d'or du Frère Eugène, le 26 mai 1890, pour sa cinquantième année de séjour à Beauvais : l'idée, le Comité constitué, les invités présents, la messe dans la chapelle de l'Etablissement, la réception au parc de Beauséjour – récente acquisition de l'Institut –, le banquet-concert, les nombreux discours, la réponse du récipiendaire des honneurs du jour et la fête de nuit. Un lourd programme d'hommage à une personnalité religieuse et agricole de premier plan.

La fin de l'ouvrage est consacrée aux trois dernières années de vie du Frère Eugène, aux circonstances de son décès, aux réactions immédiates dans la presse puis à celles faites rapidement par écrit en direction de l'Institut et de ses Responsables, peut-être aussi au Frère Supérieur général.

Après ses Noces d'or, Eugène se remet au travail faisant « espérer à ses amis qu'on célébrerait un jour ses Noces de diamant(s) ». Il est fatigué et ses indispositions sont fréquentes. La période est devenue difficile pour l'enseignement congréganiste dont l'avenir est incertain.

En 1891, il perd deux collaborateurs éminents, le Frère Arsénius, présent depuis trente ans et proche confident et conseiller, Monseigneur Claverie, aumônier de l'Ecole et fondateur de l'Archiconfrérie de Saint-Joseph puis en 1893, le comte de Salis, professeur de génie rural et proche ami.

Après une atteinte d'influenza, il prépare la distribution des prix du 30 juillet et attend l'évêque de Beauvais qui vient présider cette Cérémonie. Le Frère Pro-Directeur [Gaubert] le rejoint à son bureau et le trouve « … debout… luttant contre la mort ». Il expire peu après. La nouvelle se répand et stupéfie l'assemblée ; la relation de sa disparition est de suite reprise par les journaux locaux, la communication en étant faite par l'Agence Havas. Le Journal de l'Oise indique qu' « On ne verra donc plus dans les salles et les cours de l'Institut cet homme, ce religieux petit de taille et grand par la spiritualité même de son abord, venir à vous, la main franchement tendue, la physionomie originale, au sourire fin, avec des yeux brillants d'esprit, et par-dessus tout, respirant la bonté à l'égal de l'intelligence ». Un bon et sensible résumé fait par « A.R. ». Le Moniteur de l'Oise cite la collaboration du Frère Eugène à ce journal *via* de nombreux articles dont encore, la veille de son décès, un « savant article de Gallinoculture sur œuf ». Sous la plume du Marquis de B., on trouve « le Frère Eugène laissera une trace lumineuse, non seulement dans l'établissement qu'il dirigeait, mais encore dans le monde agricole tout entier ».

Le Bulletin religieux, reprenant le Moniteur de l'Oise, écrit un article profond déclarant notamment « … le Frère Eugène n'a pas été seulement un homme supérieur, un savant distingué, un éducateur habile, mais un excellent religieux et le modèle des professeurs éminents qui partageaient son apostolat » … « avec sa puissante intelligence, il aurait pu, en suivant les sentiers battus du monde, se frayer un chemin vers les honneurs. Il ne l'a pas voulu, préférant n'être toute sa vie qu'un humble frère des Ecoles chrétiennes » … « *Et solum mihi super est sepulchrum* » … « Aujourd'hui reste(nt) … ses œuvres : *opera enim eorum sequuntur illos* ».

Suivent une dizaine de témoignages courts de Personnalités dont les initiales sont mentionnées.

La cérémonie, immense, a lieu le 7 août. Il n'en est quasiment rien dit. Le Frère Eugène repose depuis au cimetière de Beauvais, dans le carré des Frères.

* * *

Cette importante Notice méritait d'être analysée, d'autant qu'elle a servi de base à l'écriture d'articles et des quelques ouvrages où le Frère Eugène est traité ou mentionné.

Son caractère hagiographique est certain … et normal car c'est le but d'un tel exercice que de n'évoquer que les aspects positifs de la vie d'un disparu, et d'édifier le lecteur.

Dans la Congrégation, les « Notices », courtes en général, écrites sur les Frères décédés, font de même d'autant qu'il n'appartient à quiconque de porter jugement sur la vie religieuse des intéressés.

Au cours de son examen attentif, on a pris soin cependant de nuancer certains propos temporels, exagérément positifs comme dans « L'affaire du sursis », alors que nous disposons de preuves écrites irréfutables n'allant pas dans le même sens.

On aura pu remarquer aussi que les rédacteurs ont délibérément réduit à très peu l'œuvre scientifique et technique du Frère Eugène alors qu'Antonis était évidemment capable de le faire, ainsi qu'il le montrera dans ses nombreux écrits qui suivront. Rien de surprenant à cela : ceux qui ont pris la plume se sont comportés en Confrères désireux de glorifier voire sublimer la personne et la personnalité de l'un d'entre eux.

Ce travail analytique et critique ne pouvait être entrepris que par un historien s'attachant donc aux sources et à leur étude raisonnée.

* * *

DEUXIÈME PARTIE

Travaux et publications

Introduction

Les travaux écrits du Frère Eugène-Marie qui nous sont parvenus *via* les Annales sont nombreux et conséquents, ainsi qu'on l'a vu précédemment. Ils vont être analysés ici dans leur intégralité et ce, sous un triple angle : une présentation détaillée, un commentaire sur leurs apports et une mise en perspective.

Ces publications sont d'une importance et d'une nouveauté inégales mais deux ensembles dominent, soit par leur ancrage « recherche », c'est le cas de celles portant sur la pomme de terre, soit en raison de leur originalité et de leur exhaustivité remarquables, avec les études sur les « Graminées fourragères ».

Cet ordre sera suivi dans la présentation qui va suivre. Toutefois, compte tenu du considérable investissement – en temps et en moyens – du Frère Eugène dans ses travaux sur la pomme de terre, de l'importance agricole et agronomique de la variété qu'il a créée, et qui porte le nom de l'Etablissement où il a enseigné puis qu'il a dirigé, et enfin de son existence sur le marché encore aujourd'hui, la fraction consacrée à ces travaux fera l'objet d'un développement conséquent et de quelques annexes traitant du sujet durant des époques récentes.

Quant à ses études sur les « Graminées fourragères », au nombre de quinze, elles seront analysées globalement dans le moment de leur publication, compte tenu de plans similaires.

* * *

2.1. Les travaux sur la pomme de terre et la variété « Institut de Beauvais »

- Les travaux sur la pomme de terre à travers les « Annales de l'Institut Normal agricole de Beauvais »

Entre 1860 et 1870 paraissent donc des « Annales de l'Institut Normal agricole de Beauvais » dont cinq numéros ont été produits (294 pages au total) sous la forme d'une Revue ouverte à de nombreux sujets traités par des enseignants de l'Ecole. Leur niveau est délibérément « bon », c'est-à-dire comparable à celui des périodiques de ce type qui fleurissent à l'époque.

Il n'est pas hardi de soupçonner le Frère Eugène, aidé de Louis Gossin, d'en avoir été le « Rédacteur en chef ». L'ensemble constituera, en tout cas, un argument de poids pour faciliter la création de la Station agronomique et rendre la transition aisée entre les Annales des deux structures.

Qu'y trouve-t-on sur la Pomme de terre ?

- un long mémoire de 65 pages sur « ...les produits cultivés expérimentalement à l'INAB par le Frère Eugène-Marie entre 1855 et 1860 », rédigé à la première personne et paru en 1861,
- des « Etudes sur les Pommes de terre », du même auteur, publiées dans la livraison de 1862 – probablement parue en 1863 – et comportant deux parties, la première sur les maladies, l'autre relative à des comparaisons variétales.

Premier article aux Annales de l'INAB, paru en 1861

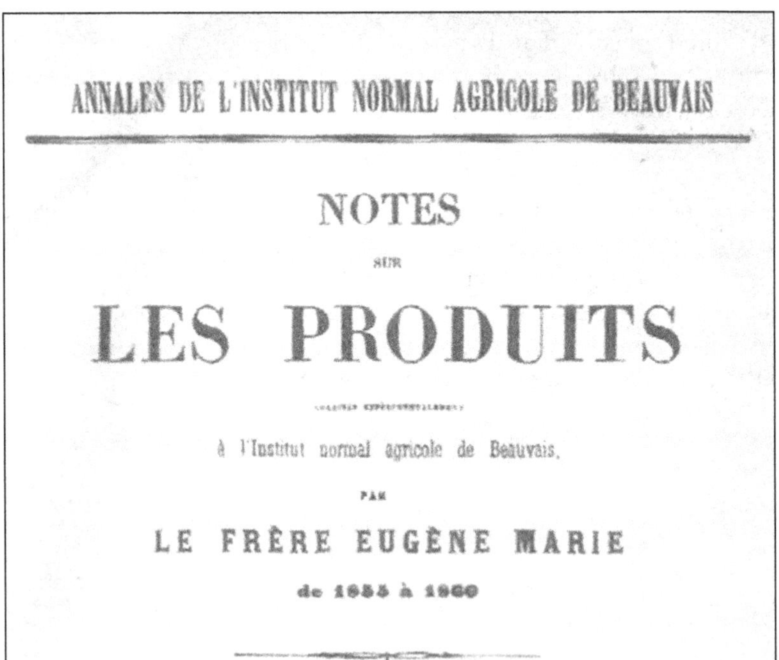

ANNALES DE L'INSTITUT NORMAL AGRICOLE DE BEAUVAIS

NOTES

SUR

LES PRODUITS

à l'Institut normal agricole de Beauvais,

PAR

LE FRÈRE EUGÈNE MARIE

de 1855 à 1860

Le mémoire sur les Produits traite de nombreuses espèces végétales : blé, maïs, sorgho, betterave, navet (dont la Collection de Monsieur de Vilmorin), haricot, courge, etc. Onze pages sont réservées aux pommes de terre ; elles comportent trois parties : une synthèse sur les observations faites entre 1855 et 1860, trois tableaux comparatifs de variétés, enfin de brèves monographies sur la majeure partie de celles-ci.

La synthèse – qui curieusement débute cette fraction de l'article – contient de nombreux renseignements d'observations et de déductions à partir de cinq années de travaux.

Les premiers aboutissent à « deux vérités presque absolues en agriculture » :

- le choix des semences constitue une question capitale,
- les variétés tardives, « abandonnées depuis la maladie », sont les plus intéressantes mais seulement lorsqu'on les place en bonnes conditions.

Suit une page dense et combative qui montre bien, dès ce moment, la foi du Frère Eugène en ses expérimentations et résultats : il traite d'abord de densité et indique sa proportionnalité au taux de matière sèche ; ensuite, et c'est l'essentiel, il critique certains résultats obtenus en matière de taux de fécule dont il montre la grande variabilité avec le sol et sa composition, l'année et son climat ainsi que le moment, par rapport à la récolte, de réalisation de l'analyse. Il évoque la dégénérescence subie par certaines variétés, sur ce plan-là aussi, et qui expliquerait, selon lui, les baisses prononcées des taux de produits amylacés dans les tubercules.

Et il n'hésite pas à mesurer ses apports à ceux de Messieurs Payen et Boussingault…, spécialistes alors reconnus et présentés comme « patriarches de la science » !

Les trois tableaux synoptiques contiennent 19 puis 19 et enfin 22 variétés dont sept sous numéro « de l'ancienne Collection ». Ils sont, bien évidemment, bâtis selon le même modèle, rigueur oblige : poids de la récolte sur 25 m², poids correspondant à l'hectare, densité moyenne des tubercules [de toute taille], teneur en eau, teneur en matière sèche [déduite], teneur en fécule.

Enfin, une dernière colonne indique sommairement le goût de tubercules cuits sous la cendre.

Les résultats chiffrés sont très divers : c'est le propre de ce que l'on obtient avec une collection (dont on ne nous dit rien sur son obtention ni sur ce qui relève des « numéros »).

L'ultime partie est donc monographique et variablement détaillée. En reprenant le même exemple, on trouve « Moyenne, ronde, couleur mélangée de jaune et de rouge brun, rugueuse, œil rouge, hâtive, tiges complètement desséchées à la récolte ; pas de graines ».

A aucun moment, il n'est fait allusion à des clones issus de semis. Ce sera pour beaucoup plus tard... et seulement en l'honneur de la « grande obtention » du Frère Eugène.

Les « Annales » de 1862 forment un volume de 38 pages dont près de quinze sont relatives aux pommes de terre, avec deux parties successives mais reliées : l'une consacrée au mildiou, l'autre aux résultats obtenus en 1862, à partir de la Collection considérablement augmentée en nombre d'origines.

Le mémoire sur « la maladie » constitue le premier article véritablement scientifique du Frère Eugène-Marie : sa démarche rigoureuse est intéressante et mérite que l'on s'y arrête quelque peu.

Après avoir rappelé succinctement le panorama pathologique associé à la pomme de terre, son auteur en vient à « la maladie proprement dite ». Il se montre prudent et divise son exposé en deux parties : l'étiologie ou étude des causes et la pathologie ou étude des remèdes, préventifs et curatifs.

Pour traiter de l'origine du mildiou, il envisage successivement les hypothèses proposées par la littérature de l'époque : l'état atmosphérique, hygroscopique notamment, le froid, l'électricité atmosphérique, l'usage de tubercules de semences coupés, certains insectes ou encore le « Botrytisme » dû à Botrytis infestans. Il s'arrête à ce niveau en présentant des observations et déductions minutieuses d'auteurs français et étrangers. Sa conclusion est bien en accord avec le consensus de cette période : « ... si le champignon n'est point le principe de la maladie, il en est du moins le symptôme certain ».

Puis, Frère Eugène revient sur d'autres causes possibles avec les engrais phosphatés et potassiques et ... la dégénérescence, tout simplement, mais il note qu'elle ne suffit pas à « expliquer le phénomène principal » puis insiste sur son universalité. Il termine par cette phrase magnifique : « Nous le répétons, nous préférons le doute à l'erreur et les faits aux idées préconçues ».

La partie consacrée aux remèdes débute par une citation d'un empereur chinois : « Lorsque je jouis de la santé, je récompense généreusement mes médecins ; mais quand je suis malade, je supprime leur traitement ». Il indique par ce moyen la suprématie des interventions préventives dont il dresse ensuite un panorama en une dizaine de points : coupe des tiges atteintes, chaulage des tubercules, accroissement préventif de la vitalité des tubercules de semence, soufrage, plantation automnale, buttage et foulage [compactage de la surface du sol afin de la rendre moins perméable], apport de poussier de charbon autour du tubercule, macération des semences dans de l'eau acidulée, dépôt de certains engrais n'accélérant pas trop la maturité...

Frère Eugène, en synthèse, donne quelques conseils culturaux qui permettront d'aller dans le bon sens.

Suit la présentation des résultats de la Collection pour 1862 qui porte sur 120 variétés dont aucune sous numéro.

On ne trouve, en 1862 / 63 non plus, aucune référence à des obtentions variétales.

Les « Annales de l'INAB » sont ensuite muettes sur la pomme de terre jusqu'à leur dernière livraison, en 1870.

Il faudra donc attendre celles de la Station agronomique de l'Oise pour en reparler... et abondamment !

- Les travaux sur la pomme de terre dans les « Annales de la Station agronomique de l'Oise » entre 1875 et 1884 et les références à la variété « Institut de Beauvais »

Frère Eugène-Marie va publier aux Annales de la Station agronomique de l'Oise neuf mémoires relatifs à ses travaux sur la pomme de terre, et ce dans les livraisons des années comprises entre 1875 et 1884, avec une seule exception en 1879. L'ensemble couvre 212 pages, d'un bon à très bon niveau scientifique et technique, à replacer bien sûr dans la situation de la « recherche-développement » et des publications de l'époque.

Ces articles portent tous un même titre, ou presque :

« Etudes expérimentales sur les meilleures espèces de pommes de terre de la grande culture » en 1875, 1876 et de 1880 à 1884,

« Etudes expérimentales sur les meilleures pommes de terre de la grande culture » en 1877,

« Etudes expérimentales sur les meilleures variétés de pommes de terre de la grande culture » en 1878.

Sept fois, le terme « espèces » est utilisé, ce qui surprend un peu à une époque où l'on était exigeant en matière de systématique... Ce n'est toutefois pas très surprenant dans la mesure où ce mot était alors d'usage courant pour désigner des variétés. Dans les deux autres cas, soit l'auteur n'utilise que l'adjectif « meilleures », soit il emploie le terme « adéquat ». Ces quelques différences surprennent néanmoins compte tenu de la rigueur du personnage.

Les neuf articles sont signés de la même façon :

« Frère Eugène-Marie, directeur de l'Institut agricole et de la Station agronomique de l'Oise ». La succession des fonctions est de pure logique.

Que contiennent ces mémoires ?

L'article de 1875 présente d'abord les neuf objectifs des essais : influence du buttage ; sols et rendement ; valeur nutritive et industrielle ; rusticité (résistance aux influences atmosphériques) ; densité ; moyens préventifs et curatifs employés ou préconisés pour empêcher l'invasion de la maladie [le mildiou] ou la guérir ; état hygrométrique de l'air et quantité d'eau pendant la végétation ; nombre de degrés de chaleur ; influence de certains agents pour hâter la maturité.

On mesure bien, à cette énumération, que les questions qui se posaient à l'époque sont envisagées. Et elles étaient nombreuses !

Figurent ensuite les monographies de 18 variétés qui ont fait l'objet d'études expérimentales comparatives menées en 1874 et s'appliquant aux objectifs énoncés. Retenons, pour le mildiou, de nombreux essais avec la chaux, le soufre, la sciure de bois, le charbon de bois, le sel marin...

Des cultures en temps anormaux sont également conduites avec des « semis » [plantations] automnaux, hivernaux ou estivaux qui présentent ainsi des « vices » associés aux conditions : pourriture, gel, trop grande tardiveté (« grosse absurdité »).

On le voit, Frère Eugène ne recule devant aucune piste, fut-elle « contre nature ».

Différents tableaux présentent les résultats obtenus qui sont ensuite discutés.

L'année suivante, il poursuit avec les mêmes variétés et sous un dispositif lourd en matière de rendement : tubercules gros, moyens et petits dans quatre types de « terre ». Il indique aussi la quantité de matière sèche et la teneur en fécule des tubercules obtenus. Comme en 1875, il s'appuie beaucoup, pour ses conclusions, sur les relevés climatiques effectués durant les moments de végétation des essais.

Les résultats présentés en 1877 sont issus des essais de 1876, « ... plus limités que les années antérieures » (onze pages de la Revue). Ils portent sur les mêmes 18 variétés avec des comparaisons de rendement à partir de terrains de compositions différentes, l'usage de différents moyens préventifs pour combattre le mildiou, et la vérification de la « loi des espacements » entre tubercules sur laquelle notre Auteur aura beaucoup œuvré et apporté à l'époque.

Le long mémoire de 1878 (38 pages), au sein d'une livraison particulièrement fournie, comprend deux parties. La première rappelle les travaux réalisés depuis 1860 sur « la culture de la pomme de terre à haut rendement » et comporte leur synthèse, puis des résultats de 1877 sur les distances de plantation (25 variétés), et enfin des travaux sur les quantités d'azote renfermées dans les tubercules (27 variétés) et celles prélevées dans le sol (25). Suit un tableau de « rendement de la grande culture » portant sur 19 variétés dont deux « semis », l'un issu de Farinosa rouge, l'autre d'Early rose [mais rien n'est encore dévoilé sur « Semis de l'Institut » ; ce sera pour bientôt].

Cet important travail ainsi présenté constitue un point d'étape sur ce qui a été fait en près de vingt ans, accompagné des élargissements récents.

La seconde partie – qui s'étend sur 26 pages ! – est originale dans les écrits du Frère Eugène : elle est une « réponse aux observations critiques » de Monsieur Lefebvre de La Fargue, chimiste qui, à la lecture des articles du Directeur de la Station, a émis des critiques – mais aussi des appréciations positives –, notamment sur l'usage, comme engrais, du chlorure de sodium auquel il est opposé.

Le moins que l'on puisse dire est que Frère Eugène a dû être sérieusement blessé par ces remarques puisqu'il accomplit dans ces pages très denses un remarquable travail, non seulement de réfutation des assertions, mais surtout de discussion scientifique comme aime en faire un vrai chercheur… Dès le début le ton est donné : il veut « essayer de justifier devant la science sérieuse et pratique, les idées et les faits consignés aux Annales… ». Pour ce faire, il utilise une importante bibliographie, effectuée certainement auparavant, et cite de nombreux « savants et chimistes » comme Mathieu de Dombasle, Bella et Boussingault.

Quand cela est nécessaire, il élargit son propos à des exemples choisis chez d'autres plantes.

Au cours de ces développements, Frère Eugène donne une preuve éclatante de sa maîtrise de la discussion et de l'argumentation scientifique. Son style est vif, voire coupant et ses réponses sont sèches. On trouve là, sans doute, son meilleur article « scientifique » … même si l'avenir lui donnera partiellement tort !

Comme annoncé, la 10e livraison des Annales [indiquée 11e par erreur], en 1879, ne comporte pas d'article du Frère Eugène spécifique à la Pomme de terre.

Un de ses collaborateurs, le Frère Laurentius, directeur de la Ferme du Bois, insiste, et ce point est important, sur le rôle joué par cette exploitation pour confirmer les théories et essais scientifiques relatés par les Annales : un bon exemple, précoce, de la recherche et du développement réunis en un même lieu.

La voie est maintenant ouverte à la variété « Institut de Beauvais » !

Entre 1880 et 1884, cinq articles sont publiés par le Frère Eugène relatifs à ses recherches et essais sur les pommes de terre ; ils seront examinés à travers le prisme de l'apparition de « Semis de l'Institut » puis de la place importante que la « nouvelle » variété tiendra au fil des pages.

Alors que la variété, obtenue de semis vers 1856, a été très largement étudiée et mise en expérimentation dans la plus grande discrétion, ce n'est donc qu'avec la 12e livraison des Annales (1880) qu'elle apparaît dans la série « Etudes… » du Frère Eugène-Marie. Et cela va continuer jusqu'en 1884, donc peu après sa mise au commerce.

Qu'apprend-on d'elle, à partir des essais réalisés en 1879 ?

Dans le cadre d'une troisième expérimentation, cette année-là, portant sur 35 variétés prélevées à partir de la collection générale ou introduites récemment d'Angleterre et d'Amérique, cinq dont « Institut de Beauvais (semis) » [première dénomination publicative] font partie des plus remarquables. Toutes n'ont pourtant été « semées » [plantées] que le 16 mai, d'où un rendement diminué.

Quelques données chiffrées sont fournies – qui ne portent que sur une partie des variétés ; le « Semis » arrive en troisième position avec 27,7 t/ha et un rendement par poquet de près de 700 grammes.

D'autres essais sont ensuite rapportés ainsi que des appréciations formulées par des agriculteurs faisant partie du « réseau » du Frère Eugène : on y trouve Monsieur Bouffé à Rascas (Tarn) et Monsieur Boursier-Delaplace à Chevrières (Oise). « Semis » n'est pas mentionné mais les variétés « leaders » sont reprises, et l'on nous précise qu'elles sont vendues chez Vilmorin, quai de la Mégisserie à Paris.

Une première entrée discrète mais avec des résultats situés en bonne position...

L'année suivante, le Frère Eugène publie de nouvelles « Etudes... » qui commencent par rappeler que les expériences faites sur la pomme de terre remontent à plus de 25 ans et qu'elles « se complètent les unes les autres ».

En 1880, 50 variétés sont comparées, avec plantation le 1er avril mais levée seulement deux mois plus tard en raison de sols « rebattus par la pluie ». Néanmoins, la végétation est vigoureuse pour 22 d'entre elles avec, en première position, « Institut de Beauvais ».

Trois séries d'expérimentations aboutissent à une même conclusion : le rendement des pommes de terre est d'autant plus grand que la plantation en a été faite tôt.

« Institut de Beauvais (semis) », pour le « semis » du 1er avril, arrive en troisième position parmi 50 variétés avec 63,250 kg pour 50 poquets et donc près de 38 t/ha.

Suit un long, détaillé et précis compte rendu d'expérimentations réalisées par Monsieur Bouffé dans le Tarn, en 1880, « année particulièrement favorable à la culture de la pomme de terre ». Notre variété a été fournie avec d'autres par le Frère Eugène et ses résultats sont éloquents : première, et de loin pour le rendement avec un équivalent de 50 t/ha (la seconde est à 38,6 t/ha !). Ce Correspondant la décrit ainsi : « La plus remarquable par son rendement ; elle n'a donné que cinq à six tubercules par poquet, mais tous parfaitement réguliers et pas un seul petit. Si cette variété continue à se comporter comme cette année, ce sera une bien précieuse conquête pour notre région, dans les terres légères ».

On passe ensuite à des tests de dégustation par des personnes du voisinage et / ou de connaissances. « Institut de Beauvais » y échappe curieusement « mais l'aspect extérieur... promet une variété très fine ».

Monsieur Bouffé termine sa communication en vantant une fois de plus la nouvelle variété, en indiquant l'émerveillement de visiteurs face à sa beauté, et s'enquiert de savoir si elle pourrait être commercialisée rapidement.

Les résultats de quatre autres expérimentateurs sont ensuite rapportés mais ils n'ont pas cultivé « Institut de Beauvais », à l'exception notable de l'abbé Marienval, curé d'Auteuil, qualifié de « savant expérimentateur, et créateur de deux cents variétés obtenues de semis », ce qui montre un exemple parmi d'autres d'une certaine fièvre de création à l'époque : il fallait semer (beaucoup) et suivre les produits obtenus. Cela durera...

Ce prêtre a expérimenté dans son jardin dont il rappelle les conditions et les contraintes. L'obtention du Frère Eugène se comporte, là aussi, très bien, se classant en tête avec 1,8 kg par poquet (moyenne de 17) et une extrapolation à près de 50 t/ha.

En 1882, la 14e livraison des Annales indique les résultats des essais de l'année précédente. On y trouve, concernant « Institut de Beauvais », un essai avec 44 autres variétés « sur des espaces plus restreints », où elle se classe en quatrième position pour le rendement et sans tubercules pourris, ni à la récolte, ni au 25 février.

Frère Eugène considère alors que les renseignements sur le potentiel productif suffisent et qu'il y a lieu de se tourner vers l'aspect industriel.

Pour ce faire, 33 variétés ont été comparées, avec indication de leur densité (très peu différente), de leur teneur en fécule et de leur rendement à ce titre à l'hectare : « Institut de Beauvais » arrive en neuvième position seulement avec 6,353 t/ha (18,2% de fécule dans les tubercules et une densité de 1,09).

Plus loin, l'auteur cadre ses travaux futurs qui seront orientés vers l'aspect industriel et les critères de qualité lors de la dégustation. Il distingue, ensuite, sous forme de liste, les variétés à recommander pour la « Grande » et la « Petite » (maraîchère ou jardinière) culture.

On y trouve, très curieusement, « Institut de Beauvais » dans une série de 15 variétés tardives. Pourquoi ce changement de position ?

La parole est ensuite donnée à Monsieur Bouffé qui a rencontré de mauvaises conditions culturales : gelées en mai, sécheresse prononcée ensuite et chaleur torride en été. Les 20 variétés observées ont été ensuite classées selon le niveau de la récolte : « Institut de Beauvais » n'apparaît pas mais « Beauvaisienne n° 1 » – dont on ignore tout – se classe bien, avec des « tubercules nombreux, de grosseur moyenne ». En revanche, peu après, la première est positionnée parmi les plus intéressantes. S'agissait-il de la même ?

Un second message, hivernal, du même auteur, vante, en tout cas, la variété pour sa rusticité, sa végétation et la taille de ses tubercules.

Les autres expérimentations de cette année-là ne disent rien de l'obtention du Frère Eugène.

Dans la 15e livraison des Annales (1883), les « Etudes… » commencent par un rappel sur ce qui a été fait, depuis 1855, sur la Pomme de terre avec, pour objectif, des comparaisons en matière de rendement, de rusticité et de valeurs culinaire et industrielle. Frère Eugène insiste sur l'effacement puis la disparition des variétés anciennes, compte tenu de leur « fécondité pour ainsi dire épuisée », et sur l'engouement – justifié – observé pour les obtentions nouvellement introduites.

Les résultats sont nombreux.

Au sein d'une première série de six variétés connues et réputées, « Semis de l'Institut » se classe fort bien avec un second rang (plus d'un kilo par poquet) et aucune pourriture.

Un « semis » nettement plus tardif, le 1er mai, aboutit encore à un meilleur positionnement, et avec un tonnage comparable à celui de l'essai plus précoce.

On passe ensuite au « réseau » avec d'abord « notre infatigable collaborateur » Monsieur Bouffé. « Beauvaisienne n° 1 » est retrouvée avec un 6e rang parmi 18 variétés, mais un rendement bien moyen en grande culture (17,7 t/ha). Le mystère sur cette référence demeurera…

En revanche, « Institut de Beauvais » figure deux fois en « culture jardinière » avec un rendement moyen de 38 tonnes et une première place, mais ce résultat pondéral est une moyenne arithmétique ne tenant pas compte des effectifs de chaque essai dont les résultats sont assez éloignés.

D'autres expérimentateurs, au nombre de six, ont transmis des données mais ne disent rien d'« Institut de Beauvais », qu'ils ne possédaient peut-être pas, ce qui surprend compte tenu de la proximité de la mise au commerce de l'obtention du Frère Eugène. Pourquoi ?

En 1884, le mémoire sur les pommes de terre est relativement court (20 pages) mais particulièrement dense. Après avoir, comme à chaque fois, rappelé les conditions climatiques de l'année précédente, l'auteur rapporte les résultats, ici en neuf points.

Couverture des Annales de la SAO pour 1884

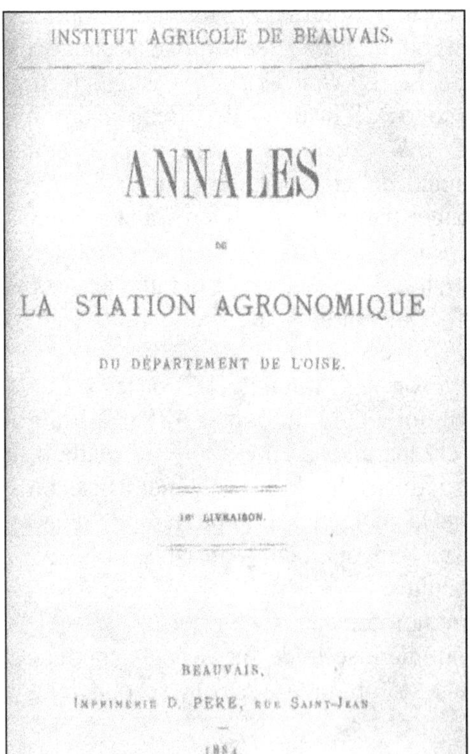

INSTITUT AGRICOLE DE BEAUVAIS.

ANNALES

DE

LA STATION AGRONOMIQUE

DU DÉPARTEMENT DE L'OISE.

1re LIVRAISON.

BEAUVAIS,

IMPRIMERIE D. PERE, RUE SAINT-JEAN

1884.

Première page de l'article des Annales de la SAO pour 1884

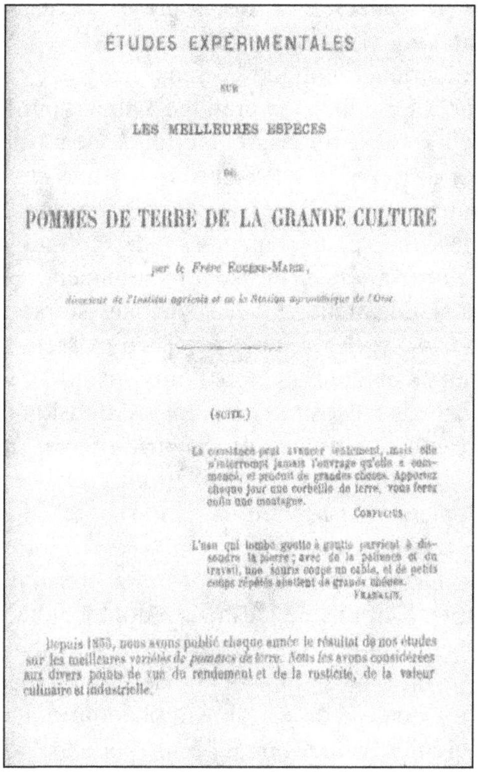

ÉTUDES EXPÉRIMENTALES

SUR

LES MEILLEURES ESPÈCES

DE

POMMES DE TERRE DE LA GRANDE CULTURE

par le Frère EUGÈNE-MARIE,

directeur de l'Institut agricole et de la Station agronomique de l'Oise

(SUITE.)

La constance peut avancer lentement, mais elle n'interrompt jamais l'ouvrage qu'elle a commencé, et produit de grandes choses. Apportez chaque jour une corbeille de terre, vous ferez enfin une montagne.

CONFUCIUS.

L'eau qui tombe goutte à goutte parvient à dissoudre la pierre ; avec de la patience et du travail, une souris coupe un câble, et de petits coups répétés abattent de grands chênes.

FRANKLIN.

Depuis 1855, nous avons publié chaque année le résultat de nos études sur les meilleures *variétés de pommes de terre. Nous les avons considérées* aux divers points de vue du rendement et de la rusticité, de la valeur culinaire et industrielle.

En grande culture, « Institut de Beauvais » se classe au premier rang, parmi six variétés, avec 35 t/ha et 1% de tubercules pourris.

Des essais comparatifs portant sur 102 variétés d'origines très variées sont flatteurs, avec le même classement (et 68,6 t/ha), une absence de tubercules gâtés à la récolte, et une nouvelle affirmation de sa position parmi les demi-hâtives.

On passe ensuite à la valeur industrielle avec une teneur en fécule de 17,96% (et une densité de 1,099).

Frère Eugène termine cette fraction beauvaisienne par de judicieux conseils pour aboutir à une « excellente récolte ».

On passe ensuite à des essais extérieurs, notamment chez Monsieur Genay qualifié d'« habile expérimentateur de Bellevue » : au niveau rendement, c'est une nouvelle première place ; en matière de richesse féculière, les résultats surprennent avec 22 et puis 23% [!], et leur traduction monétaire est présentée.

Ailleurs, « Institut de Beauvais » n'est pas mentionné, à l'exception notable d'un emprunt fait au « Bulletin de la Société d'Agriculture de Senlis » qui, sous la plume de son secrétaire Monsieur Lefebvre, indique les résultats obtenus à partir de plants donnés par le Frère Eugène, mis en culture en plein champ, chez Monsieur Léon Roland à Vidamé, et dont les plantes ont été « surveillées » et les analyses nécessaires faites par le Directeur de l'Institut agricole ou des collaborateurs.

C'est ce que le premier indique comme étant « ... avec eux, entre la science à cheval sur la pratique et la pratique à cheval sur la science... ».

On nous présente ensuite un classement dû à Henry de Vilmorin [« avec cette honnêteté qui caractérise sa science »] en matière de couleurs et de formes des tubercules : douze divisions sont ainsi proposées, subdivisées en sections qui tiennent compte des « nuances » des germes et des fleurs. S'il y a des synonymies entre variétés, elles sont mentionnées.

Les résultats sont une nouvelle mais un peu surprenante synthèse des essais [rapportés sur 40 variétés seulement], du classement de Monsieur de Vilmorin et de résultats obtenus au laboratoire [quand ?].

« Institut de Beauvais » est situé en première division (Jaune ronde) et en section 7 [signification non apportée]. Sa maturité est au 25 août, elle est demi-hâtive, présente une densité de 1,082, une teneur en matière sèche de 22,75%, un rendement à l'hectare de 29 t... et une saveur qualifiée d'« aqueu[se] mais sans mauvais goût ».

Au plan du rendement, elle arrive, dans sa division (effectif : 16), en seconde position après « Semis de Farinosa » dont le goût est assez bon.

Un bref développement est réservé à notre variété dont il est dit que dans une parcelle grassement fumée, on a récolté de 20 à 68 t/ha. Ce résultat – peu compréhensible – est qualifié de « vraiment phénoménal » d'autant qu'il n'y avait que deux tubercules malades parmi mille poquets !

L'auteur de ce rapport aboutit, à partir des résultats obtenus « sur un vrai sol à pomme de terre », à la recommandation, selon les critères de goût et de rendement, de 11 variétés seulement dont « Institut de Beauvais » en compagnie de deux autres demi-hâtives. Cinq variétés féculières sont également mentionnées.

Suivent quelques commentaires sur les liaisons entre le classement proposé et la qualité, puis des développements sur l'influence des engrais, les conditions favorables au mildiou et le buttage hollandais.

En terminant, de nouvelles expérimentations sont proposées et une main est tendue pour ce faire en direction du Frère Eugène...

Notre obtenteur ne répondra pas, au moins lui directement, et cet article sera son ultime sur la pomme de terre. Sa lecture, au moins dans sa seconde partie, laisse une impression de « décousu » et d'une rigueur inférieure à celle à laquelle il nous a habitués. En filigrane, il semble se tourner vers d'autres choses...

Ce n'est pas surprenant car lié à sa personnalité : il a créé, il y a environ 28 ans, une variété de pomme de terre qui est un succès. En écrivant cet article de 1884, elle est « mise au commerce ». Son rôle dans cette affaire est terminé et une foule de sujets l'attendent.

En exergue à ce volet de ses « Etudes... », il a d'ailleurs placé : « Les pensées d'un homme fort et laborieux, [sic] *produisent toujours l'abondance » (Salomon).*

Notons que l'arrêt de ses publications sur la pomme de terre après 1884 correspond certes d'une part à la mise au commerce de « sa » variété, mais d'autre part à la promotion attendue et – méritée – du Frère Antonis. Son fidèle lieutenant qui avait tant œuvré dans son ombre et pour sa gloire, accédait à des responsabilités sans doute très convoitées. Il en fera bon usage...

- Les Collections et analyses de pomme de terre

A une époque où disposer de collections était la règle, les différentes livraisons des Annales ne contiennent pas de données à ce sujet avant 1890. C'est surprenant d'autant que les expérimentateurs en avaient besoin pour leurs essais.

En revanche, à partir de ce moment, des indications précises sont fournies chaque année :

Années (Annales)	Effectifs des collections (x)
1890	450
1891	450
1892	350
1893	355
1894	360
1895	360
1896	? (probablement 250)
1897	255
1898	260
1901	265
1902	(évoquées sans données)
1903	(« Collections considérables »)
1904	(« Champs d'expérience fort visités »)

(x) Le terme « espèce » est parfois utilisé pour « variété ».

On note, au fil de ces années, une division par près de deux des effectifs, alors que la tendance « naturelle » en ce domaine est à l'accroissement.

A partir de 1902, seules des allusions vagues sont mentionnées.

Voyons-y deux raisons, sans doute complémentaires : la réduction des moyens avec des années devenues difficiles et le désengagement des activités « Pomme de terre », comme en témoignent les articles publiés aux Annales.

Quant aux essais (« non-rémunérés »), ils sont nombreux, nécessités par les expérimentations. Au début, leurs détails étaient fournis. Par exemple, la première livraison des Annales indique de façon analytique (eau, matière sèche, teneur en fécule…) ce qui a été effectué et qui conduisait alors à 648 analyses de pommes de terre sur un total de 1 058 (61%).

Assez vite, le détail de ce qui est recherché n'apparaît plus et l'auteur du bilan se contente d'indiquer « expériences sur pommes de terre ».

Les informations fournies sont éloquentes de la place de cette solanacée dans les analyses… au moins tant que le Frère Eugène est aux commandes des essais, et un peu au-delà.

Années (Annales)	**Expériences sur pommes de terre**
1879	537
1880	180
1881	763
1882	366
1883	345
1884	384
1885	350
1886	555

Mais force est d'admettre que l'imprécision des données ne permet pas d'y voir clair dans la répartition de ce qui était recherché, d'autant que différents descripteurs sont utilisés : études, expériences, analyses, dosages, et souvent en association.

Il reste que les « analyses » furent très nombreuses.

- Les articles sur la pomme de terre « Institut de Beauvais » après sa mise au commerce

Lorsque le Frère Eugène signe son ultime article sur les pommes de terre en 1884, c'est la fin d'une époque à Beauvais puisque le directeur va s'intéresser à d'autres thèmes et consacrer beaucoup de son temps à la défense d'une Institution qu'il a conduite à un haut niveau et qui est unanimement – et internationalement – respectée mais qui va subir de dures attaques…

Il y a néanmoins trois grandes exceptions… et quelques petites !

En effet, trois articles vont faire date pour ce sujet :

- l'un de Charles Gossin intitulé « Une nouvelle variété de pommes de terre "Institut de Beauvais" », en 1885,
- les autres du Frère Antonis, continuateur de l'œuvre du Frère Eugène sur cette solanacée, avec « Culture rationnelle et économique de la pomme de terre », en 1889, puis « Quelles sont les meilleures pommes de terre ? », en 1893.

En 1885, la 17e livraison des « Annales de la Station agronomique de l'Oise » présente, au travers de ses pages 45 à 48, un plaidoyer agronomique et commercial pour la nouvelle variété, un an donc après sa mise au commerce.

L'auteur en est Charles Gossin, fils de l'un des trois fondateurs de l'INAB.

Son article, dense mais clair, comprend trois parties :

- les origines de cette création remarquable,
- sa description,
- les résultats d'essais sur place et ailleurs.

L'auteur présente la nouvelle variété de façon méthodique en indiquant que la « Maison Vilmorin », bientôt centenaire, vient de faire paraître son catalogue annuel qui constitue une « encyclopédie » et dans lequel on trouve des nouveautés « signalées et recommandées » dont la variété de Pomme de terre « Institut de Beauvais ».

Son semis remonte à 25 ou 30 ans – soit entre 1855 et 1860 –, les graines ayant été données au directeur de l'Institut agricole par Monsieur Vilmorin père ou Madame veuve Vilmorin.

L'observation des plantes obtenues ensuite n'indiquait pas de caractères spécialement intéressants. Celles-ci ressemblaient beaucoup à une variété maintenue en collection, et disparue depuis : « Arrondie de Beaune ». Mais on pouvait la classer, par comparaison, dans les demi-hâtives, car arrivant à maturité quinze à vingt jours avant cette variété, Idaho et quelques « patraques ». Les tubercules d'« Institut de Beauvais » étaient par ailleurs plus aplatis que ceux de l'« Arrondie ».

Notons bien l'importance capitale de ces quelques éléments : c'est la première fois que sont mentionnés l'origine des graines ayant servi au fameux « Semis », le moment approximatif de l'opération et les constats comparatifs du début.

Auparavant, la coutumière modestie du Frère Eugène n'avait pas permis à ces renseignements d'apparaître publiés. Comme on l'a vu, les résultats de « Semis de l'Institut » étaient fournis, mais rien d'autre, ou presque.

La description de la nouvelle variété est ensuite rapportée *via* le Frère Eugène-Marie lui-même – et qui est indirectement libéré de sa réserve – puis Henry de Vilmorin.

Ecoutons le créateur :

« Tubercules jaune pâle, avec taches roses, irrégulières, liseré vert presque imperceptible, cercle assez régulier dans les petits et coupe ellipsoïdale dans les gros. Végétation luxuriante, tiges aériennes généralement élevées, homogènes, à angles saillants, marquées de purpurin. Feuilles plissées de couleur vert clair. Jeunes pousses blanches à pointes violacées. Fleurs blanches, grandes, au nombre de 5 à 8, portées sur de longs pédicelles. Tubercules généralement très gros, ramassés autour de la tige aérienne et faciles à récolter ».

Henry de Vilmorin est présenté, par l'auteur de l'article, comme le « savant agronome que l'on sait », ne recommandant « que les variétés sérieusement étudiées et longuement éprouvées » et qui « n'hésite pas à [la] classer parmi les meilleures et les plus productives… ».

La variété est décrite en ces termes : « Plante très vigoureuse, d'une fertilité qui égale et dépasse celle des variétés les plus productives ». Il est ajouté : « On a constaté cette année, à l'Institut de Beauvais, où la plante a été obtenue et multipliée [c'est nous qui soulignons], un rendement en poids de 47 t/ha. Les tubercules sont tous très gros, longs et larges, aplatis et bien faits, ayant les yeux rares et peu profonds [!]. Ils ont la peau d'un rose pâle, légèrement saumonée. Cette couleur se prononce un peu plus à l'entour des yeux. La chair est blanche ou jaune très pâle ».

Charles Gossin assure ensuite une transition introduisant les résultats de nombreux essais tant en carrés d'expérience qu'au champ, à la ferme de l'Institut agricole qu'à l'extérieur, chez Monsieur Bouffé, agriculteur à Rascas dans le Tarn, notamment ;

Ils sont présentés tels qu'obtenus chronologiquement, entre 1879 et 1884.

Indiquons-en l'essentiel.

A Beauvais, en 1879, la variété « très rustique et sans tubercules gâtés » a produit près de 27,7 t/ha. L'année suivante, on arrive à 38 t mais à Rascas à 50 t [on retrouve déjà les « préférences » environnementales d'« Institut de Beauvais »].

M. Bouffé, pour sa première année de culture, la trouve « la plus remarquable de la collection par le rendement [avec] 6 à 7 tubercules par poquet mais tous réguliers et pas un seul petit ». Cet expérimentateur achève son appréciation en prédisant que, si ces résultats se confirment dans l'avenir, ce sera une « bien précieuse conquête pour notre région, surtout en terres légères ».

En 1881, à l'Institut agricole, le rendement est de 38,8 t/ha, avec une densité de 1,09 et une teneur en fécule de 18,62%, sans tubercules gâtés.

Dans le Tarn, la variété a présenté à nouveau ses caractères favorables de rusticité et de végétation vigoureuse. Le rendement est plus faible que l'année précédente en raison de gelées tardives et de conditions de culture moins intensives.

Suivent, pour 1882, des résultats disparates avec une trentaine de tonnes à Beauvais, à la fois en cultures expérimentales et au champ, mais plus de 43,5 t à Rascas.

Les résultats obtenus l'année suivante sont plus détaillés, avec une expérimentation, à Beauvais, en terre limoneuse, fortement défoncée et fumée [?] : le rendement total dépasse 68,5 t (densité 1,099 ; fécule 17,96%) réparti entre 59% de gros tubercules, près de 27% de moyens et une dizaine de tonnes de petits, sans que ne soient précisées les limites de taille. Là encore, aucun tubercule n'était gâté. En revanche, une culture « en grand » a fourni 35 t/ha.

Des essais comparables à ces derniers sont reconduits en 1884 : dans le premier cas, on arrive à 55,8 tonnes dont près de 84% de « gros » et, « en grand » sur 2 ha, à 47 t/ha.

Enfin est signalé, pour cette même année, un petit essai dans la Marne chez Monsieur de Bréville à Hautefontaine par Les Grandes-Côtes. Cent poquets ont produit 160 kg… soit près de 50 t/ha. Cet agriculteur considère « Institut de Beauvais » comme « parfaite à tous points de vue » : rendement, forme des tubercules, facilité d'arrachage, faiblesse des déchets, qualité alimentaire et bonne conservation.

Appuyé sur ces résultats, l'article de Charles Gossin constate que la variété est « un précieux gain pour la culture », obtenu par les « travaux intelligents et persévérants du savant directeur de l'Institut agricole de Beauvais, qui ne cesse de mettre sa science et son dévouement au service de l'agriculture ».

Ce texte, fort complet, sera le premier et le dernier du genre. On sent bien que ses termes ont été pesés.

Le Frère Eugène-Marie, lui-même, n'apparaît pas en tant qu'auteur. Il est seulement cité.

Rappelons qu'il a toujours été peu prolixe sur « sa » variété, se contentant, au long de ses importants articles expérimentaux, de fournir des résultats comparatifs et de rares renseignements relatifs à « son » obtention.

On peut penser qu'il aura néanmoins « autorisé » son collaborateur à établir une synthèse argumentée et ouverte sur l'avenir.

Et les écrits du Frère Antonis ?

En 1889, la 21e livraison des Annales apporte une importante et dense synthèse, en huit pages, intitulée « Culture rationnelle et économique de la Pomme de Terre » et signée du Chef de Division à l'Institut agricole.

Le décor est planté par l'introduction : voilà trente ans que l'auteur est à Beauvais. Il a suivi pendant les vingt premières années les travaux du Frère Eugène sur la pomme de terre et depuis dix ans, c'est lui qui est chargé « de poursuivre, de corroborer ou de combattre certaines de ces études par de nouvelles expériences » [!].

Il nous livre donc les résultats de ses recherches faites depuis la fin des années 1870.

Disons-le, l'article manque un peu de rigueur dans son plan… peut-être parce qu'il touche à beaucoup de sujets et que son contenu souhaite donner maints conseils.

Frère Antonis déplore d'abord la trop petite place faite à la pomme de terre dans la plupart des exploitations, bien qu'elle constitue « un aliment de premier ordre ».

Il cite d'ailleurs le célèbre repas de Parmentier en 1786, comportant dix plats différents… On pourrait « sans doute faire encore beaucoup mieux. ».

En partant d'un plan de culture simple, mais avec les techniques favorables, il montre ensuite, données très précises à l'appui, les coûts et les bénéfices à espérer, en fonction des rendements obtenus.

Si, trop souvent, les résultats ne sont pas au rendez-vous, c'est à cause de l'accumulation de pratiques inadaptées : culture de variétés de maturité différente, utilisation de mélanges de tubercules, ignorance de la question de la dégénérescence, négligence du progrès en général.

Des constats qu'il faut replacer dans leur époque : des préconisations simples amélioraient largement les résultats. N'oublions pas que de telles publications étaient alors reprises par de nombreux journaux, rares véhicules du progrès dans les campagnes à part, bien entendu, les « Instituteurs » souvent religieux.

Un important développement est d'abord fait sur l'époque de maturité des variétés et leur utilisation en conséquence.

Après avoir rappelé que sous l'autorité du Frère Eugène, plus de 200 variétés étaient éprouvées, et selon une quinzaine de critères, Frère Antonis souligne que 400 sont maintenant traitées et soumises à des protocoles expérimentaux rigoureux s'étendant sur cinq années et tirant les leçons des résultats précédemment obtenus.

Une autre voie, complémentaire, est celle de la création par semis, qui « demande du soin, de la patience et du temps » (de sept à dix ans pour être fixé sur la valeur d'une obtention).

Un terme que l'auteur a sans doute atteint pour ses premiers essais. Avec quels résultats ?

Il souligne d'ailleurs le nécessaire remplacement de variétés « qui ont perdu leurs qualités » et revient ainsi, sans la nommer, à la question de la dégénérescence.

Suit une liste, avec un léger descriptif, des variétés adaptées à la grande culture, à la Ferme de l'Ecole : trois hâtives dont « Brésées prolifique » et « Early rose » ; trois demi-hâtives avec, bien sûr « Semis de l'Institut » (ainsi présentée : « Tubercules jaune pâle, avec taches roses irrégulières ; méplats, yeux peu enfoncés, peau fine et lisse – tiges aériennes élevées, fleurs blanches et nombreuses ; maturité fin d'août et septembre ») et trois tardives.

Des résultats d'essais sont ensuite rapportés qui comparent des variétés à haut rendement « vantées par de savants professeurs de l'Ecole et certains agronomes distingués ».

Une première série de treize variétés comparées selon le rendement par pied, extrapolé à l'hectare – et avec une répartition entre grosses et petites – [essai réalisé probablement sur 36 pieds] aboutit au classement d'« Institut de Beauvais » [et non plus « Semis... »] au premier rang, et nettement.

Une seconde, de cinq variétés parmi les précédentes, mais sur « une grande étendue », aboutit à la même conclusion. Néanmoins « Beauvais » est talonnée par « Richter imperator ».

L'auteur indique que nombre de ces résultats concordent avec ceux obtenus par des « chercheurs infatigables » comme Messieurs Vilmorin, Genay, Girard, Degagny, etc. Il y a cependant des différences « qui ne peuvent avoir pour cause que la méthode expérimentale ».

Peut-être agacé par des résultats contradictoires, critiquables selon lui, le Frère Antonis se livre ensuite à un développement dense et argumenté sur le taux de fécule des tubercules, leur valeur culinaire et la réunion de ces deux aspects. Il développe en prenant plusieurs exemples traités par des noms célèbres, y compris en dehors de l'espèce.

En dernière partie, il recommande, de façon ordonnée, neuf variétés dont cinq seulement parmi les neuf citées comme retenues pour leur culture à la Ferme de l'Institut [?].

« Institut de Beauvais » occupe la première place et justifie un certain développement.

Ses caractères sont rappelés. On ne reviendra que sur les « nouveautés » telles que **l'affirmation de sa culture à l'Institut depuis 1856**, et sa qualité « moyenne » pour la consommation directe.

D'autres résultats d'essais réalisés à l'extérieur sont rapportés : chez Monsieur Visine à Dombasle ou encore chez Monsieur Genay, « éminent agronome ».

A l'Institut, il est indiqué que cette variété n'a jamais donné moins de 28 t/ha.

Une conclusion longue et bien argumentée reprend les principaux points techniques à considérer, dont un développement chiffré sur les besoins de la plante et les apports de fumure à assurer préalablement en conséquence. Pourquoi à ce niveau bien tardif de l'exposé ?

Par ailleurs, dans le Bulletin des Anciens pour 1888, sont mentionnés des résultats de semis (« ...Seize variétés viennent d'être obtenues de graines... »). Il n'en sera pas reparlé. On peut penser qu'à la suite du Frère Eugène, Frère Antonis s'est livré (à plusieurs reprises ?) à de tels essais d'obtention « variétale ». Sans doute sans grand succès final.

En 1893, mais avec une sortie postérieure au décès du Frère Eugène, il fait paraître dans la 25e livraison des « Annales » (p. 27-36), une note intitulée « Quelles sont les meilleures Pommes de terre ? », signée de son nom religieux suivi de la mention « de l'IAB ».

Il s'agit d'une « causerie », un peu en forme de synthèse « philosophique » sur les essais conduits à Beauvais depuis plus de trente années.

Le texte comprend trois parties d'inégale ampleur :

- les bases de la sélection,
- la démarche suivie,
- les résultats obtenus et les avantages de « Semis de l'Institut », neuf ans donc après sa mise au commerce.

Plusieurs critères de sélection sont en premier lieu mentionnés :

- la maturité et la distinction entre hâtives, demi-hâtives et tardives,
- le classement entre « potagères », « fourragères » et « industrielles »,
- la distinction entre « agricoles » permettant d'obtenir le plus fort rendement, le meilleur rapport vente / garde et la libération néanmoins précoce du sol pour permettre une bonne implantation de la céréale d'hiver qui suivra, et « industrielles », mesurée par la production de fécule ou d'alcool pour 100 kg de tubercules,
- la nécessité d'expérimenter dans différents types de sols, sous des climats variés et selon divers aspects techniques (engrais, profondeur de plantation, calibre des tubercules de semence…).

Un lourd programme en conséquence !

A Beauvais, le travail a porté essentiellement sur les « agricoles ». Les essais s'appliquaient à 500 variétés, cultivées sur de petites surfaces, et dont on en gardait 30 à 40, tout d'abord distinguées par leur niveau de précocité.

Les critères retenus étaient la forme des tubercules (cylindriques ou aplatis), les « yeux » peu enfoncés, le niveau de rendement et la qualité nutritionnelle et industrielle [dans peu de cas], et enfin, la couleur de la chair, les préférences allant au jaune en France et au blanc en Grande-Bretagne.

Soulignons à nouveau qu'« Institut de Beauvais » – la grande réussite de ces lourds et longs travaux – présente des « yeux » enfoncés et que sa chair est blanche. Il faut donc en conclure que ses autres qualités reléguaient au second plan ces deux défauts…

Avant de synthétiser les résultats, Frère Antonis rappelle les conditions de culture à la Ferme du Bois, en bordure donc du plateau picard : sol de limon, apport de 60 t/ha de fumier, plantation à la charrue de 30 à 35 000 pieds à l'hectare selon un espacement de 0,60 x 0,50 m.

L'essentiel des données qui suivent porte sur « Semis de l'Institut », « avantageusement connue dans toutes les régions de France ».

A Beauvais, en 1873, la sécheresse a sévi sans entamer ni sa « verdeur » ni sa vigueur. Les tubercules étaient énormes, plusieurs pesant plus de 1 kg. Sa peau est fine, blanche, légèrement saumonée ; ses « yeux » sont grands et peu profonds. Une pointe rose se trouve à la naissance du germe.

« Sans être de première qualité », elle se positionne à un rang très honorable à la dégustation. Elle se délite à la cuisson et convient parfaitement en purée [elle est toujours appelée, en 2014, « La reine des purées »], au bétail et à la distillerie.

Des mesures de rendement – sur quelles surfaces ? – indiquent 40 et 43 t/ha avec 18,20% de fécule.

Sont ensuite mentionnés des « renseignements » provenant de différentes régions françaises : en Savoie, un rendement de 20 pour un ; dans l'Eure, dans un sol de limon peu caillouteux, 30 t/ha ; en Vendée, dans des terres relativement fortes, 45 t/ha ; dans le Morvan, en sol siliceux, où elle se classe première parmi 55 variétés à grand rendement ; enfin, près d'Arras, avec 40 t/ha.

On le constate : les rendements, bons à très bons, varient, mais les conditions édaphiques et climatiques également.

Frère Antonis évoque ensuite à nouveau sa précocité, partant du constat que les marchands la considèrent comme tardive. Or, elle est, pour lui, franchement demi-hâtive car mûrissant fin août.

Il revient alors sur la confusion probable avec « Idaho », qui « a quelques traits de ressemblance » mais est tardive et dont les tubercules présentent des « yeux » plus profonds.

- Henry de Vilmorin et la variété « Institut de Beauvais »

Entre 1791 et 1980, huit personnes de la famille Lévêque de Vilmorin furent membres titulaires de l'Académie d'Agriculture de France.

L'un d'entre eux, Henry, – plus précisément Charles-Philippe-Henry (parfois Henri comme dans l'index biographique des membres de 1992) – eut des relations suivies et de respect mutuel avec le Frère Eugène-Marie.

Il était le quatrième de la famille présent dans l'Institution, arrière-petit-fils de Philippe-Victoire, élu associé ordinaire, en 1791, à la Société d'Agriculture de France.

Henry fut un membre important de la Société d'alors, malheureusement disparu jeune, au cours de la huitième année de sa fonction d'Officier, et qui publia beaucoup : une bonne quinzaine de notes, communications et opuscules figurent dans son dossier, sur des sujets éclectiques touchant à de nombreux végétaux ou groupes de plantes, mais aussi à des questions plus générales comme celle de l'hérédité chez les végétaux. Il fut également, et notamment, membre à vie de la Société botanique de France dont il assumera la présidence en 1889.

Et ses relations avec notre pomme de terre ?

On en citera trois, relevées dans ses publications.

La première, sous le titre « Catalogue méthodique et synonymique des principales variétés de pomme de terre », seconde édition parue en 1886 « Chez Vilmorin-Andrieux et Cie » est une reprise considérablement augmentée et pour partie corrigée d'une première version datant de 1880.

En 51 pages, l'auteur classe environ 800 « variétés » – dont beaucoup de synonymes – avec leur origine (personne, institution, lieu et année). Il s'agit d'observations faites à Verrières depuis 1815 : toutes ces variétés sont réparties en douze groupes selon la couleur et la forme des tubercules, de « jaunes rondes » à « violettes longues », et, à l'intérieur de chacun, en sections éventuelles, selon d'autres critères (par exemple : enfoncement des yeux, couleur des germes, des fleurs, absence de floraison...). Il y a trente sections au total, dont huit pour les « jaunes rondes ».

Très curieusement, « Institut de Beauvais » ou « Semis de l'Institut » ou… n'est pas mentionné(e). Pourquoi ? L'introduction de l'article est signée de mars 1886 ; or la variété a été mise au commerce en 1884…

Pourquoi Henry de Vilmorin l'a-t-il laissée de côté ? Il était bien sûr au courant de sa « sortie » puisque la mise au commerce eut lieu, en 1884, à la fois à Beauvais et chez Vilmorin.

En second lieu, et c'est tout le contraire, il y a cette fameuse conférence faite par lui au Concours agricole général de Paris, le 30 janvier 1888, au cours de laquelle il attribue la création puis la multiplication de la variété au Frère Eugène-Marie : déclaration capitale, comme on l'a vu, pour la reconnaissance de l'obtention.

Une deuxième édition, datée de 1893, parut sous le titre « Les meilleures pommes de terre, Développement d'une conférence ». En 35 pages, l'auteur présente d'abord son sujet et sa classification avant de consacrer une courte note à un petit nombre de variétés réparties entre potagères (26 variétés), fourragères (7), et enfin, industrielles (5). « Institut de Beauvais » est située dans le second groupe – ce qui surprend – avec un commentaire élogieux : « … L'obtention de la [variété] sera un de ses titres de gloire [pour le Frère Eugène-Marie]. C'est en effet une plante énormément productive, relativement précoce, d'un arrachage facile et d'une qualité très convenable pour une pomme de terre fourragère. Les tubercules sont gros ou très gros, un peu aplatis, de couleur blanc rosé, à germes roses ; la chair est blanc jaunâtre. Les tiges sont hautes, fermes, dressées, les fleurs blanches. [Suit une comparaison avec la variété américaine Idaho]… ».

Pomme de terre Institut de Beauvais (*in* document de 1893)

En 1893, la Société nationale et centrale d'Agriculture de France publie dans son bulletin les échanges de la séance du 9 février qui portait sur « …la richesse et l'analyse de la pomme de terre… ». Y intervient Henry Lévêque de Vilmorin. Au cours de sa communication, il dit mettre ses essais de Verrières à la disposition de sa section (1- Agriculture et productions végétales) et fournit des résultats sans titres, non datés et non expliqués quant à leur protocole expérimental, portant sur 16 variétés dont « Institut de Beauvais ». Les résultats sont médiocres avec une place de 11e pour le rendement (27,752 t), très loin de la première, « Blanc Riesen » (56 t). Sa teneur en fécule est de 15,6%, en avant-dernière position (4 t/ha). Elle est présentée comme hâtive avec des tubercules blanc cassé.

Une discussion brève traite de l'influence du sol sur le maintien ou la dégénérescence des « espèces » et rien n'est dit sur les variétés. Si l'on fait l'hypothèse de l'obtention de ces résultats en 1892, soit huit ans seulement après la mise au commerce d'« Institut de Beauvais », on est un peu surpris de trouver la variété dans un essai portant avant tout sur la production de fécule. Henry de Vilmorin l'avait-il placée là comme témoin, la considérait-il comme incontournable... ou plutôt la jugeait-il « dépassée » ? Rien ici ne permet de trancher.

On ne peut cependant s'empêcher de rapprocher cette situation d'une phrase écrite par Henry dans l'introduction à la seconde édition de son « Catalogue... » précité : « Il ne paraît pas douteux que les variétés de pommes de terre n'aient une durée de vie limitée, au moins en tant que fertilité... ».

Sa famille avait permis – par l'envoi des fameuses graines au Frère Eugène-Marie – la création variétale. L'avenir contredira le jugement ainsi porté par le fils.

- La question de la reconnaissance de l'origine et de l'obtention de la variété

Comme mentionné précédemment, plusieurs publications d'importance, anciennes ou modernes (Diehl, 1938 ; documents de la FNPPPT ; Bourget, 1998 ; entre autres), commettent, selon nous, l'erreur d'indiquer pour « Institut de Beauvais » : « variété d'origine inconnue, existait en 1884 dans la collection Vilmorin » ou une formule très voisine, oubliant en tout cas l'existence d'une provenance beauvaisienne. Une telle situation n'est pas unique : ainsi la variété « Bonnotte de Noirmoutier », par exemple, dont l'origine était auparavant qualifiée d'« inconnue », est maintenant « Considérée comme originaire de... ».

Il est inutile de signaler à nouveau la volonté d'effacement de son créateur, tempérée néanmoins par les écrits de plusieurs collaborateurs et les comptes rendus d'essais.

Dans la première moitié du XXe siècle, il n'y eut pas de tentative réelle de rétablissement de la vérité. On y verra deux raisons :

- la séparation de l'Eglise et de l'Etat avait été douloureuse pour l'enseignement congréganiste,
- l'Institut a traversé deux guerres et, dans les années trente, il a subi de plein fouet les crises et leurs répercussions sur les recrutements et les études.
- Les priorités étaient, on le comprend aisément, ailleurs.

Ce n'est qu'à l'issue de la première phase de « remontée » de l'Ecole, après les dégâts de la Seconde Guerre mondiale, que des tentatives furent faites grâce au Frère Jean-Baptiste Gagne (1951 surtout ; 1978 aussi) alors professeur d'agriculture et de génétique, puis directeur, et qui avait une *aura* importante auprès des professionnels et des chercheurs de l'INRA. Ces actions eurent quelques retombées ; ainsi en 1960, la FNPPPT indiquait comme origine de la variété : « Ecole de Beauvais, existait en 1884 dans la collection Vilmorin ». Mais ce résultat n'eut pas de suite.

A l'occasion de la célébration du centenaire de la variété, l'opération fut renouvelée (Ferault, 1984) mais les preuves apportées se révélèrent, parut-il, insuffisantes en dépit de leur nombre et de la multiplicité des documents présentés.

L'auteur précité – qui avait délégation, pour cela, de l'Institut des Frères des écoles chrétiennes et de la direction de l'ISAB – poursuivit ensuite une « action permanente » de démonstration et d'essai de persuasion auprès des Responsables concernés de l'INRA, du GNIS (Groupement national interprofessionnel des semences et plants) et de la Profession, sans beaucoup de succès, les conditions de conservation ayant été aussi modifiées.

Et pourtant, les éléments favorables, dont l'ensemble constitue un faisceau de présomption positif, sont nombreux :

- le nom donné et admis n'est pas équivoque (pensons à de nombreux exemples chez d'autres espèces végétales : blé, avoine ou maïs par exemple),
- les travaux scientifiques et techniques dans lesquels la variété (ou le « Semis ») est mentionnée sont multiples et permettent d'utiles recoupements. A notre connaissance, ils n'ont jamais été contestés,
- une personnalité marquante de l'époque attribue explicitement la création de cette variété puis sa multiplication au Frère Eugène,
- les continuateurs des travaux du créateur ne reviennent pas, même après sa disparition, sur l'origine de la variété,
- la conduite de travaux de sélection, menés par plusieurs partenaires à la fois, correspond souvent à une coopération féconde, fréquente encore de nos jours chez la Pomme de terre.

Pourrait-on imaginer que l'information erronée à ce sujet, fournie à une époque où les relations entre laïcs et religieux étaient tendues, ait été simplement « recopiée » ensuite lors de la rédaction de documents ? Peut-être.

Dans tous les cas, il y a lieu aujourd'hui de rétablir la vérité historique compte tenu des éléments apportés et offerts aux échanges scientifiques.

Plusieurs possibilités rédactionnelles sont à ce titre présentées :

<u>Variété de pomme de terre : « Institut de Beauvais »</u>

Avec mention, dans tous les cas, de son obtenteur « Eugène Chanoine (Frère Eugène-Marie) ».

<u>Origine</u> : « Institut de Beauvais » ou « Institut agricole de Beauvais ».

Ou bien, nom de l'Ecole suivi de « mise au commerce par cet établissement et par Vilmorin en 1884 » [forme de coobtention] ; ou encore, un mélange de ces deux propositions.

Il reste à souhaiter qu'une justice tardive et morale sera rendue à une Institution et une Personnalité à l'origine de cette variété à la longue et fameuse vie agricole, agronomique et commerciale.

- Données chiffrées sur la variété

On dispose de bien peu d'éléments sur l'importance de l'utilisation d'« Institut de Beauvais » jusqu'à la Seconde Guerre mondiale mais on sait néanmoins qu'elle occupait jusque-là, en France, un des premiers rangs. En revanche, les archives de la Fédération nationale des producteurs de plants de pomme de terre et le GNIS fournissent précisément les quantités de plants certifiées depuis les années 1950.

Le tableau qui suit présente les valeurs à quelques moments choisis pour leur signification :

Importance de la variété « Institut de Beauvais » (au cours de la période moderne[1])

Années de récolte	**Quantités de plants certifiées[2]** (en tonnes)
1951	14 283
1956	17 402
1961	6 798
1969	5 941
1971	3 718
1975	2 755
1976	2 659
1977	1 172
1978	50 [3]
1981	2 079
1983	1 295
1984	751
1991	461
1995	412
1999	246
2000	241
2002	264
2003	228
2004	234
2005	198
2006	206
2007	164
2008	96
2009	125
2010	162
2011	165
2012	132
2013	136

[1] Données fournies par la FNPPPT puis par le GNIS (Pierre Langlade puis Philippe Silhol).
[2] Termes utilisés successivement : tonnages « agréés », puis « plombés » et aujourd'hui « certifiés ».
[3] Suite (et fin !) de problèmes viraux nouveaux après une régénération menée avec succès.

On distingue trois périodes :

- dans les années 1950, la variété est de grande importance et se situe parmi les premières utilisées ;
- entre 1960 et 1984, le tonnage de plants certifiés décroît sensiblement mais progressivement pour passer nettement sous 1 000 t. La production est soumise à la pression de « nouveaux virus » ;
- depuis les années 1990, la décroissance continue puis il y a stabilisation autour de 150 tonnes.

Un autre élément à considérer est la destination des plants entre marché amateur (appelé « jardin ») et marché professionnel (« agricole »).

Au cours de la dernière décennie, la première catégorie – fournie en petits contenants – représente en moyenne 28,3% du total (extrêmes : 23,5 - 38,5). L'utilisation professionnelle à fin de commercialisation pour l'alimentation demeure donc largement majoritaire.

Il n'a pas été possible, malgré nos efforts en ce sens, d'obtenir d'états précis des achats de plants des deux types, ce qui aurait permis d'établir une cartographie approchée des implantations et des lieux de consommation.

Enfin, sur la même période, les surfaces en production de plants ont été réduites en proportion et un peu plus, passant de plus de 16 hectares à autour de 7 aujourd'hui, par trois producteurs.

- Des hommages appuyés

« Institut de Beauvais » est parfois évoquée dans des articles ou opuscules traitant de pomme de terre, notamment dans l'Ouest breton !

A titre d'exemples, deux sources peuvent être mentionnées en raison de la place qu'y occupe la variété.

Sous la plume de Jean Abhervé (FNPPPT) paraît, dans la « La Pomme de Terre Française » de janvier-février 1982, en Tribune libre et sous le titre « Hommage à Institut de Beauvais », un court article d'un véritable amoureux – quelque peu mélancolique – de la variété.

Après avoir rappelé son origine officielle inconnue (!), l'auteur la fait remonter aux années de la Première Guerre mondiale en proposant qu'un Breton égaré l'ait alors trouvée du côté de Beauvais…

Toujours est-il qu'elle est cultivée par les premiers Syndicats de producteurs, créés à l'initiative du Professeur Duboys, entre Pontivy, Quimper et Châteaulin en 1922. Son ascension sera rapide et même fulgurante avec 5 000 tonnes de plants… puis 20 000 à son apogée.

Certes, elle est sensible aux principales maladies mais ses autres qualités, peu exigeante en éléments fertilisants, résistante au vent, productive en année sèche, la font choisir et retenir pour longtemps.

Elle aura été d'un grand secours aux exploitants lors de la grave crise agricole des années 30. En témoignent d'ailleurs les devenus célèbres

« Hangars - Beauvais » en chêne et aux toitures d'ardoise ou les « Voitures - Beauvais » qui traduisaient une certaine aisance. Dans les hangars, le rez-de-chaussée servait au stockage du plant et l'étage à la mise en germination. Certains sont devenus aujourd'hui des gîtes ruraux appréciés...

Les années 60 puis 70, comme en témoignent les niveaux de production, furent celles du sauvetage en raison de virus bien difficiles à éliminer et de la confrontation à une abondance de nouvelles obtentions.

L'auteur achève son plaidoyer depuis le sommet du Menez-Hom en vantant les zones blanches aperçues de ce haut point d'observation, et qui sont celles des cultures de la variété à la si belle, si intense et si dense floraison, parcourues par les « sélectionneurs-épurateurs » depuis trois générations.

« Et toi, chère Institut de Beauvais, tu disparaîtras peut-être un jour non par la faute de ceux qui t'auront cultivée mais par celle d'autres humains avides de changement ».

En juin 2010, est publié dans la collection « Mémoires de Châteaulin et du pays Rouzik », écrit par Pierre Grall avec la participation de Jean Février, un remarquable ouvrage intitulé « Histoire de la pomme de terre à Châteaulin et dans les communes voisines, des années 20 aux années 2000 ».

Il s'agit d'un travail fort documenté et illustré par de nombreux documents d'époque d'excellente qualité. « Institut de Beauvais » y occupe une place de choix.

En 1924 précisément, le Professeur Duboys convainc des notables de Châteaulin et de son voisinage de fonder un Syndicat dédié à la production de semences de pommes de terre sélectionnées et contrôlées. Notre variété « mi-tardive à chair blanche » est, dès le début, citée comme « la » variété.

La sélection bretonne est ensuite et alors défendue avec force : « La seule... valable est celle qui a été faite sur pied, après visite des cultures... Le seul syndicat de Châteaulin est à même de livrer... 10 000 tonnes de semences d'Institut de Beauvais... ».

La Fédération des syndicats bretons naît en 1927, et en 1930 elle compte quinze membres. En 1933, 1 283 ha sont cultivés par un millier d'adhérents. On souligne qu'Institut de Beauvais « est une pomme de terre aqueuse qui convient bien aux régions sèches du sud de la France. Elle est excellente en frite ».

Des cartes postales sont imprimées qui montrent des producteurs heureux au sein de champs de fleurs blanches... et aussi d'autres, en même posture mais tristes car ils n'appartiennent pas au Syndicat local. La concurrence est vive !

Le tubercule figurant dans la publication de 1893 d'Henry de Vilmorin illustre les documents publicitaires.

Toutes les voix – et celles des Responsables des syndicats sont fortes – insistent sur le caractère essentiel du contrôle sur pied lors de la visite des cultures. Les résultats sont remarquables : dans les cantons de Châteaulin, de

Pleyben et du Faou, c'est la société paysanne et rurale qui « vit de la pomme de terre ».

Mais avec la crise des années 30, des saisons chaudes et humides marquées par des poussées de mildiou et des pullulations de doryphores, des temps plus difficiles surviennent. Toutefois, à force d'attention et de travail, le rapport est là. Au-delà des « Hangars », les « Tractions avant-Beauvais » – dans une période de véhicules encore rares –, ainsi que les costumes de velours fauve, avec gilet à boutons dorés, et également appelés « Beauvais », témoignent des retombées de la culture de plants de la variété. Avec 50 kg, on payait alors deux journées de maçon !

Puis vient la Guerre et les contraintes de l'Occupation. En 1941, la production bretonne représente près des trois quarts du total français, et la demande pousse à l'accroissement des volumes. La Société *Solanum-Tourneur* est active et des coopératives sont créées. Les enfants des écoles, encadrés par leurs maîtres, ramassent les doryphores...

Dans l'immédiat après-guerre, la production croît en flèche : entre 1945 et 1948, elle est multipliée par un facteur de 2,5 ! De nouveaux négociants sont actifs. « Institut de Beauvais » subit la concurrence de « Ostbote » (48% des surfaces !), « Ackersegen » (28%) mais aussi de « Bintje » et d'« Arran-Banner ». Les temps sont devenus durs pour elle.

En 1948, les producteurs cultivent en moyenne 1,2 ha avec un rendement de 20 t/ha. « Beauvais », variété doyenne, ne représente plus que 3,5% des surfaces. C'est aussi le début de la crise de surproduction accompagnée de l'effondrement des prix, mais Châteaulin reste le premier centre d'expédition français, surtout par fer et par mer.

En 1955, « Institut de Beauvais » est l'une des 28 variétés proposées à la vente par le Syndicat. Parmi les demi-tardives, elle côtoie « Industrie » et « Ker Pondy ». Un an plus tard, le tonnage total commercialisé atteint 32 500 t. La superficie présentée au contrôle est de 2 661 ha dont 480 pour « Beauvais », en belle remontée car en troisième position, ex-aequo avec « Bintje » mais derrière « Arran-Banner » et « Ackersegen ».

Ce sera ensuite l'accélération des mutations dans les structures agricoles, la recherche avec les stations de Ploudaniel (1952 et 1970) et la multiplication des croisements, l'existence d'une bibliothèque considérable de clones, puis de nouvelles structures dans les années 70.

Dans ces années, le déclin intervient avec notamment la concurrence des Pays-Bas. Des actions de défense, plus ou moins violentes, sont menées...

Aujourd'hui, sur le territoire de l'ancien Syndicat de Châteaulin, demeurent seulement six exploitants concernés. Les plus importants cultivent chacun 20 ha et obtiennent des rendements élevés de 50 t/ha !

De nouvelles et nombreuses variétés sont là et « Beauvais » est – presque- un souvenir.

- Utilisations scientifiques, techniques et commerciales

A côté d'expérimentations menées au XXe siècle, spécialement à l'IAB devenu ISAB, ainsi que d'essais réalisés et d'observations menées par des Anciens élèves, des Enseignants (dont le Frère Gagne), ou des Amateurs, les références à la variété « Institut de Beauvais » ne sont pas nombreuses.

Un travail fait exception, c'est celui de Marie-José Louzeau-Gladieux, effectué pour l'essentiel au sein des laboratoires de l'Institut à Beauvais. Il s'agit d'un doctorat, soutenu à l'Université d'Amiens en 1990 (direction : C . Ferault et B. Sangwan) et ayant pour titre :

« Contribution à la mise en place d'un nouveau schéma de création variétale chez la pomme de terre : micropropagation, culture de protoplastes, électrofusion et tri des hybrides ».

Les génotypes étudiés sont principalement des souches diploïdes issues de parthénogenèse ou d'hybridations sexuées. Pour certaines expérimentations, deux variétés tétraploïdes ont servi : « Bintje » et « Institut de Beauvais », mais cette dernière plus accessoirement et dans le cadre d'essais de mise au point de tests précoces de sensibilité aux virus X et Y dans lesquels ces variétés avaient le rôle de témoins.

Par ailleurs, « Institut de Beauvais » a été utilisée comme géniteur dans les années 50, compte tenu de son importance à cette époque et des succès que son patrimoine pouvait laisser espérer.

La littérature rapporte six produits au total :

- deux, sous les noms de « Bufe » et « Krasnoglaska » sur lesquels on ne dispose plus aujourd'hui de renseignements, et qui semblent avoir disparu ; seule leur ascendance « Institut de Beauvais » est mentionnée ;
- trois obtenus en Espagne : « Blanca de Cernegula » (date d'obtention ?), Goya (1954) et Turia (1955). L'ascendance de la seconde est bien établie ;
- une en France, sous le nom d'« Hermine », en 1950, qui résulte d'un croisement entre notre variété et « Sickinggen », et dont la généalogie est également bien connue.

Il est à remarquer qu'une variété, « Hermine », dont l'origine est un croisement entre « Lamina » et « Europa », a été inscrite au Catalogue français en 1999. Obtenue par « Bretagne Plants » et le Syndicat de Pontivy, c'est une pomme de terre à fleur rouge violacé, demi-précoce à moyenne. Sa parenté avec la précédente n'a pu être établie : sa généalogie est différente et il semble qu'il n'y ait pas de relation entre elles.

D'autre part, à la suite d'échanges avec Massimo Angelini, dans le cadre du « Consorzia della Quarantina » de Genova (Italie), il semble établi qu'une variété traditionnelle nommée « Quarantina Bianca Genovese » (nommée aussi « Marsigliese » dans les années 1930-1940) soit, du point de vue phénologique, très proche d'« Institut de Beauvais ». Les plus anciennes informations la concernant remontent aux années 1880. Il en irait, peut-être, de même pour la « Patat del Bufet » (noter une éventuelle dérive phonétique), comme en Catalogne. S'agirait-il de tubercules transportés, commercialement ou non, depuis Beauvais, du Tarn ou... ? Seule une caractérisation génétique, entreprise il y a quelques années par ce partenaire, mais non aboutie à ce jour, permettrait de trancher dans un sens ou dans l'autre.

Aujourd'hui, « Institut de Beauvais » est proposée à la vente par petites quantités – sur catalogue ou *via* Internet – par un certain nombre d'Etablissements semenciers et /ou de revendeurs souvent « écologistes » dans leur offre, français et européens. Citons, entre autres, « Le Pavot Bleu », « Tomodori », « Les Graines Baumaux », « Jardiland » et « Willemse ».

Certains « Chefs » en vantent les mérites, comme Marc Andrieu avec sa « Purée de ma mémé » ! Très récemment, enfin, Bernard Pichetto, Historien de l'alimentation, a montré de l'intérêt pour cette « somptueuse variété ».

En conclusion

Dans le creuset fertile d'une époque riche en initiatives de ce genre – plus ou moins couronnées de succès –, un Etablissement d'enseignement supérieur agricole, constitué à Beauvais, aux ambitions de départ limitées, est devenu en peu d'années une Ecole réputée, jusqu'à présenter une dimension internationale.

Sous l'impulsion première de ses créateurs, et sous une forme tout à fait originale pour l'époque, associant religieux et laïcs, initiative privée et soutiens publics, puis par celle du second Directeur, l'Institut de Beauvais va prendre, grâce aux talents, à l'engagement sans relâche et au caractère visionnaire du Frère Eugène-Marie, une dimension « enseignement supérieur, recherche et développement » de premier plan.

Point d'orgue pour lui-même, l'Ecole et la postérité, au sein d'une œuvre expérimentale et écrite impressionnante, la création de la variété de pomme de terre « Institut de Beauvais », vers 1856, puis sa mise au commerce dans le cadre d'un « partenariat » avec la Maison Vilmorin, et sa longue vie à venir constituent un ensemble marquant.

On a voulu indiquer aussi précisément que possible ce long périple, en privilégiant le milieu, les Hommes et les caractéristiques expérimentales et publicatives de l'affaire, et ce sur plus d'un siècle et demi.

Quel avenir aura cette variété obtenue avec des moyens modestes mais selon une volonté déterminée ?

Deux de ses avantages mériteraient, selon nous, développement :

– en relation avec la composition de ses tubercules et ses qualités alimentaires depuis longtemps reconnues, il y aurait sans doute matière à réflexion et utilisation,

- sa remarquable résistance à la sécheresse – à nouveau attestée récemment – serait à exploiter dans le cadre de recherches à mettre en œuvre dans ce domaine qui a sans doute de l'avenir.

Bien entendu, aujourd'hui, cette éventuelle utilisation dans des travaux de recherche se placerait dans un contexte de travail très différent, à l'heure du séquençage effectué du génome de la pomme de terre, de la création de variétés transgéniques et des progrès considérables des méthodes d'Amélioration des plantes.

Pour l'heure, les débouchés d'« Institut de Beauvais » sont essentiellement ceux d'un marché d'amateurs – et ceux-ci sont encore nombreux –, donc de niche, mais aussi d'utilisations « gastronomiques » nouvelles portées par le souci appuyé d'une cuisine valorisant les qualités de produits anciens.

Une affaire à suivre avec l'une des doyennes très âgée des variétés de pomme de terre...

2.2. Etudes expérimentales sur les Graminées fourragères

Sous ce titre et ensuite, de façon plus concise « Les Graminées fourragères [suite] », ont été publiés par le Frère Eugène-Marie quinze articles aux Annales de la Station agronomique de l'Oise entre 1877 et 1893 avec deux exceptions, celles des années 1886 et 1889. Nous dirions aujourd'hui plus volontiers Poacées fourragères.

Il s'agit donc, et de loin, de sa plus forte production de publications aux Annales puisque celles consacrées à la Pomme de terre ne sont que de neuf entre 1875 et 1884 (rien en 1879) et qu'elles cessent avec la mise au commerce de « sa » variété.

Ces articles de l'ordre d'une vingtaine de pages, parfois moins, sont fort documentés et, entre 1878 et 1883, illustrés de figures d'abord à l'encre noire et ensuite en couleurs. Leur lecture est assez austère même si elle comporte des analyses bibliographiques poussées et aussi des parties expérimentales traduisant ce qui a été fait à Beauvais.

Bien que ce point soit difficile à apprécier, on peut penser que ce vaste sujet aura été le violon d'Ingres du Maître, au moins par sa longue permanence et son puissant souci de faire des mises au point sur la « littérature » du moment et de réaliser des expérimentations pointilleuses.

Une étude détaillée de cet ensemble de publications novatrices justifierait à elle seule un ouvrage tant la richesse des contenus est grande. Toutefois, leur intérêt aujourd'hui relève avant tout de l'histoire agronomique et le caractère descriptif et finement analytique du moment est trop prégnant pour qu'il s'insère avec profit dans ce que présente ce livre.

C'est pourquoi on s'attardera sur la présentation contenue dans le premier : elle indique l'objet et les moyens, et contient des phrases aux évocations finement ciselées.

On indiquera ensuite les espèces traitées avant de présenter deux de ces mémoires, le premier et l'avant-dernier car ils sont séparés par quinze années au cours desquelles la pensée et les écrits du Frère Eugène ont évolué.

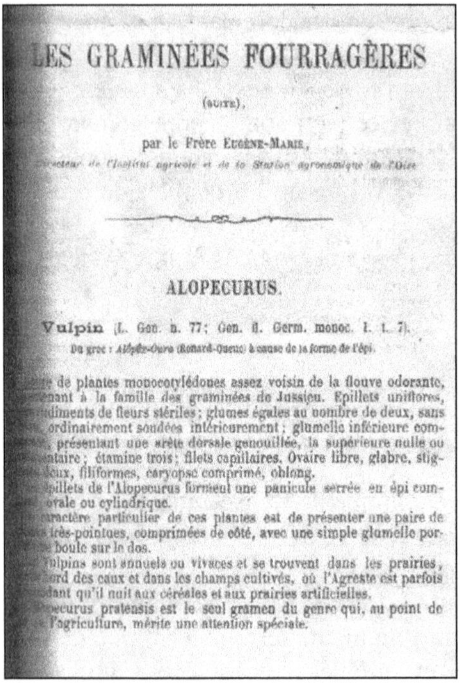

LES GRAMINÉES FOURRAGÈRES

(suite),

par le Frère Eugène-Marie,

Directeur de l'Institut agricole et de la Station agronomique de l'Oise

ALOPECURUS.

Vulpin (L. Gen. n. 77; Gen. fl. Germ. monoc. I. t. 7).

Du grec : *Alôpêx-Oura* (Renard-Queue) à cause de la forme de l'épi.

...re de plantes monocotylédones assez voisin de la flouve odorante, ...enant à la famille des graminées de Jussieu. Epillets uniflores, ...diments de fleurs stériles ; glumes égales au nombre de deux, sans ... ordinairement soudées inférieurement ; glumelle inférieure com..., présentant une arête dorsale genouillée, la supérieure nulle ou ...ntaire ; étamine trois ; filets capillaires. Ovaire libre, glabre, stig...eux, filiformes, caryopse comprimé, oblong.

...pillets de l'Alopecurus forment une panicule serrée en épi com... ovale ou cylindrique.

...aractère particulier de ces plantes est de présenter une paire de ... très-pointues, comprimées de côté, avec une simple glumelle por... boule sur le dos.

...ulpins sont annuels ou vivaces et se trouvent dans les prairies, ...ord des eaux et dans les champs cultivés, où l'Agreste est parfois ...dant qu'il nuit aux céréales et aux prairies artificielles.

...pecurus pratensis est le seul gramen du genre qui, au point de ... l'agriculture, mérite une attention spéciale.

L'introduction à l'article de 1877 porte le titre de « Préliminaires » et contient cinq pages fort précieuses à la compréhension de ces études.

L'amélioration des prairies et la constitution de mélanges rationnels d'espèces à utiliser relèvent bien des applications de la science agricole afin d'assurer la prospérité des fermes. Et dans cette optique, il y a lieu de rechercher les « essences » les plus profitables en quantité et en qualité du foin produit. La tâche est difficile mais rentre bien dans l'objet du travail des Stations agronomiques et se situe à la suite des apports des savants distingués qui seront enrichis par des expérimentations et observations.

Frère Eugène résume ainsi ce louable objectif : « … enregistrer les faits qui nous paraîtront suffisamment acquis à la science, ou que l'expérience nous aura révélés ».

Suit, en dix-huit points, l'indication de la « marche » qui sera suivie dans ces études et que l'on retrouvera peu ou prou dans chacun des quinze articles :

- étymologie, synonymie latine, vulgaire et étrangère ;
- historique indiquant le caractère du genre ou de l'espèce ;
- caractères essentiels ou description ;
- habitat et distribution géographique ;
- affinité et place dans la famille ;
- mode de végétation et climat ;
- variétés ;
- composition chimique ;
- terrains qu'elles caractérisent ou qu'elles exigent ;
- culture, semis, soins d'entretien ;
- récoltes, modes de conservation ;
- durée d'existence ;
- rendement et valeur nutritive ;
- poids à l'hectolitre ;
- influence sur l'économie animale ;
- usages divers ;
- insectes ou animaux nuisibles même après récolte ;
- formules ou mélanges donnant des prairies propres au pâturage ou au fauchage (déduits des caractéristiques des lieux d'implantation).

Après ce cadre rigoureux des travaux qui seront présentés, suit une très belle présentation des graminées fourragères, digne d'un poète, et par endroits appuyée sur des considérations religieuses.

On en citera quelques passages.

« Aussitôt que les voiles du printemps se lèvent, lorsque les feux du soleil ont réchauffé la terre, on voit les animaux bondir à la vue de leurs plantes nourrices. Elles enveloppent la terre de leurs parfums pénétrants ; elles donnent aux paysages ce doux éclat qui fait aimer la vie, et nous leur devons ce délicieux laitage qui contribue à nous en conserver ».

« Ces draperies de verdure aux aspects multiples se composent cependant de tout ce qu'il y a de plus faible et de plus petit dans les végétaux ».

« Ce sont elles que Linné appelle les "plébéiens de l'empire de Flore" ; effectivement, elles en sont la force et le soutien ; elles payent de forts tributs à tous les animaux ; elles nourrissent l'homme ; elles sont la richesse du cultivateur ».

« On trouve les Graminées dans les plaines comme sur les hauteurs ; elles ornent la cime et la pente des coteaux arides ; elles tapissent les rochers, revêtent le versant des collines et des montagnes, et forment à leurs sommets de vastes pelouses ; elles croissent dans l'eau, sur le bord des fleuves, le long des rivages, dans les plaines sablonneuses comme dans les marais ... ».

« Les Graminées portent leurs fleurs en épis surmontés souvent de petites barbes qui ne défendent pas leurs semences contre les animaux, comme le disait Cicéron, mais qui sont autant de toits qui les mettent à l'abri des eaux du ciel ».

« Elles ont [...] la faculté de se reproduire de trois manières : 1- par des rejetons qui poussent à leurs pieds ; 2- par des traînasses qu'elles étendent au loin ; 3- par des graines très volatiles ou indigestibles que les vents et les animaux répandent de tous côtés ».

« Cette étude offre d'ailleurs le plus vif intérêt, non seulement au point de vue de l'organisation et des caractères qui distinguent chacune des espèces végétales, mais encore en nous remettant sous les yeux des rapports admirables qui lient entre elles toutes les œuvres de la création ».

« Cette étude, dit un philosophe célèbre de l'Antiquité a des charmes sans retours amers. C'est un jeu où préside la sagesse ; étude délicieuse qui nous enchante par les spectacles les plus merveilleux, et qui, après nous avoir initié aux harmonies des plantes, aux instincts divers des animaux et aux grandes harmonies du monde, nous place enfin vis-à-vis de l'homme, créature privilégiée qui célèbre la gloire du Tout-Puissant ».

Quel tableau dont on a présenté les extraits principaux, écrits par un amoureux du sujet qu'il conduira jusqu'à son départ ! sans l'avoir sans doute achevé.

* * *

Venons-en maintenant, en les citant, aux genres et espèces traités dans ces quinze articles :

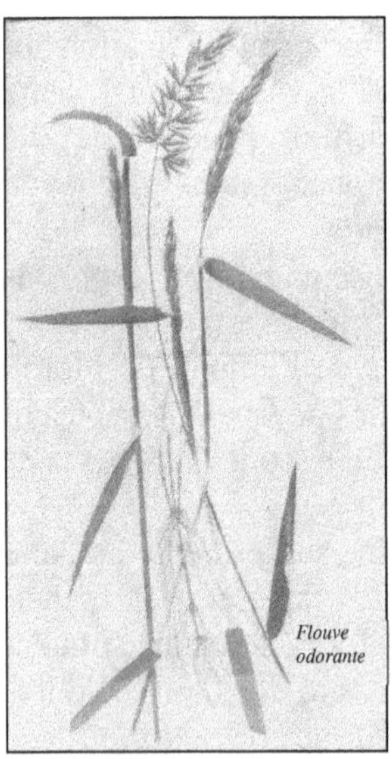

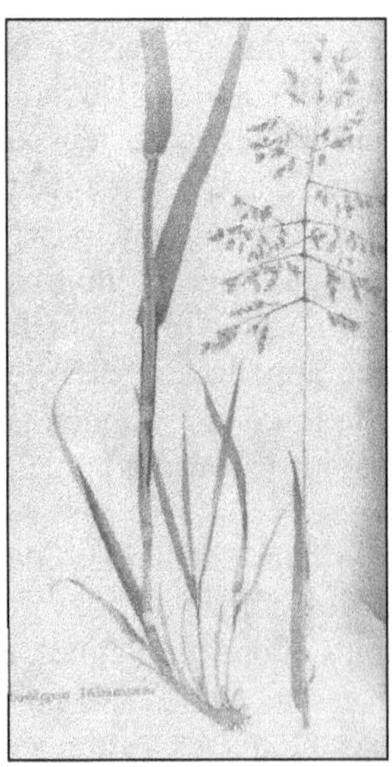

- 1877 : *Phleum* (Fléole ou Phléole) ; *P. pratense*, *P. podosum.*
- 1878 : *Alopecurus* (Vulpin) ; *A. pratensis*, *A. agrestis*, *A. geniculatus.* Dessin en noir de « Vulpin des prés » signé Rouyer.
- 1879 : *Dactyles* ; *Dactylis glomerata*, *D. coespitosa.* Peinture en couleurs de « Dactyle pelotonné », non signée.
- 1880 : *Holcus* (Houque) ; *H. lanatus*, *H. mollis.* Peinture en couleurs de « Houlque laineuse », non signée.
- 1881 : *Lolium* (Ivraie) ; *L. perenne.* Peinture en couleurs d'« Ivraie vivace », non signée.
- 1882 : *Lonium italicum*, *L. multiflorum*, *L. temulentum.* Peinture en couleur d'« Ivraie d'Italie », signée (illisible).
- 1883 : *Anthoxanthum* (Flouve) ; *A. odoratum.* Peinture en couleurs de « Flouve odorante », non signée.
- 1884 : *Arrhenatherum* (Arrhénathère) ; *A. elatius.*
- 1885 : *Trisetum* (Trisète – Avoine jaunâtre [*Avena flavescens*]).
- 1887 : *Festuca* [Fétuque] ; *F. pratensis.*
- 1888 : *Festuca ovina*, *F. duriuscula*, *F. fluitans.*
- 1890 : *Festuca rubra*, *F. heterophylla*, *F. arundinacea*, *F. loliacea.*
- 1891 : *Poa* (Paturin) ; *P. pratensis.*
- 1892 : *Poa trivialis.*
- 1893 : Paturins ; *Poa annua*, *P. aquatica*, *P. nemoralis*, *P. compressa*, *P. fertilis.*

Ces quinze articles auront permis à Frère Eugène de traiter dix genres et trente espèces. Peut-être avait-il des choses en préparation l'année de son décès, des expérimentations en cours ? On ne le saura pas puisqu'aucune publication de lui n'a été faite à titre posthume.

L'examen attentif de ces mémoires permet d'indiquer que les derniers sont d'une richesse moins grande et moins fournie que celle des précédents, ce qui peut traduire deux choses : l'énorme quantité d'expérimentations conduites sur la ferme du Bois ne permettait peut-être plus d'accorder une place suffisante aux graminées fourragères, et aussi la fatigue du directeur « touche-à-tout » pourtant demeuré, et de loin, le principal contributeur aux Annales.

Enfin, un point reste mystérieux, c'est celui relatif à l'illustration de qualité qui accompagne les six livraisons entre 1878 et 1883, la première en noir, les suivantes en couleurs. Nulle part dans le texte il n'en est fait mention. Deux seulement sont signées mais on ignore à qui elles correspondent. Pas à un enseignant répertorié en tout cas. Et pourquoi ont-elles cessé de paraître à partir de 1884 ? Ce point n'est certes pas capital mais il méritait d'être indiqué, d'autant que la qualité de ces productions est excellente.

Signalons, en annexe à l'article de 1887, le premier de trois consacré aux fétuques, un intéressant tableau qui « … pourra[it] être utile aux débutants, et à ceux qui veulent se rendre compte du degré de précocité des plantes ensemencées ».

Il indique pour trente-quatre espèces présentées sous leur nom véhiculaire, leur précocité, leur produit moyen de foin à l'hectare et la quantité de semences nécessaire sur cette même surface (entre 10 kg pour la fléole des prés et 100 kg avec le fromental). Les degrés de chaleur – marque de précocité – sont comptés « … à partir du moment où la température s'est élevée au-dessus de huit degrés centigrades, jusqu'à la floraison de la plante ».

Rien ne nous est dit sur le (les) protocole(s) expérimental(aux) qui ont conduit à ces résultats, ni l'(les) année(s) de l'(des) essai(s), ni les superficies ainsi engagées en monospécifique.

Toujours est-il que ce tableau existe et qu'il ne manque pas d'intérêt.

Les espèces sont classées selon leur précocité qui va de 474°C pour la flouve odorante à 2 550°C pour les bromes rude et des champs. Le produit moyen (?) atteint huit tonnes avec le dactyle pelotonné et la fléole des prés mais seulement deux dans le cas de la flouve odorante, du vulpin genouillé, de la fétuque ovine et de la cynosure cretelle, en passant par six tonnes et demie dans le cas du ray-grass d'Italie.

Deux remarques peuvent être faites : l'une sur l'influence du sol et du climat sur le développement de ces espèces, l'autre relative aux cultures pures peu nombreuses, les ensemencements pluri-spécifiques étant la règle, avec leurs interactions conséquentes, mais l'Auteur ne le signale pas et on retiendra ce tableau comme un simple apport de données sans références aux conditions qui ont conduit à son élaboration.

* * *

Passons maintenant, à titre d'exemple, à l'analyse de deux articles, le premier et le quatorzième.

La publication de 1877 traite du genre *Phleum* puis de deux espèces *P. pratense* et, succinctement, de *P. podosum*. Des références bibliographiques - dont le nombre ira croissant avec les articles – sont mentionnées.

Le genre dérive du grec « fécond », en « allusion à la pousse vigoureuse de ses feuilles et de ses tiges ». La description est précise, rigoureuse, à la manière de celles des botanistes de l'époque et s'achève par une distinction avec *Alopecurus* en raison des fleurs à deux glumelles et des glumes terminées brusquement en pointes.

On passe à *P. pratense* et ses traductions véhiculaires et vernaculaires ; pas moins de treize sont citées dont fléole des prés mais aussi herbe de Thimothée, queue de rat ou encore herbe de Pasteur. Là aussi la description de l'espèce se révèle fine. On apprend que la valeur de son fourrage est grande, que l'espèce supporte les températures extrêmes et qu'elle est hautement importante dans les prairies naturelles fauchées ensuite. C'est l'une des graminées les plus productives, les plus nutritives et les plus tardives et qui s'adapte à beaucoup de types de sols, même très médiocres comme les terres de bruyères ou glaiseuses. On la trouve aussi en abondance et avec profit dans la vallée de Bray.

Suit une distribution entre les sous-espèces *major* et *minor* selon la hauteur atteinte et qui semble aujourd'hui de peu d'intérêt.

On arrive aux rendements avec plusieurs exemples et aux pertes par dessiccation, variables selon l'époque de la récolte, mais que l'on peut estimer entre 50 à 60%.

Le semis en plein champ nécessite de 12 à 14 kg de graines à l'hectare et la culture peut rester en place de six à dix ans. La présence de l'espèce dans une prairie constitue un indice de fécondité.

Viennent ensuite des exemples de composition chimique des cendres en Grande-Bretagne et à l'Institut agricole : elles ne diffèrent pas sensiblement, malgré des différences entre les sols qui ont porté les cultures. Indiquons des teneurs en silice voisines de 32%, en chaux autour de 15-16% et en potasse de 24-27%.

Frère Eugène présente ensuite de nombreux résultats de mesures de longueur, de poids et de richesse en azote au niveau des différents mérithalles (six jusqu'aux épis pleins) d'échantillons récoltés « sur un terrain humide à sous-sol tourbeux, de la vallée du Thérain », sans nous préciser la consistance des échantillons, les répétitions ... comme assez souvent il le fait.

Il ressort de ces données très précises une « loi » qu'il énonce ainsi : « A partir du rhizome ou de la portion courbée sur terre, les mérithalles vont sensiblement en doublant de longueur à mesure qu'ils se rapprochent de l'épi. De plus, celui-ci a une longueur moyenne proportionnelle arithmétique entre le deuxième et le troisième mérithalle ».

Suivent des mesures de retrait par dessiccation à l'ombre après fauchage, et de teneurs en azote à quatre décimales, avec de faibles écarts qui lui permettent cependant d'inviter à couper haut afin d'obtenir une valeur plus grande du fourrage... tout en reconnaissant que l'on obtient plus de foin avec un passage de l'outil « rez-terre » !

Notre Auteur présente enfin des comparaisons de teneurs en azote du fourrage à l'état frais et à l'état sec qui varient sensiblement selon les sources et dont il relativise les conditions d'obtention de certaines. Les résultats portés à l'Institut sont de 0,72% à l'état frais et de 1,59% sec (après passage à 100°C).

On passe ensuite à une constante de ces mémoires relative à la proposition de mélanges. Ici on en trouve quatre qui correspondent à différents types de terrains : humide, marécageux ou à sous-sol tourbeux humide, argileux susceptible d'irrigation et enfin argilo-silicieux ou argileux-calcaire susceptible d'irrigation.

P. pratense y figure en tête et « avec succès lorsqu'on a soin de grouper les plantes d'après leurs aptitudes et leurs exigences ». Ces mélanges comprennent de onze à quatorze espèces plus des propositions d'ajouts d'autres végétaux, et avec une distinction entre les objectifs « pâturage » et « fauchage ».

Les quantités totales de graines à apporter vont de 37 à 42 kg à l'hectare dont celles de fléole qui, se situant toujours à 4 kg, représentent environ 10% du total.

En terminant, le Rédacteur insiste sur la nécessité d'implanter de nombreuses espèces ce qui « produira un rendement beaucoup plus grand » mais en tenant compte du but recherché par chaque agriculteur.

Il n'explique nulle part comment il a établi ses propositions et l'on peut penser qu'elles découlent tout à la fois de ses lectures, de ses observations et, peut-être, de quelques expérimentations. En tout cas, la précision de ses préconisations surprend d'autant qu'il ne les introduit pas.

En conclusion, il insiste judicieusement sur les réactions des « mélanges » en fonction des circonstances et donc ici des effets climatiques, puis illustre ce propos par les rôles respectifs du trèfle et de la luzerne dont l'influence protectrice du premier est manifeste dans les débuts du développement de la seconde.

Enfin, *P. podosum* est présenté de façon succincte avec ses caractères distinctifs tels que le bulbe, les articulations coudées et couchées, les tiges moins élevées et l'épi plus court que celui de l'espèce précédente. De rendement très faible, il convient de la livrer au pâturage et à une consommation par des porcs « qui recherchent avidement les tubercules des racines ».

* * *

Faisons un grand saut pour arriver au quatorzième article qui traite de *Poa trivialis*.

Les références du début sont étoffées de quinze supplémentaires dont celle de de Vilmorin dans le « Bon Jardinier » et les traductions faites en cinq langues dont le flamand. Les noms « vulgaires » sont aussi au nombre de cinq dont, bien entendu, Pâturin commun, et aussi gazon d'Angleterre et pâturin à trois fleurs.

La description est concise et peut être citée : « … graminées à souche cespiteuse, et à tiges nombreuses de 5 à 15 centimètres, formant touffes, souvent couchées à la base, puis ascendantes, cylindriques, ou peu comprimées, rudes au toucher en arrière », « Ses feuilles sont linéaires, glabres, molles […]. La panicule pyramidale, contractée avant la floraison, diffuse ou étalée pendant et après […] ; les glumelles sont adhérentes au caryopse… ».

Suit son aire de répartition, très large en Europe. Elle forme « la base des meilleures prairies si renommées de la Hollande et de l'Angleterre... ».

L'espèce se plaît « dans les terrains frais ou humides, riches et substantiels... », craint la sécheresse, et doit être en mélange avec d'autres.

Viennent, en conséquence, des propositions de combinaisons d'abord pour une terre tourbeuse, humide, siliceuse et non calcaire, mais assainie, avec onze espèces, ensuite pour une prairie ombragée, en terre fertile, avec autant de variété. Dans les deux cas, neuf graminées sont proposées et deux légumineuses, trèfle hybride et trèfle blanc dans le premier, trèfle des prés et trèfle blanc pour le second.

Des tableaux indiquent les quantités de semences à apporter à l'hectare – pour le pâturin respectivement quatre et six kg – ainsi que la surface couverte (c'est bien curieux) et le prix des semences évalué de façon minutieuse pour un total de 59 à 69 francs correspondant à 138 ou 149 ares (pourquoi une telle présentation ?).

Sont rapportées ensuite des données bibliographiques relatives à la croissance de l'espèce, au fait qu'elle fournit un fourrage « aussi bon en vert que sec [...] ; c'est donc tout à la fois une pâture excellente et un foin de qualité », et à sa distinction d'avec *P. pratensis*, au moyen d'un tableau de caractères fort bien fait. Des analyses de cendres sont présentées, issues d'une publication anglaise et d'analyses effectuées à l'Institut agricole, convergentes, avec des teneurs élevées en acide phosphorique et en potasse, et dont Frère Eugène, fidèle à son habitude, tire les prélèvements à l'hectare, pour une culture pure, et une récolte de trois tonnes de foin, ensemble rapporté à 186 kg compte tenu d'un rendement de 6,2% après séchage à 100°C. Il note ainsi des exportations de plus de 23 kg d'acide phosphorique et de 51 kg de potasse.

Après citation d'autres résultats, l'Auteur fournit des données propres de teneurs en azote des plantes au niveau des quatre mérithalles, des feuilles, des épis pleins et des graines seules. Il y retrouve « le phénomène de dérivation de l'azote » comme chez les autres graminées. L'élément « ... monte peu à peu et s'accumule surtout au sommet » pour atteindre son maximum dans l'épi terminal et les graines. Des observations qui seront confirmées.

Un résumé achève l'article. Le pâturin commun et le pâturin des prés sont rapprochés par leurs caractères extérieurs et de végétation puis différenciés par leurs aptitudes. Il est ensuite rappelé la nécessité de culture en mélange « ... à cause de l'arôme et de la finesse de son foin, et aussi pour remplir les vides occasionnés par les semis ».

Au total : « C'est une plante essentiellement propre à être mélangée avec des graminées à croissance verticale, comme l'Ivraie d'Italie, dont elle garnit le pied, augmente le rendement et améliore sensiblement le foin ».

* * *

La lecture des quinze articles sur les Graminées fourragères conduit aux constats suivants dont on a eu ici deux aperçus :

- chaque étude est menée rigoureusement, selon sensiblement le même plan, en analysant de façon fine la littérature disponible à l'époque ;
- des résultats d'observations, d'expérimentations et surtout d'analyses sont toujours apportés qui confortent ou contrarient les données de référence. S'ensuivent des discussions de « scientifique » qui argumente et critique avec fermeté lorsqu'il est persuadé d'avoir raison ;
- cet ensemble, inachevé en raison du décès de son Auteur, constitue une monographie de qualité sur une trentaine d'espèces, à une époque où les plantes fourragères revêtaient une grande importance.

C'est à ce niveau qu'il faut replacer le tout comme un apport conséquent à la botanique, à la physiologie végétale, à l'agriculture et à l'agronomie, avec forcément quelques faiblesses par exemple au plan des expérimentations dont les caractéristiques sont floues voire inintéressantes et à celui du « tout-analyses », souvent très fines, et pas forcément d'un grand intérêt.

Mais ces limites sont à situer dans leur époque et donc dans le contexte de ce qui était alors si ce n'est à l'honneur, du moins dans les habitudes.

Frère Eugène, au long de ces dix-sept années d'études et de monographies, avait peut-être l'idée d'en faire un ouvrage couronnant son œuvre en général et celle-ci en particulier, qui se prêtait bien à la chose dans un Etablissement où plusieurs enseignants – pas seulement Louis Gossin – écrivaient des livres.

Or, parti à 69 ans, il n'avait pas achevé ce travail car il y manquait plusieurs genres et espèces d'importance qu'il se réservait, pourquoi pas, de traiter à la retraite si tant est qu'il l'eût prise un jour. On ne le saura pas, ses « papiers » n'indiquant rien sur le sujet.

* * *

2.3. Etudes expérimentales sur les Betteraves à sucre

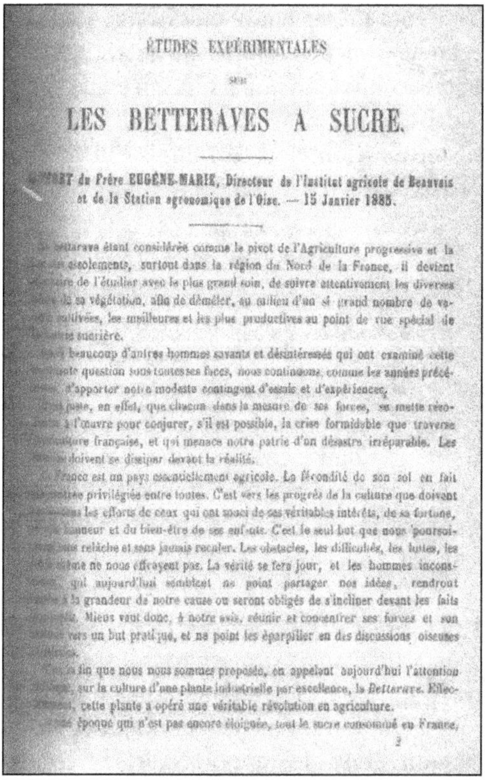

ÉTUDES EXPÉRIMENTALES

SUR

LES BETTERAVES A SUCRE.

[illegible] du Frère EUGÈNE-MARIE, Directeur de l'Institut agricole de Beauvais et de la Station agronomique de l'Oise. — 15 Janvier 1885.

[illegible] betterave étant considérée comme le pivot de l'Agriculture progressive et la [illegible] assolements, surtout dans la région du Nord de la France, il devient [illegible] de l'étudier avec le plus grand soin, de suivre attentivement les diverses [illegible] de sa végétation, afin de démêler, au milieu d'un si grand nombre de va[illegible] cultivées, les meilleures et les plus productives au point de vue spécial de [illegible] sucrière.

[illegible] beaucoup d'autres hommes savants et désintéressés qui ont examiné cette [illegible] question sous toutes ses faces, nous continuons, comme les années précé[illegible] d'apporter notre modeste contingent d'essais et d'expériences.

[illegible] juste, en effet, que chacun dans la mesure de ses forces, se mette réso[illegible] à l'œuvre pour conjurer, s'il est possible, la crise formidable que traverse [illegible] française, et qui menace notre patrie d'un désastre irréparable. Les [illegible] doivent se dissiper devant la réalité.

[illegible] France est un pays essentiellement agricole. La fécondité de son sol en fait [illegible] contrée privilégiée entre toutes. C'est vers les progrès de la culture que doivent [illegible] les efforts de ceux qui ont souci de ses véritables intérêts, de sa fortune, [illegible] honneur et du bien-être de ses enfants. C'est le seul but que nous poursui[illegible] sans relâche et sans jamais reculer. Les obstacles, les difficultés, les luttes, les [illegible] même ne nous effrayent pas. La vérité se fera jour, et les hommes incons[illegible] qui aujourd'hui semblent ne point partager nos idées, rendront [illegible] à la grandeur de notre cause ou seront obligés de s'incliner devant les faits [illegible]. Mieux vaut donc, à notre avis, réunir et concentrer ses forces et son [illegible] vers un but pratique, et ne point les éparpiller en des discussions oiseuses [illegible].

[illegible] la fin que nous nous sommes proposée, en appelant aujourd'hui l'attention [illegible], sur la culture d'une plante industrielle par excellence, la *Betterave*. Effec[illegible], cette plante a opéré une véritable révolution en agriculture.

[illegible] époque qui n'est pas encore éloignée, tout le sucre consommé en France,

2

Sous ce titre, le Frère Eugène publie aux Annales de la Station agronomique de l'Oise trois articles dans les livraisons successives de 1885 à 1887.

Ce sont – à part une courte présentation de type monographique, remontant à 1857, 58, 59, parue aux Annales de l'INAB de 1861, et une étude sur la germination des graines suite à une contestation grave, sortie en 1862, – ses premières publications sur le sujet, ses principales priorités s'étant appliquées aux blés, à la pomme de terre et accessoirement au maïs. Il y reviendra en 1891 avec une enquête sur la question dans l'Oise (cf. publications diverses).

On est surpris, à leur lecture, de découvrir une telle masse d'expérimentations dont les résultats, après essais et analyses, sont rapportés sur un total de 75 pages comportant 15 tableaux synthétiques dont trois relatifs à la climatologie de chaque année concernée, c'est-à-dire 1884, 1885 et 1886.

La prise de connaissance des contenus rend perplexe : certes la masse de résultats est très importante, avec quelques milliers d'analyses, dont une partie sur d'autres sites, mais les attendus et la rédaction de l'ensemble manquent de netteté, de perspectives et d'explications, comme le Frère Eugène nous y a habitués avec ses éclatants développements relatifs à la pomme de terre. Ici, on manque de précisions essentielles relatives aux protocoles et à la composition de certains apports.

Emettons l'hypothèse suivante : après la mise au commerce de la pomme de terre « Institut de Beauvais » en 1884, Frère Eugène ne travaille plus, au moins directement, la question et il se tourne, lui le chercheur « touche-à-tout » et passionné, vers d'autres thèmes, bien qu'il soit très accaparé par ses deux fonctions principales.

Il faut prendre en compte également la pression exercée par les Sociétés d'agriculture du département pour que la Station agronomique de l'Oise conduise des travaux sur la betterave à sucre, un des fleurons, si ce n'est le premier, de l'agriculture picarde. Quand ceux-ci ont-ils été entrepris ? On l'ignore. Toujours est-il que notre Directeur est conduit à présenter expériences et résultats, puis à les discuter. Il ne semble pas, quand on le lit, s'être vraiment immergé dans ces questions menées peut-être par des collaborateurs de confiance (les Frères Antonis, Laurentius et Arsénius ?). Et pourquoi y aura-t-il ensuite non-présentation de nouveaux résultats ? Les expérimentations auront peut-être été arrêtées, au moins limitées... On se perd en conjectures qu'il serait vain de vouloir trancher.

Toujours est-il que nous disposons d'une masse importante de travaux, médiocrement mis en valeur mais qui font date. Pour cette raison, ils seront présentés de façon réduite. Les trois sont signés du directeur des deux structures et datés pour le premier du 15 janvier 1885 et pour le troisième du 30 avril 1887. Il s'agit donc de rapports sur les essais effectués l'année précédente.

Dans son premier article, Frère Eugène présente d'abord, au moyen d'une introduction habile, la situation de la betterave en France, base des assolements au nord, plante industrielle par excellence qui a « opéré une véritable révolution en agriculture » et permis, grâce au génie français, de s'affranchir de la dépendance de la canne.

Suit une agréable bibliographie sur Benjamin Delessert et ses rapports avec Napoléon Ier, puis une présentation des sucreries. Cultivateurs et industriels (« fabricants ») sont soumis à bien des vicissitudes, c'est pourquoi il est nécessaire de poursuivre les expérimentations au bénéfice de tous, d'où celles qui vont être présentées ici.

Comme toujours dans ses publications, Frère Eugène en situe le contexte, d'abord climatologique grâce aux relevés très précis et réguliers sur place et indiqués chaque année pour les betteraves entre mai et octobre par un tableau synoptique dédié. Le terrain, les précédents et la fumure sont également décrits avec soin.

Le protocole expérimental est indiqué avec précision : la récolte des parcelles a lieu en deux fois (15 octobre et 10 novembre), 120 betteraves sont prélevées par carré et seront analysées par quatre laboratoires à Paris,

Cappelle, Bersée et Beauvais (Institut agricole) afin de donner toutes garanties aux analyses chimiques.

Les résultats présentés accompagnent des tableaux très denses et un peu difficiles à analyser. Il en ressort que :

- du point de vue de la densité et du sucre contenu, la qualité de la graine est le facteur principal de la production. Son influence est estimée aux 9/10e du principe sucré contenu. Ce qui reste est associé à l'assolement, à la nature du sol, à la culture et aux apports d'engrais ;
- le superphosphate est sans action du point de vue rendement en poids ;
- l'application de nitrate de soude conduit à une végétation luxuriante [à replacer dans l'époque] ;
- d'une seconde expérimentation de 16 variétés, il ne faut cultiver que des types parfaitement acclimatés, à racine blanche et collet vert ;
- l'interprétation doit être faite avec prudence, compte tenu du nombre de facteurs en jeu ;
- les distances ou espacements entraînent peu de modifications de rendement mais il faut combiner cette donnée à la variété ;
- en cas d'arrachage tardif, la densité et le « principe saccharin » baissent (pluie, basses températures) ;
- chaque partie prenante a intérêt à fournir des betteraves riches en sucre, payées à leur juste valeur. Des simulations de gains sont ajoutées.

Deux développements séparés suivent et traitent de :

- l'épuisement du sol (« Il convient de se rappeler que le sucre n'enlève rien au sol » [!] ;
- densité et eau contenue en les rapprochant des résultats anciens (1857) portant en partie sur des betteraves fourragères puis en évoquant des données bibliographiques.

Cet ensemble fait un peu fourre-tout.

L'article se termine par des « Conseil pratiques » en sept rubriques traitant de préparation du sol, d'amendements et d'engrais, de semis, binage et arrachage, de conservation (silos), et de variétés, avec des références à la législation sucrière et fiscale française. Un ensemble utile qui sera, sans nul doute, la fraction vulgarisée dans les campagnes, et qui ouvre la voie à d'autres travaux.

En 1886, Frère Eugène produit son nouveau rapport aux membres de la Société d'Agriculture de Beauvais qui traite aussi de l'influence des engrais ainsi que de la valeur de l'« engrais Fauvereaux » sans que celui-ci ne soit jamais précisément présenté. Le préambule comprend aussi la climatologie, l'implantation et les conditions expérimentales et revient sur l'influence de la semence (9/10e) sur le sucre fourni. De façon assez surprenante des cultures automnales sont évoquées.

Les essais de 1885 ont porté sur la densité, la quantité de sucre et le quotient de pureté, les conditions culturales, les engrais azotés et potassiques, les distances d'implantation et la comparaison entre variétés allemandes et françaises.

Leurs résultats sont présentés en cinq tableaux avec des analyses faites à Cappelle, Bersée, Paris et Beauvais (Frère Almir). Le dernier établit une synthèse très dense des données fournies par les quatre lieux.

Les principales conclusions sont les suivantes :

- les engrais apportés exercent peu d'influence sur la densité, mais la fumure naturelle est d'un effet supérieur ;
- les superphosphates facilitent la maturation ;
- les variétés allemandes, tant louées, peuvent être avantageusement remplacées par les françaises ;
- les superphosphates améliorent la pureté des jus ;
- le rapprochement des plants permet d'obtenir une meilleure maturation mais non une production supérieure de sucre ;
- la fumure est à répartir entre l'automne et le printemps.

* * *

Vient ensuite une seconde section consacrée à M. Fauvereaux, « propagateur ardent et convaincu » (mais sur qui on ne nous fournit pas de renseignements) d'une méthode double employant un « engrais saccharogénial » et un espacement important entre les plantes, ensemble permettant de multiplier par deux ou trois la production de sucre et le rendement de la céréale qui suit.

Frère Eugène joue ici le rôle d'expert mandaté par la Station et il a visité en fin de végétation le champ expérimental concerné en constatant que le terrain était peu approprié et en notant que la densité plus faible conduit à de plus grosses plantes, ce qui paraît normal. Mais M. Fauvereaux estime que le contenu en sucre va de pair. Ce qui fait écrire au directeur qu'il trouve là une « contradiction flagrante avec les lois de l'économie animale ou végétale ».

Le système présenté repose sur :

- le choix de plantes à fort développement végétatif,
- de grands espaces entre elles (au moins 66 cm),
- l'apport de 13 g d'engrais par betterave (soit 400 hg par ha).

La discussion se fait sur chaque point et M. Fauvereaux souligne qu'il « expérimente en plein soleil », c'est-à-dire en ne dissimulant rien.

Frère Eugène aboutit à l'idée de réaliser de nouvelles expériences et sans doute de trouver un juste milieu par rapport à la pratique allemande de forte densité. Il propose 8 plantes / m² avec des espacements de 40 à 50 cm entre les lignes et de 30 cm sur la ligne.

Finalement, on reste un peu sur sa faim car l'auteur ménage l'adversaire alors que ses apports sont d'une bonne veine agronomique.

* * *

En conclusion, il revient sur les autres travaux de la Station dont ceux sur betteraves qui ont été repris par les principaux journaux de l'Oise, du Nord, du Pas-de-Calais et de la Somme et ont donné lieu à des « distributions du fascicule par centaines dans les différents cantons ».

Les rapports de Charles Gossin et des Frères Antonis, Alfrid et Almir ont, quant à eux, été repris par le Moniteur, le Bulletin, le Journal de l'Oise et l'Eclaireur.

Plus de 1 000 essais furent conduits et les 38 prix et médailles récoltés montrent bien le succès pratique des travaux menés.

* * *

La troisième et dernier article traduit des essais réalisés en trois lieux : Crèvecœur, Noailles et Beauvais, grâce à l'aide des directeurs de sucreries, qui portent sur les critères habituels : le rendement, la densité, le degré de pureté des jus et la production de sucre selon « Une unité de vues, une unité de cultures, une unité de programmes », devise adoptée et suivie par les expérimentateurs.

Trois tableaux synoptiques présentent la climatologie de 1886, les différents engrais utilisés et les récoltes obtenues (avec toutefois des différences de moments selon les sites).

Les conclusions sont les suivantes :

- Tableau 2 : - le nitrate de soude à haute dose (20 g par plante) n'a pas d'effet,
- la croissance et le rendement ont été contrariés par la chaleur,
- les conditions expérimentales ont varié : terre non homogène, betteraves
- récoltées restées à l'air.

- Tableau 3 : - bonne végétation,
- repousse active en fin de saison,
- la diminution de la densité des plantes ne conduit pas à une augmentation de la densité ni de la quantité de sucre produit.

Au final, l'auteur revient sur ses conclusions de l'année précédente en les confirmant et sur le « système Fauvereaux » qui présente de graves inconvénients techniques de mise en œuvre, des risques de mauvaise maturité et des dangers accrus avec les attaques de vers gris.

* * *

Disons-le : l'analyse de ces trois articles qui se suivent est décevante.

Les matériaux sont là, avec de très nombreuses analyses et mesures à partir desquelles, et contrairement à son habitude, Frère Eugène ne tire pas avec rigueur et brio les conclusions que l'on pourrait en attendre. Son analyse des résultats est plutôt floue et il aime à s'égayer. Ce travail pourrait être aujourd'hui conduit !

Pourquoi ne s'est-il pas fait aider par l'un ou l'autre de ses Confrères qui a dû suivre ces essais ? Non, il publie seul, selon son habitude. Peut-être l'a-t-il fait dans l'urgence ? Mais trois fois de suite, ce serait surprenant !

Ce sujet ne devait tout simplement pas être celui qui lui plaisait le plus...

2.4. Notes sur les produits cultivés expérimentalement à l'Institut normal agricole de Beauvais de 1855 à 1860 et Etudes comparées sur les blés (suite)

Cet article fort copieux – 62 pages – est le premier publié par le Frère Eugène-Marie dans une revue scientifique, les Annales de l'INAB.

Il sera suivi d'une autre publication, quatre années plus tard, dans les Annales également, sous le titre « Etudes comparées sur les blés (suite) » et en 46 pages, dont l'analyse sera présentée à la suite de celle-ci.

Eugène introduit ses travaux comme des « ...notes, écrites pour l'instruction des jeunes gens de l'Institut normal agricole ... » puis cite les encouragements reçus pour leur publication de la part du préfet de l'Oise, de conseillers généraux et de différentes personnalités d'influence.

Il n'y est traité que de productions végétales, au nombre de douze et selon des développements d'étendue variable, les principaux étant consacrés aux blés (20 pages), aux pommes de terre et aux betteraves.

On a donc affaire ici aux résultats de nombreux essais, expérimentations, et analyses conduits pendant six années (pas pour toutes les espèces) à Beauvais. L'étendue et la masse des résultats présentés sont impressionnantes mais en phase avec ce qui se passait à cette époque au sein de structures comparables, chez des « sélectionneurs » au premier rang desquels figurent les Vilmorin avec qui Frère Eugène est déjà en relation de travail et d'échanges, ou sur des domaines gérés par des agronomes éclairés, des présidents de sociétés d'agriculture...

Leur présentation utilise systématiquement le « je » et il n'est nulle part fait mention de collaborateurs même si l'on sait par ailleurs qu'ils étaient nombreux. Eugène affirme ainsi qu'il est le « patron » et montre ainsi déjà la puissance de ses raisonnements et la finesse de ses analyses.

Blés

La partie qui leur est consacrée est divisée en trois rubriques après quelques considérations générales : monographie et rendement des « variétés » sans barbes puis barbues, tableaux synoptiques des rendements puis commentaires, résultats d'analyses diverses.

L'objectif est de comparer les rendements et la disposition à verser. A partir de 220 « espèces » cultivées en 1855, quarante ont été conservées l'année suivante, puis 32 et enfin, 26. Une mise en garde suit cependant le rendement « considérable » obtenu sur les parcelles de un are chacune ainsi ensemencées, dû aux soins apportés et à l'espacement nécessité entre les parcelles : « D'ailleurs, dans l'étude d'une collection aussi considérable que celle-ci, je devais moins chercher le rendement en lui-même, que les moyens d'apprécier les variétés les plus propres à être cultivées avec succès ». Sage mise en garde qui en précède une autre sur la synonymie : mieux vaut garder dans un premier temps que de supprimer des variétés d'avenir.

Suit le protocole expérimental avec date et dose du semis en ligne. La disposition à la verse est indiquée par la vigueur notée de « très » à « assez ». Les « espèces » sont des populations utilisées localement ou non et Frère Eugène remercie des donateurs tels que le Chamberlan de la reine d'Espagne, les commissaires des Etats sardes, des Etats-Unis… ! rencontrés à l'occasion de l'Exposition universelle de 1855. Il disposait ainsi d'un large spectre de ce qui était alors cultivé.

La partie « Monographie et rendement » traite successivement de quinze « espèces » non barbues parmi lesquelles le blé bleu ou de Noé, le blé de Pologne (à 4 côtes) et le blé zélandais, et onze barbues dont le blé Hérisson, et plusieurs blés poulard.

Chaque monographie s'étend sur une vingtaine de lignes très documentées : synonymie, description botanique, tallement [tallage], précocité, rendements en grain et en paille, production de farine selon les qualités, rapport de la paille au grain, teneurs en eau et en gluten, avec éventuellement des références à des résultats obtenus ailleurs s'il en existe, et le réseau des Enseignants, des Relations et des Anciens élèves est mis à contribution.

Suivent deux tableaux « synoptique[s] et comparatif[s] du rendement des blés » reprenant tous les renseignements fournis précédemment mais en facilitant la lecture et l'appréhension. Ces tableaux se terminent par sept « classements » en fonction des critères retenus et présentés plus haut.

Suit une discussion baptisée « Remarques » sur ces résultats. Comme il le fera toujours plus tard, Frère Eugène confronte ses propres données à des résultats et observations obtenus ailleurs. Il essaie d'y voir clair lorsque ce qu'il attendait n'est pas obtenu, par exemple quand il constate que les blés barbus ont beaucoup moins produit que ceux qui sont dépourvus de barbes.

On passe sans transition à l'indication de la composition des terres ayant servi à ces expériences et quelle n'est pas notre surprise en constatant que les blés des deux types ont été cultivés sur des sols significativement différents ! Quand ? Chaque année ? Pourquoi un tel biais ?

Cette partie de l'article s'achève par deux tableaux rapportant des expériences – effectuées ailleurs – sur l'eau contenue dans le pain et concernant la relation entre des farines extraites de blé de différents poids à l'hectolitre et leur production correspondante de pain ... Les résultats apparaissent logiques (plus de pain pour des poids élevés) mais de peu de rapport avec tout ce qui précède. Une introduction à ce qui suivra en 1864 ?

Maïs

Les expérimentations ont été conduites sur la même période que celle des blés. Vingt-six « espèces » ont été cultivées à Beauvais parmi lesquelles dix « nous paraissent susceptibles de réussir sous le climat de Paris ». On y trouve des populations de pays mais aussi des provenances des Etats sardes qui ont mieux réussi que des envois provenant d'Amérique du Nord ou de la Péninsule ibérique.

Frère Eugène rapporte que les semis ayant été faits tardivement – début juin –, il a fallu hâter la germination par une immersion des graines, pendant 24 heures, soit dans une dissolution alcoolique d'iode, soit dans de l'alcool à 36° mélangé à un égal volume d'eau : les résultats sont probants avec une durée de levée moindre qu'après un trempage dans de l'eau seule et un écart supérieur encore pour des semences sèches.

D'autres variétés que celles expérimentées sont également citées qui proviennent des « savantes expérimentations de M. Vilmorin » et pourraient être jointes à celles conseillées.

Suit une « Description et rendement » des vingt-six « espèces », diversement détaillée et portant sur les caractères des plantes obtenues, leur précocité et leurs usages conseillés.

Un tableau synoptique des « 12 principales variétés » reprend en 9 colonnes les résultats présentés depuis le nombre de rangées de l'épi jusqu'au « rendement maximum à l'hectare en supposant tous les épis de première grandeur ».

Cet article relatif au maïs manque un peu de rigueur. S'agit-il de moyennes sur la période considérée ? Ou de celles de 1858 comme une phrase le laisse entendre ?

Disons que cette plante n'est pas une priorité pour le Frère Eugène, et on le comprend compte tenu de la région, au moins à son époque.

Sorghos

Sont rapportés des résultats d'essais réalisés en 1855 suite à l'envoi de graines de sorgho sucré par le baron de Tocqueville et M. Vilmorin, entre autres.

Frère Eugène souligne la grande difficulté pour les plantes obtenues d'arriver à maturité mais aussi leur intérêt comme fourrage avec une récolte fin juillet ou début août.

Une digression est faite sur le caractère épuisant de cette plante, comparable sur ce plan au maïs, puis quelques conseils sont donnés relatifs à la lenteur de la végétation à son début, à la nécessaire suppression des tiges secondaires et à l'intérêt de cette culture associée à celle de la vesce.

Pommes de terre

Figurent ici des expérimentations de 1859 avec des renvois à ce qui s'est passé et a été observé entre 1855 et 1858. Soixante variétés ont fait l'objet de mesures de poids, de densité, de teneurs en eau et en fécule et de substances sèches ainsi que d'une appréciation de leur goût quand elles sont « cuites sous la cendre ». Chacune est décrite ensuite par une courte monographie. A noter que sept d'entre elles sont sous numéro et indiquées comme appartenant à « l'ancienne collection », sans plus de précision. Comment avait-elle été constituée et d'où provenait-elle ?

Au cours de sa présentation, l'auteur insiste – déjà – sur l'importance du choix des semences et aussi sur l'intérêt des variétés tardives face à « la maladie » (le mildiou), « lorsqu'on les place dans les conditions favorables de réussite ».

Le développement ici sera volontairement limité et l'on pourra se reporter au chapitre consacré à cette Solanacée qui débute par l'analyse de ce premier rapport.

Betteraves

Les observations des années 1857 à 1859 sont indiquées et s'appliquent à dix-sept variétés qui apparaissent curieusement fort mélangées : fourragères, surtout, sucrières et sans doute potagères. Ces essais portent avant tout sur le rendement et l'on note en préalable une phrase surprenante ici (et pourquoi ?) de notre Auteur « Il ne nous appartenait pas de modifier ce qu'a fait la nature, notre rôle consistant à décrire ce que nous avons vu et non ce que l'imagination enfante dans le silence du cabinet ».

Suivent des références d'analyses faites au Conservatoire des arts et métiers et à Grignon, leurs résultats ne s'éloignant pas sensiblement de ceux obtenus à Beauvais sur les mêmes origines.

Le développement débute par une monographie de chacune des variétés étudiées, suffisamment précise pour que l'on se fasse aisément une image des racines, et c'est important pour des betteraves, en l'absence de figures.

Comme pour chaque plante étudiée, la composition du sol qui les a supportées est fournie qui précède un tableau synoptique dont le titre indique les cultures de 1856 à 1858. On peut penser qu'il s'agit de moyennes et que les « Observations » datées d'une année de plus correspondent aux réflexions faites à partir de résultats d'analyses et d'interprétations des différents éléments à disposition.

Ce tableau indique le nombre de pieds, les poids des produits (racines et feuilles), les densités et les teneurs en eau et en substances sèches.

On est surpris du manque de conclusions... si ce n'est une phrase, en introduction, qui indique les variétés les plus productives.

Carottes

Les résultats présentés correspondent à douze variétés, la plupart à vocation fourragère mais dont au moins deux utilisées pour l'alimentation humaine. C'est surprenant. Il est indiqué que « le produit de la collection » dépasse 23 t/ha (en mélange donc) mais que des résultats obtenus « en terrains marécageux défrichés depuis trois ans » atteignent près de 38 t / ha et plus de 18 de feuilles... là où ne poussaient avant que des Carex, des Polygonum et des Phragmites.

Une monographie décrit taille et couleur des racines et de la chair et donne quelques informations sur des usages ou des lieux de culture.

Comme pour d'autres plantes, un tableau rapporte les résultats obtenus de 1856 à 1859 en matière de rendement, de rapport feuilles/racines, de teneur en eau et en substances sèches et de densité.

Le Rédacteur note les variétés ayant le mieux réussi et fait observer que la densité est « généralement en raison inverse de la quantité d'eau » et que le produit obtenu en terre de marais contient moins de substances sèches, ainsi que l'on pouvait *a priori* s'y attendre.

Navets

On sait l'importance qu'a eue cette plante dans le cadre de la dernière révolution agricole. Ici sont indiqués les résultats de cultures en 1857 à partir de la « Collection de M. Vilmorin » qui comprenait à Beauvais vingt-trois variétés dont une de turnep, trois de rutabaga et une de chou-rave.

La partie monographique décrit la forme et la taille des racines, l'aspect du collet, la précocité et indique quelques autres caractères. Le tableau ne contient que le produit obtenu (de 5 t/ha pour Chivas orange, précoce à plus de 76 t pour le chou-rave), sans analyses donc.

On peut penser que ce travail entre dans la collaboration entre le Frère Eugène et M. de Vilmorin, mais qu'il n'a pas été jugé prioritaire de l'approfondir.

Seigles, orges et avoines

Ces trois céréales ont été cultivées en 1856 et 1857 (pourquoi y a-t-il eu arrêt ?) à raison de cinq variétés de seigle, quatorze d'orge et vingt d'avoine. Les résultats sont présentés sous forme de courtes monographies.

Pour les seigles, il présente des descriptions des parties végétatives, de la taille et de l'aspect du grain et des rendements allant de 17,5 à 26 hl/ha. La variété « de Rome » est indiquée comme cultivée en grand à l'Institut.

Les orges, dont plusieurs escourgeons, sont présentés de façon voisine mais les rendements sont exprimés en litres pour 2 m². De bien petites parcelles expérimentales pour des céréales à paille. Beaucoup de produits se situent autour de un litre.

Les vingt variétés d'avoine, dont trois « n'ont pas réussi » font l'objet d'une description comparable avec des rendements nettement différents allant de 0,5 L à 2,5 L pour 2 m².

Haricots

Soixante-deux variétés de tous types sont présentées après indication d'expérimentations effectuées sur les cinq années. Leur description est soignée, avec indications de synonymie et de rendement sur 1 m². Et il s'agit de moyennes avec un fort contingent autour de 1 L.

Aucune préconisation n'est apportée. A chacun de faire ses choix en fonction de ses préoccupations (variétés naines, à rames, mangetout, filets…).

Courges

Douze variétés sont décrites et présentées, notamment quant à leur conservation et aux habitudes de consommation (« …figure souvent sur les étalages à Paris », par exemple).

En introduction, Frère Eugène indique cinq variétés dont une de jardin qui méritent d'être cultivées en grand pour la nourriture du bétail, les autres pouvant être « essayées » au potager.

* * *

La lecture de ce copieux mémoire permet de souligner plusieurs éléments :

- Frère Eugène donne des résultats très nombreux, obtenus sur une longue période et portant sur de nombreuses espèces ;
- compte tenu de l'exiguïté du petit domaine de Saint-Lucien, on est surpris de l'ampleur des expérimentations, ce qui signifie aussi de très petites parcelles pour certaines, avec une interprétation forcément

difficile. Et il faudra attendre 1868 pour disposer des vastes terrains de la Ferme du Bois ;

- il y a eu durant ces années d'intense activité – déjà ! et il deviendra Sous-directeur en 1859 – une volonté d'expérimenter sur beaucoup (trop ?) d'espèces afin de répondre aux demandes et sollicitations ;
- la lecture de ce Rapport montre clairement ce qui sera privilégié ensuite : blés, pommes de terre et betteraves, sans pour autant négliger d'autres sujets par goût ou par nécessité, mais en restant « raisonnable ».

En tout cas, la lecture de ce premier mémoire laisse admiratif devant la tâche réalisée, la rigueur dans la présentation des résultats et le soucis de confrontation à ce qui a été obtenu ailleurs. Aussi ne peut-on que regretter la faible mise en valeur des espèces « secondaires », arrêtée à des descriptions de variétés sans que des conséquences d'intérêt soient nettement tirées.

Cette première entrée en scène scientifique est une réussite !

* * *

Etudes comparées sur les blés (suite)

Ce long mémoire du Frère Eugène, qui comprend 46 pages, a paru dans la livraison des Annales de l'Institut pour 1864. Il est divisé en dix sections non annoncées et d'inégale ampleur. Le mot « suite » qui figure en sous-titre ne peut que renvoyer à la « Note sur les produits » de 1860-1861 dans laquelle les blés occupent déjà une place importante. Son titre semble annoncer la présentation de résultats expérimentaux : ils s'y trouvent mais insérés parmi beaucoup d'autres rubriques dans un ensemble formant ce que l'on pourrait appeler une monographie.

Soulignons aussi que cet aboutissement de lourds travaux a été conduit dans une période très chargée pour son Auteur puisqu'il a, dès 1863, dirigé de fait l'Institut avant d'en prendre les rênes officiellement le 6 août de l'année suivante.

La première partie est une introduction générale à l'importance des céréales et en premier lieu du blé. On y trouve au préalable une description des principales productions en fonction de la latitude où on les cultive avec indication des limites et des difficultés rencontrées. En Europe, le blé est le principal aliment de l'homme et « De son abondance ou de sa rareté dépendent, non seulement le bien-être, mais aussi l'indépendance des peuples ». Une phrase jadis et toujours d'actualité (!) à laquelle est ajoutée en conclusion la nécessité du perfectionnement de sa culture car toute bonne politique doit viser à nourrir et à éduquer afin de « développe[r] l'intelligence et le cœur ».

Vient ensuite un « Historique et habitat ».

Dans le premier, de nombreuses références sont citées dont certaines apparaissent aujourd'hui comme farfelues : il en va ainsi des mélanges, dans un même épi, de blé et d'avoine, de blé et d'ivraie, ou de tiges coupées en vert dont les repousses produisent du seigle ou encore de semis d'orge ne produisant que de l'avoine…

Frère Eugène indique d'ailleurs qu'« On en a fait justice [de ces hypothèses] quand on les a citées ».

Plus sérieusement nous sont présentées des citations anciennes d'Homère, de Cicéron et de César indiquant l'importance du blé dans leurs nations respectives, sans oublier, bien sûr, le froment trouvé dans les momies égyptiennes d'il y a trois mille ans, la distinction entre *Triticum sativum* et *T. spelta* (épeautre) et bien auparavant, la « métamorphose de l'*Aegilops triticoïdes* en blé ».

La conclusion de ce développement pose les interrogations du moment : « D'où vient-il ? Comment a-t-il été apporté d'un pays à un autre ? A quelle époque remonte son emploi ? ». Curieusement, il est indiqué que ces questions sont insolubles et qu'elles relèvent de « considérations d'un ordre plus élevé » pour terminer sur Dieu qui « a dû nécessairement lui [à l'homme] donner les moyens de subvenir à tous ses besoins, et que parmi les plantes destinées à le nourrir, il lui a donné, dès les premiers jours de la création, le froment », en ajoutant que « De là vient que les plus anciens monuments historiques nous montrent le blé et ses produits servant partout à l'alimentation de l'homme ».

Un historique soigneusement documenté et qui s'achève par l'affirmation des convictions profondes du Frère des écoles chrétiennes… même s'il est un chercheur ! Une position à l'époque devenue aujourd'hui marginale.

Le blé est ensuite présenté comme un végétal des zones tempérées (du 25e au 60e degré de latitude) : « Il commence à naître où les étés s'adoucissent et cesse de croître où les hivers deviennent trop durs ».

Suivent des indications sur « les principales contrées à froment » en Asie et en Afrique. Concernant les pays méditerranéens, il constate que ceux-ci produisent moins que du temps des Romains « … à cause de la barbarie qui désole actuellement ces contrées. » et poursuit, mais sans être aussi net, sur les bienfaits à ce titre de la colonisation. Parmi les pays européens, la France est l'un des plus favorisés « … sur le rapport du produit de cette céréale. Elle a les blés tendres dans ses sillons du nord et les blés durs dans ceux du midi ». Il signale enfin les immenses possibilités des Etats-Unis et les zones australes favorables à cette céréale.

Pour terminer, Frère Eugène insiste sur la rusticité et la plasticité du blé en notant que la latitude de culture a une influence sur le « poids relatif » et il cite des résultats d'expérience – sans mentionner sources et lieux précis – sur sept variétés cultivées dans le nord et le midi : les poids de 100 grains sont toujours nettement supérieurs au septentrion, mais, notant que les poids spécifiques sont supérieurs avec les blés du midi, il renvoie à plus loin en indiquant que « … nous serons amenés ultérieurement à concilier ces deux oppositions apparentes ».

On passe ensuite à la troisième section intitulée « Prélèvement sur le sol des diverses variétés de la collection ». Il s'agit d'un ensemble important de 14 pages avec apport d'une multitude de résultats.

En introduction, Eugène disserte sur les prélèvements effectués par les cultures, de la théorie des assolements et de celle de l'épuisement des sols, puis aboutit à la nécessité de savoir ce qu'apporte chaque variété pour en tirer des conséquences en matière de coûts et de choix avant mise en culture.

On commence par des expériences et analyses faites sur la collection de 1862 dans le but de mesurer la quantité d'azote prélevée par le grain. Les variétés, au nombre de 26 dont 11 barbues, ont été cultivées dans les mêmes conditions.

Les résultats présentés indiquent la teneur en eau, les pourcentages d'azote après séchage à 100°C ou naturellement, le poids récolté à l'hectare après séchage naturel, l'azote prélevé sur un hectare par le grain et enfin le classement « d'après les facultés épuisantes de la récolte de grain ».

Les écarts obtenus entre les variétés sont très importants, les résultats allant de plus de 74 kg pour le blé de Noé à près de 27 kg pour le blé de Taganrock, mais ce classement n'est pas pondéré par les rendements obtenus qui vont respectivement, dans cet exemple, de 3 650 kg à 1 457 kg ! La discussion laisse le lecteur sur sa faim car elle est légère et passe ensuite à des calculs intégrant d'autres données avec celles relatives à la paille.

Frère Eugène indique ensuite les résultats de Nadault de Buffon et de Gasparin relatifs aux éléments d'une récolte de blé sans préciser s'il s'agit d'une seule variété, d'une moyenne entre plusieurs ni indiquer le moment : une année, une moyenne… Ces données sont comparables même si les rubriques relatives à la paille ne sont pas les mêmes : par rapport aux poids récoltés, le grain représente autour d'un quart, les balles de 4 à 6% et les pailles et chaumes environ 70%.

Et comme la teneur en azote des différentes fractions n'est pas la même, des analyses ont été faites à l'Institut, en 1864, qui portent sur quatre variétés parmi celles suivies en 1862 : Zélandais et Ensengland, sans barbes et Géant d'El[l]y et Locar de pays, barbues. Les teneurs en azote sont indiquées pour trois parties de la paille (inférieure, moyenne et supérieure) – sans précision de hauteur ou de fraction –, les épis vides, les feuilles, les balles, la paille entière et le grain séché à 100°C ou naturellement.

Fort peu de conclusions sont tirées si ce n'est la richesse en azote supérieure de la partie haute de la paille. Là aussi, on reste sur sa faim alors que la matière est bien présente. D'autant plus que l'auteur relativise ses résultats en fonction des lieux et des autres conditions expérimentales…

Suivent plusieurs données relatives à la proportion paille / grain obtenues par certains auteurs et, mais tardivement, celles de la collection de 26 variétés finement analysées : la moyenne pour les 15 variétés sans barbes est de 100/43 et pour les 11 barbues de 100/40, à rapprocher des résultats de Thuër (100/50), de Boussingault (100/44) ou encore de Block (100/50). Rien n'est indiqué sur la (les) variété(s) concernée(s) et les conditions des expérimentations de ces autres auteurs.

Un copieux complément est ensuite présenté qui porte sur les mêmes 26 variétés « de la collection de 1862-63 », mais pour ce qui est de l'azote absorbé par la paille : teneur en eau, teneur en azote à 100° et après séchage naturel, poids de la récolte, azote prélevé par hectare et total des prélèvements par le grain et la paille.

Une nouvelle fois, les résultats (pour la paille) qui vont de plus de 12 kg à près de 30 kg, ne sont pas pondérés par le rendement. C'est surprenant. Le classement associé au total grain plus paille, qui subit donc le même travers, fait apparaître en première position le blé de Noé avec 96,69 kg et en dernière Aubaine blanche avec 45,931 kg soit un rapport supérieur à 1 à 2, ce qui n'est pas étonnant vu notre réserve.

Frère Eugène passe ensuite à un autre sujet, celui des cendres issues de l'incinération et de leur composition. Pour ce faire, il nous fournit un document synoptique impressionnant portant sur les substances minérales prélevées « sur un hectare » pour les mêmes 26 variétés.

Pour chacune et avec les rubriques grain et paille, sont fournis le rendement, la quantité de cendres puis celles de potasse, de soude, de chaux, de magnésie, de silice et de chlorure de potassium (pour le grain), soit un total de 572 données élémentaires. Un classement est fourni « d'après leurs facultés épuisantes en substances minérales » qui s'appuie sur le total des cendres minérales du grain et de la paille, avec la même réserve que précédemment ! Les totaux vont d'un peu plus de 250 kg (blé Miracle) à 602 kg (blé Zélandais).

En fin de rubrique, un classement est établi en fonction des prélèvements en acide phosphorique qui vont du simple au double (blé Miracle / blé Zélandais). Là aussi, la conclusion est la même : « l'intérêt de l'agriculture serait de multiplier les blés peu riches » en cet élément, s'ils étaient aussi productifs avec les autres. C'est l'inverse du point de vue de la consommation (?).

Là aussi, peu de conclusions sont tirées de cette masse de résultats. Pourquoi ? En revanche, plusieurs références des chimistes célèbres du moment comme Sprengel, Berthier, Saussures et Boussingault sont apportées, compliquant la réflexion car elles ne sont pas vraiment comparables entre elles.

Retenons une phrase importante présentée comme synthèse des travaux de ces chimistes : « La plus grande partie de matériaux minéraux se trouvent là où l'assimilation est la plus active, ou, en d'autres termes, là où les plantes rencontrent les éléments les plus convenables à la nutrition ». Elle aura beaucoup de suites…

Cette partie de l'article, dense et très riche en apports, surprend : notre Auteur a voulu énormément apporter en s'appuyant sur toutes les analyses possibles à partir des expérimentations qu'il avait décidées et conduites. D'où des données particulièrement nombreuses. Ce qui surprend c'est qu'il n'en tire que peu de conclusions et qu'il se contente de citer des résultats d'autres auteurs sans guère aller plus loin. A-t-il été précipité pour écrire ? Voire un peu dépassé à ce moment par la quantité des résultats ?

La section IV de l'étude compare sommairement les « facultés épuisantes du blé comparées à celles de l'orge et de l'avoine ». Frère Eugène y réfute une idée reçue : celle des exigences supérieures du blé. Il y cite des auteurs qui apportent des preuves expérimentales allant dans son sens.

Sous le titre « Nature du sol » nous sont présentées les « terres à blé », de texture assez ferme et d'une profondeur suffisante, et celles qui ne le sont pas. Il s'agit d'une dissertation sur ce qui convient le mieux et ce qui ne convient pas, mais avec réserves et contre-exemples.

Ce développement constitue une bonne introduction au point VI intitulé « Choix des variétés d'après la nature du sol ».

Après avoir cité différentes expériences dont celles menées à l'Institut sur des terrains silico-calcaires, suit une liste de variétés « qui réussissent le mieux sur des terres qui diffèrent de composition » : sols à texture ferme (« terres fortes »), sols moyens, siliceux ou silico-calcaires, sols doux [!] et à végétation luxuriante après défrichement, et enfin sols pauvres ou terres à seigle. Certaines sont explicitement conseillées pour le Midi.

Ces préconisations sont suivies d'une phrase encore d'actualité et de grande sagesse : « Plusieurs années sont nécessaires pour décider d'une question où le rendement, la quantité des produits et les hivers rigoureux doivent être pris en sérieuse considération ».

Sous le titre « Dégénérescence », un développement est présenté sur le nécessaire renouvellement des semences. Très judicieusement, Eugène attribue leur dégradation à des défauts de soins pendant la végétation, une récolte en mauvaises conditions, « des accidents ou des maladies, une fermentation insolite, etc. ».

Il traite ici des soins à apporter à la production des semences et indique quelques références en cette matière : ainsi par lui-même à l'Institut agricole pour le blé et la pomme de terre, en citant Virgile au livre I des Géorgiques ou en faisant appel à Mathieu de Dombasle(s), « ce patriarche de la science agricole… ».

Sa conclusion est simple : le choix sérieusement effectué des meilleurs épis garantit le succès. Une loi fondamentale de la sélection il y a 10 000 ans comme aujourd'hui !

Le chapitre VIII rapporte des « Essais sur les engrais » qui commencent par quelques préconisations de guano, de nitrate de soude et de tourteaux afin de venir à bout du jaunissement des jeunes plants. Sont indiquées ensuite les doses à utiliser et les raisons de ne pas trop en apporter.

Viennent ensuite les résultats d'un important essai ayant porté sur le blé de Noé pendant trois années consécutives (1861 à 1863) en utilisant 29 engrais différents dont certains peu identifiables comme la « poudrette de Montfaucon », la « Colombine » ou le « sel de morue », et d'autres bien connus comme la corne, le nitrate de soude ou différents fumiers. Rien ne nous est dit sur les périodes d'application. Les doses sont partiellement présentées et surprenantes. Les résultats sont exprimés en « poids de grain pendant ces trois années » et « poids de la paille », qui précèdent un classement. Cinq apports sont exclus des résultats, leur analyse n'ayant pu être effectuée (il s'agissait de fumiers).

Il ressort des résultats présentés que les engrais les meilleurs sont les plus riches en azote et en acide phosphorique « surtout lorsqu'ils sont facilement décomposables » et que la plupart des engrais artificiels doivent être faiblement enterrés et non déposés en surface.

Notons que le meilleur résultat est obtenu avec le nitrate d'ammoniaque qui entraîne pour la production de grain une hausse de 64%.

Une autre conclusion est tirée d'une expérience rapportée par Gasparin dans son « Cours d'Agriculture » : les variétés les plus riches en azote donnent une plus forte proportion de gluten.

La rubrique se termine par de judicieuses considérations sur la solubilité des apports et la libération des éléments en fonction des besoins : elle montre aussi, par des allusions à des travaux menés en Angleterre, que ce sujet est tout à fait d'actualité et que les travaux conduits à Beauvais sont pris en bonne considération.

L'avant-dernier chapitre a pour titre « Produit du blé ». Il est particulièrement développé avec 19 pages et comporte deux sections : l'une porte sur les surfaces emblavées et les rendements, l'autre est relative à la composition du grain, la farine, le gluten, le son et le pain.

Frère Eugène fait d'abord appel à nombre de références relatives aux rendements obtenus en France et dans plusieurs contrées européennes ainsi qu'en Amérique. Il insiste sur la nécessaire non-prise en compte de résultats très élevés ou très bas dus à des conditions exceptionnelles de soins ou de sols puis dresse un tableau des ensemencements et des produits en France sur des tranches moyennes de 4 à 6 ans entre 1820 et 1857 : les surfaces ont été accrues sensiblement (de 35% en 38 ans) de même que les rendements passés de 11,21 hl en 1820/25 à 13,77 pour 1854/1857 et ce, de façon à peu près linéaire. Mais c'est insuffisant pour les besoins qui obligent à des importations (déficit moyen sur la période de 842 000 hl). Notre Auteur n'est pas surpris de la situation compte tenu de « … la triste préparation donnée à la terre sur beaucoup de points du territoire… ». Afin d'améliorer la situation, il insiste sur deux facteurs clés ; le choix des variétés et la nature du terrain, et présente à nouveau les résultats déjà publiés en 1860-1961 sur les 26 variétés parmi les 300 de la collection qui se sont révélées intéressantes à la fois par leur rendement et leur peu de disposition à verser. Aucun commentaire nouveau n'est apporté ici.

La seconde section de ce long chapitre a donc trait au produit lui-même et à ses dérivés, en commençant par la composition du grain entre eau, amidon, albumine, sucre, gluten, gomme, fibrine végétale, huile et substances salines. Des exemples fournis par Fressenius et surtout Péligot sont apportés, les seconds ayant l'avantage de faire ressortir les différences – importantes – associées aux variétés.

Pour ce qui est de la farine – plutôt des farines –, Frère Eugène apporte également de nombreuses références, en matière de rendement, de couleur et de composition selon les origines, ainsi que de falsifications dont les plus courantes font appel à la fécule de pomme de terre ou à la farine de seigle ou de quelques autres espèces comme les féveroles et les haricots. Il indique enfin quelques moyens pour les mettre en évidence.

De façon similaire, une synthèse des connaissances du moment est présentée sur le gluten en citant les travaux de Dumas, Vauquelin et Péligot entre autres. Un apport personnel est ajouté avec les teneurs élevées en gluten de la collection de l'Institut : 8,6 pour les barbus et 11,3 pour les non barbus. Il est insisté sur la valeur relative de tous les résultats compte tenu de la facilité de rétention d'eau par le gluten.

On en vient au son, « nom générique de [...] l'écorce du blé séparée par le bluttage de la farine ». Des analyses de sa composition sont en premier lieu présentées avec mention de la richesse en phosphates, des cendres obtenues après combustion, puis son intérêt est souligné en alimentation des animaux en tant que complément obligé des pommes de terre notamment, riches en amidon et pauvres en gluten. Il constitue une nourriture excellente pour les porcs et les volailles. Puis différentes comparaisons et analyses intéressantes dans le moment sont fournies ainsi que d'autres usages, par exemple en rembourrage des caissons ou pour préparer, en décoction, des lavements adoucissants et laxatifs... Disons que le sujet est abondamment traité mais sans apports originaux.

Ce chapitre se termine par un développement sur le pain qui commence par une proposition, faite en 1860, de M. Mège-Mouries au Concours universel de Paris, soutenue par l'Académie des Sciences. Il s'agit de n'enlever que la partie grossière de la substance corticale et d'obtenir ainsi un rendement en farine de 82% au lieu des 70 à 74% par les procédés ordinaires. Le pain fourni est moins blanc mais Frère Eugène s'en réjouit en citant des propos émis par lui cette même année. « Le pain blanc et la farine blanche font la disette... Le pain de luxe peut être insipide... c'est là du raffinement... ».

Puis il présente, sans les commenter, des résultats d'analyses qu'il a obtenus à partir de 21 variétés de la collection de 1862 en matière d'eau absorbée par la farine, de teneur en eau du pain et de poids de pain issu de cent kilos de farine qui varie peu, étant compris entre 129,4 et 141,1, même si l'eau absorbée présente de fortes différences, ainsi que les pertes au four. Des résultats qui auraient gagné à être analysés et discutés afin de les valoriser *via* cette publication.

L'ultime chapitre présente l'état de la végétation des 26 variétés de blé cultivées à l'Institut en 1862, sous forme de données phénologiques relatives aux feuilles, tiges et épis. Son intérêt est limité car associé à une seule année et sans que les conditions d'alors soient mentionnées.

* * *

On a donc affaire, avec ce volumineux article, à deux types d'éléments :

- des résultats d'analyses, très précis et très nombreux, qui portent sur des sujets jugés prioritaires par l'Auteur et ce à juste titre ;
- des synthèses bibliographiques sur d'autres qu'il n'a pas voulu mais sans doute surtout pu traiter lui-même.

C'est pour cela que l'on évoquait en début une forme de « Monographie ». Mais à trop vouloir en faire, Frère Eugène n'a pas suffisamment analysé les conséquences de ses propres apports et c'est bien dommage car il y avait vraiment matière à faire.

Il reste cependant un apport considérable qui conduit à se demander comment, avec les moyens limités dont il disposait, il a pu arriver à produire autant de données judicieusement présentées et s'inscrivant dans la continuité de sa pensée agronomique et scientifique ?

Ce sera toutefois son dernier article important sur le blé en raison de choix qu'il a dû assumer compte tenu de ses nouvelles fonctions et de son orientation marquée vers la pomme de terre, mais pas seulement.

2.5. Etudes sur la germination des semences

Cet article, au titre bien général, est le second du Frère Eugène publié aux Annales de l'Institut dans sa livraison de 1862. Il présente plusieurs particularités : la première est mentionnée dans un avertissement liminaire qui indique un « Travail fait à l'Institut normal agricole de Beauvais, par le Frère Eugène-Marie, au sujet d'une contestation grave qui s'était élevée entre un cultivateur de l'Oise et un marchand de graines de betteraves ». Il s'agit donc de la réponse à une demande d'expertise faite par un relativement jeune professeur de l'Institut ayant acquis une bonne notoriété mais peu publié. Ensuite, le développement présenté constitue un modèle du genre par son plan, les références auxquelles il est fait appel et le style du texte à la limite du « cassant », son auteur paraissant certain de son fait.

En début d'introduction, Eugène insiste sur la nécessité d'expérimentations rigoureuses face aux idées préconçues, aux hypothèses hasardées et aux réflexions philosophiques...

Remarquons qu'il traite de « graines » de betterave, une fois d'akènes mais pas de glomérules bien que signalant les germinations multiples.

Le cœur de l'introduction comprend une description de la graine et de l'évolution embryonnaire qui distingue les parties accessoires comprenant l'épisperme ou enveloppes séminales ou « peau » et l'albumen ou périsperme, tissu cellulaire rempli de fécule amylacée qui change d'état au moment de la germination, et les parties essentielles, c'est-à-dire l'embryon comprenant la radicule, la plumule (jeune tige) et les cotylédons – premières feuilles visibles – souvent charnus, ensemble cellulaire vascularisé. Frère Eugène cite plusieurs références dont une sur l'allongement de la radicule avant celui de la plantule.

Suit un premier chapitre relatif à la germination, « série de phénomènes que présente une graine pour opérer le développement de l'embryon qu'elle renferme » et qui constitue « le premier acte de la vitalité des plantes ».

Le phénomène nécessite des causes dépendantes de la graine, comme la maturité, le caractère complet de l'embryon et l'âge (maximum de 5 à 6 ans pour la betterave, de 60 ans pour le blé) et l'intervention d'agents extérieurs ou « causes immédiates » que sont l'eau, la chaleur et l'air. De nombreux exemples sont cités avant de présenter la « physiologie » de la germination avec le gonflement, le ramollissement et le développement de l'embryon, puis l'action d'une diastase sur l'amidon pour le transformer en dextrine, et finalement en glucose. L'auteur cite les chercheurs en pointe du moment comme Dumas, Payen et Boussingault et montre qu'il est au fait des découvertes les plus récentes.

Sa conclusion indique que les « bonnes graines » doivent être mûres, bien récoltées, lourdes et non ridées. On est surpris de l'absence de figures à ces niveaux.

On passe ensuite à la question des trois tonnes de graines produites en 1860, achetées par M. B... – sans doute de la région de Compiègne – à M. X..., et qui n'ont pas germé.

Le développement, conséquent, comprend deux parties : les causes externes à la charge de l'acheteur et les internes à celle du vendeur.

Parmi les premières, il y a les conditions climatiques. Frère Eugène les présente de façon très détaillée pour 1860 et 1861 (avril et mai) à partir des éléments fournis par les Stations de Lille et de Paris. On peut d'ailleurs légitimement penser que l'idée d'implanter des appareils de mesures à Beauvais a pu naître à cette occasion. Toujours est-il que ce sera bientôt le cas...

Or, l'année 1860 a été très favorable à la germination et au développement des plantules et la suivante encore meilleure !

Il en conclut qu'« Il ne peut y avoir là qu'un vice caché dans la graine », en insistant aussi sur le fait que les graines de betterave sont « très rustique[s] », d'autant que l'expertise a montré que les terres ensemencées avaient été bien préparées. Le vendeur a certes reconnu qu'une partie des graines était de 1859 mais indiqué que ses essais en pots avaient montré une germination active.

La question du semis est ensuite traitée : trop ou pas assez de semences, profondeur excessive ou insuffisante, terre mal préparée, dépôt de graines irrégulier.

Frère Eugène reconnaît que M. B... sème trop dru (13 à 15 kg au lieu de 5 à 6) mais qu'on aurait alors dû observer une compensation... puis se livre à des simulations intégrant le nombre de plantules provenant de chaque akène.

Pour finir, il se dit « intimement persuadé que le défaut vient de causes externes » qui peuvent être nombreuses : maturité imparfaite, récolte en mauvaises conditions, fécondation défectueuse ou époque de germination dépassée.

Afin d'éclairer ces pistes, il apporte des éléments de réflexion pour chacune. Pour ce qui est de la maturité, Frère Eugène rapporte des résultats obtenus en 1860 sur maïs « et autres féculents » : des opérations de séchage par calorifère ont dégradé les graines avec des enveloppes peu chargées, des parties farineuses vides et des embryons en mauvais état. Ces résultats sont-ils extrapolables aux graines de betterave ? Il le pense.

D'autant que les conditions de récolte ont été mauvaises cette année-là avec des pluies torrentielles d'août à octobre (un tableau synoptique fournit des éléments très détaillés). Le vendeur aurait-il été négligent ? Y a-t-il eu des phénomènes de coulure et d'avortement du fruit ? Enfin, qu'en était-il réellement de l'âge des semences fournies ? Et d'éventuels mélanges ?

Frère Eugène rapporte ensuite les résultats d'expériences qu'il a menées afin d'y voir plus clair sur ces points.

Sans nommer la variété en cause, il compare le poids de 1 000 graines de l'échantillon dont il dispose (19 g en moyenne) à ceux des autres variétés : le résultat est sans appel, ces dernières affichant entre 21 et 31,15 g. Il s'agit donc de graines bien légères, sans doute mal produites et récoltées.

Enfin, il réalise un test de germination sous serre chaude et obtient des levées très aléatoires avec plusieurs échantillons (de 6 à 31%) et la comparaison avec celle de cinq autres variétés va dans le même sens (de 24 à 183% – cf. glomérule – contre 6).

La conclusion est d'une remarquable netteté : « Il est donc évident que le défaut de germination ne peut provenir que de la mauvaise qualité des graines de M. X... »

Suivent, sous forme d'anaphore, treize « Parce que.... » reprenant les résultats présentés dans le développement, et aboutissant à un treizième point : « Enfin, parce que l'ensemble des faits précités est la démonstration palpable de la mauvaise qualité des graines de M.X. ».

* * *

Que voilà un article par lequel Frère Eugène affirme sa maîtrise de la démonstration et de l'écriture ! Plan et texte sont des modèles de rigueur avec apport d'arguments, appel à la bibliographie et à des expérimentations puis conclusions d'une grande netteté. Le tout sous une forme très concise pour l'époque.

On ignore s'il avait été commis en tant qu'expert par les parties, ou l'une d'elles, et si cela s'inscrivait dans une action en justice, peu probable en raison du calendrier : semis au printemps 1861, parution aux Annales de 1862. On ne sait pas non plus ce qu'il advint de cette affaire en matière de réactions du vendeur et de suites, à l'amiable ou judiciaires…

* * *

2.6. Engrais artificiels

Leur influence pendant trois années consécutives

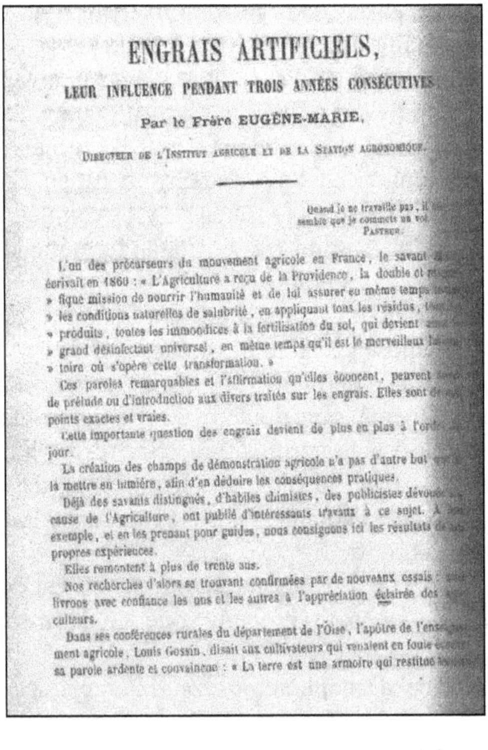

ENGRAIS ARTIFICIELS,

LEUR INFLUENCE PENDANT TROIS ANNÉES CONSÉCUTIVES

Par le Frère EUGÈNE-MARIE,

DIRECTEUR DE L'INSTITUT AGRICOLE ET DE LA STATION AGRONOMIQUE.

Quand je ne travaille pas, il [illegible]
semble que je commets un vol.
PASTEUR.

L'un des précurseurs du mouvement agricole en France, le savant [illegible]
écrivait en 1860 : « L'Agriculture a reçu de la Providence, la double et [illegible]
» fique mission de nourrir l'humanité et de lui assurer en même temps [illegible]
» les conditions naturelles de salubrité, en appliquant tous les résidus, [illegible]
» produits, toutes les immondices à la fertilisation du sol, qui devient [illegible]
» grand désinfectant universel, en même temps qu'il est le merveilleux [illegible]
» toire où s'opère cette transformation. »

Ces paroles remarquables et l'affirmation qu'elles énoncent, peuvent [illegible]
de prélude ou d'introduction aux divers traités sur les engrais. Elles sont [illegible]
points exactes et vraies.

Cette importante question des engrais devient de plus en plus à l'ord[illegible]
jour.

La création des champs de démonstration agricole n'a pas d'autre but [illegible]
la mettre en lumière, afin d'en déduire les conséquences pratiques.

Déjà des savants distingués, d'habiles chimistes, des publicistes dévoués [illegible]
cause de l'Agriculture, ont publié d'intéressants travaux à ce sujet. A [illegible]
exemple, et en les prenant pour guides, nous consignons ici les résultats [illegible]
propres expériences.

Elles remontent à plus de trente ans.

Nos recherches d'alors se trouvant confirmées par de nouveaux essais [illegible]
livrons avec confiance les uns et les autres à l'appréciation éclairée des [illegible]
culteurs.

Dans ses conférences rurales du département de l'Oise, l'apôtre de l'ens[illegible]
ment agricole, Louis Gossin, disait aux cultivateurs qui venaient en foule [illegible]
sa parole ardente et convaincue : « La terre est une armoire qui restitue [illegible]

Cet article, publié dans les Annales de 1887 (29e livraison), porte en exergue une phrase de Louis Pasteur qui convient parfaitement à l'activité débordante du Frère Eugène : « Quand je ne travaille pas, il me semble que je commets un vol ».

En ce début de XXIe siècle, elle prêterait beaucoup à sourire…

S'y trouvent consignés des essais effectués de 1861 à 1863 sur le rendement du blé de Noé qui « remontent à plus de trente ans » ; en réalité un peu moins.

Deux citations introduisent le sujet, celle de Moll qui écrivait en 1860 : « L'Agriculture a reçu de la Providence, la double et magnifique mission de nourrir l'humanité et de lui assurer en même temps toutes les conditions naturelles de salubrité, en appliquant tous les résidus, tous les produits, toutes les immondices à la fertilisation du sol, qui devient ainsi le grand désinfectant universel, en même temps qu'il est le merveilleux laboratoire où s'opère cette transformation », puis la phrase de Louis Gossin, ancien Professeur : « La terre est une armoire qui restitue tout ce qu'on lui confie, et de plus, elle donne une abondance à celui qui ne lui épargne pas ses sueurs ». Une belle complémentarité !

L'objectif rapporté est de montrer l'intérêt des « engrais artificiels » (par opposition au fumier des étables) « … dont l'effet est momentané, mais énergique et puissant … ». Les expérimentations entreprises alors avaient pour objet de déterminer les actions de l'azote et des phosphates favorisant leur solubilité et donc, leur assimilation, et de rendre compte des déperditions des engrais très solubles.

Notre Auteur évoque les travaux d'alors de Boussingault, Moll et Liebig entre autres, en indiquant le caractère novateur des siens à leur époque.

Puis vient la présentation de l'environnement et des conditions expérimentales. En l'absence alors de la ferme du Bois, les essais ont été implantés sur quatre hectares environ, près de Beauvais, au confluent d'un rû et de la rivière du Thérain, donc dans une dépression ayant reçu beaucoup d'alluvions.

D'après les analyses, il s'agit d'une terre argileuse, riche en carbonate de chaux et en matières organiques.

Toutes les précautions ont été prises « pour rendre les résultats parfaitement comparables ». La première année les engrais ont été appliqués mais la sécheresse observée a conduit à peu de résultats. En 1862, les engrais, enfouis à un fer de bêche, ont été sans effets. En revanche, l'année suivante, avec un travail du sol ramenant les matières fertilisantes en surface, les résultats ont été « excellents ».

On ne nous dit rien sur la taille des parcelles – sans doute des carrés de vingt mètres – ni sur d'éventuelles répétitions, mais comme il y avait 28 traitements, on peut supposer qu'elles étaient au nombre de trois, ce qui conduit à 34 000 m² environ, plus les espacements « … suffisant[s] … pour permettre à l'air de circuler librement dans tous les sens … ».

Les engrais, donc au nombre de 28, sont très divers : poudrette de Montfaucon, tourteau de colza, os en poudre, corne, guano artificiel français de Creil, guano du Pérou, laine, sulfate et chlorhydrate d'ammoniaque, nitrate d'ammoniaque, touraillons d'orge, viande sèche, marc de raisin, guano artificiel français en couverture, phosphate ammoniaco-magnésien, noir animal des raffineries, sel de morue, nitrate de potasse, nitrate de soude, os calcinés, phosphate neutre de soude, phosphate acide de chaux soluble, acide phosphorique et cinq fumiers, plus un témoin sans engrais.

Pour chacun nous est précisée la teneur en azote ou en acide phosphorique (les deux dans le cas du phosphate ammoniaco-magnésien), sauf pour les fumiers, ainsi que le poids utilisé en fonction de ces richesses (au moins à peu près). Et ce point est important.

Suit un assez long développement sur la profondeur d'enfouissement des engrais, leurs déperditions, et … les analyses des eaux des cimetières de Paris ; ce dernier point aurait pu faire l'objet d'une dissertation séparée ! Toutefois, on aboutit, en conséquence, à l'utilité d'isoler à Beauvais le tas de fumier en le tassant au mieux et en le recouvrant de terre afin que « … les gaz formés [soient] absorbés ou retenus par les couches supérieures… ». Ces « réflexions » sont émaillées d'exemples et de citations dont la position ici est plus ou moins justifiée…

Les résultats sont présentés sous forme d'imposants tableaux synoptiques indiquant les sources et les apports, les productions de grain en hectolitres (par année et sur trois ans), le poids spécifique, les productions de paille, les valeurs du grain et de la paille et enfin la « différence en faveur de l'engrais » suivie d'un « classement d'après le rendement » [en grain, mais ce n'est pas mentionné].

Comme souvent à cette époque, on est surpris qu'un tel nombre de données ne soient pas mieux exploitées, ne serait-ce que par des calculs élémentaires.

Par exemple, dans la formule en première position, le nitrate d'ammoniaque dépasse de plus de 64% le rendement du témoin, la viande sèche arrivant ensuite avec 61% et le « guano artificiel français de Creil », en troisième 60%.

Quelles sont les conclusions du Frère Eugène ?

- la supériorité très accentuée des sels à base d'ammoniaque sur ceux associés à la potasse et à la soude. Il en dégage le rôle majeur des engrais azotés ;
- l'action manifeste des phosphates, au moins si leur solubilité est suffisante :
- les résultats « satisfaisants » des touraillons d'orge et de la viande desséchée ;
- les bons effets obtenus avec les fumiers même s'ils ne peuvent être classés en raison de l'absence d'analyses.

Ces conclusions sont parsemées de mentions d'autres travaux, certains anciens émanant des abbayes cisterciennes de Froidmont et de Beauregard, d'autres, actuels, tels ceux pratiqués au moment de l'écriture de l'article par les directeurs de la sucrerie de Crèvecœur-le-Grand, qui indiquent les effets positifs de l'azote nitrique et des phosphates issus des écumes de défécation.

Pour terminer, Frère Eugène insiste sur l'importance de la considération des résultats entre eux plus que de celui obtenu « en lui-même » avec chaque engrais. Il évoque aussi l'intérêt souvent décrié des essais réalisés en pot, avant d'en appeler « aux Sociétés et Comices agricoles, aux Stations agronomiques, aux Ecoles et Instituts … » pour mettre ces résultats à la portée de tous, en utilisant les champs de démonstration, et ainsi de pouvoir améliorer les rendements.

Une pensée qui sera longtemps d'une grande modernité.

Pourquoi a-t-il attendu si longtemps avant de publier ces importants résultats ? On l'ignore. Peut-être à la suite d'articles parus récemment d'auteurs qui traitaient de ce sujet et qu'il lui revenait « d'éclairer » par ses maintenant très anciennes expérimentations.

* * *

2.7. Rapport sur l'ensilage pratiqué au Boulleaume, chez M. le Comte de Chézelles

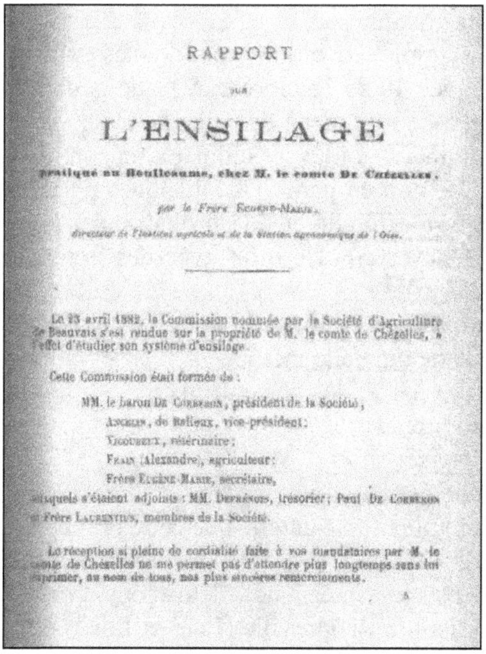

RAPPORT

SUR

L'ENSILAGE

pratiqué au Boulleaume, chez M. le comte De Chézelles.

par le Frère Eugène-Marie,

directeur de l'Institut agricole et de la Station agronomique de l'Oise.

Le 23 avril 1882, la Commission nommée par la Société d'Agriculture de Beauvais s'est rendue sur la propriété de M. le comte de Chézelles, à l'effet d'étudier son système d'ensilage.

Cette Commission était formée de :

MM. le baron De Corberon, président de la Société ;
Anceaux, de Belleux, vice-président ;
Tricotel, vétérinaire ;
Frain (Alexandre), agriculteur ;
Frère Eugène-Marie, secrétaire,

auxquels s'étaient adjoints : MM. Devaux, trésorier ; Paul De Corberon et Frère Laurentius, membres de la Société.

La réception si pleine de cordialité faite à vos mandataires par M. le comte de Chézelles ne me permet pas d'attendre plus longtemps sans lui exprimer, au nom de tous, nos plus sincères remerciements.

5

Cet article de sept pages, paru en 1882 dans la quatorzième livraison des Annales, est un compte rendu de visite faite le 23 avril 1882 par une commission de huit personnes nommée par la Société d'agriculture de

Beauvais, présidée par le baron de Corberon et dans laquelle le Frère Eugène exerçait la fonction de secrétaire.

La propriété du Boulleaume, avec son château, est située sur la commune de Lierville dans le canton de Chaumont-en-Vexin (Oise). Elle a eu des liens forts avec l'Institut agricole par plusieurs de ses membres qui y firent leurs études et par les nombreuses réceptions d'élèves dans le cadre de leurs sorties régulières. Aujourd'hui, elle appartient encore à la même famille.

La visite commence par une « réception si pleine de cordialité » suivie d'un parcours du domaine jugé très bien tenu.

On passe ensuite à l'objet du déplacement : l'ensilage, pratique récente.

La fosse est impressionnante avec entre 60 et 80 m de longueur, 8 m de largeur et 4 de hauteur. Ses accès se font facilement alentour et principalement selon une pente douce. Les parois sont maçonnées avec des pierres recueillies dans des parcelles du domaine. Elle est à ciel ouvert et recouverte de foin après remplissage ; plus tard elle sera coiffée d'un hangar.

Tous les « foins » naturels ou artificiels y sont déversés : trèfle, sainfoin, luzerne, maïs, sarrazin (! avec un z), choux, navette, pois de printemps et feuilles de betteraves. Ces matières sont fortement et soigneusement tassées « pour éviter les fermentations putrides ».

Le comte note la perte en volume mais une assimilation plus rapide du produit ainsi qu'une « augmentation plus grande de graisse et de lait qui est butyreux et de bonne qualité ».

De nombreux exemples de rations sont donnés : ainsi pour les vaches 10 kg de ce fourrage avec 40 de betteraves et 10 de paille d'avoine, et pour les chevaux avec 6 kg, 5 de foin sec, 1 de paille de blé et 5 d'avoine.

La Commission note que tous les animaux rencontrés sont en parfait état, et émet, comme il se doit en pareil cas, quelques réserves sur les angles du silo qui devraient être arrondis et non droits, le sel à apporter et le risque d'avortement, déjà observé à l'Institut avec des porcs, au cas où la ration contiendrait trop d'ensilage.

Le rapport s'achève par l'énumération des avantages d'ordres hygiénique et économique de cette nouvelle méthode de conservation :

- le maintien des parties les plus nutritives,
- la rapidité du travail,
- la sûreté de conservation,
- l'utilisation de nombreuses espèces,
- une nourriture plus substantielle que celle procurée par le foin.

Pour terminer, est présentée une « lettre-témoignage » de Jules Morin, ancien élève, exploitant à Baudreville (Eure-et-Loir, Canton de Janville) qui décrit sa propre expérience en la matière, depuis 1874, avec des betteraves hachées dans les premiers temps, rapidement suivies par l'apport d'un mélange de trèfles, minette, sainfoin… dont les animaux sont friands. Ce courrier s'achève par la présentation des diverses rations sauf pour les chevaux qui « n'ont pas encore goûté au fourrage ensilé ».

Un article très précis et concret sur une pratique nouvelle, fait à partir d'une visite de notables par leurs rangs ou leurs fonctions, rapidement publié et qui sera ensuite relayé jusqu'à atteindre les destinataires finaux.

* * *

Rapport sur la race bovine exposée au concours d'Auneuil (Oise)

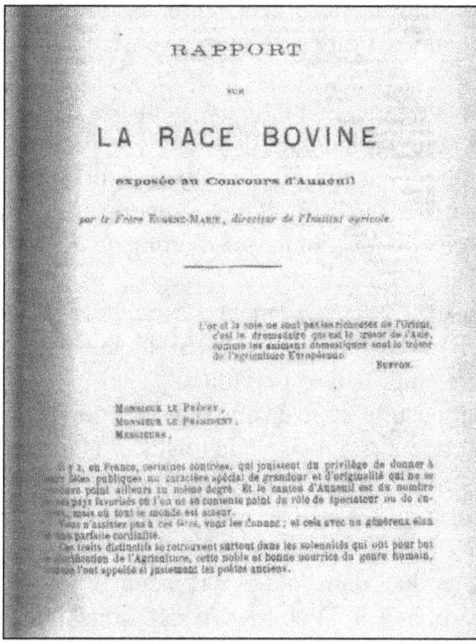

RAPPORT

SUR

LA RACE BOVINE

exposée au Concours d'Auneuil

par le Frère Eugène-Marie, directeur de l'Institut agricole

L'or et la soie ne sont pas les richesses de l'Orient, c'est le dromadaire qui est le trésor de l'Asie, comme les animaux domestiques sont le trésor de l'agriculture Européenne.

Buffon.

Monsieur le Préfet,
Monsieur le Président,
Messieurs,

Il y a, en France, certaines contrées, qui jouissent du privilège de donner à leurs fêtes publiques un caractère spécial de grandeur et d'originalité qui ne se trouve point ailleurs au même degré. Et le canton d'Auneuil est du nombre des pays favorisés où l'on ne se contente point du rôle de spectateur ou de cu-[illegible], mais où tout le monde est acteur.

Vous n'assistez pas à ces fêtes, vous les donnez ; et cela avec un généreux élan et une parfaite cordialité.

Ces traits distinctifs se retrouvent surtout dans les solennités qui ont pour but la glorification de l'Agriculture, cette noble et bonne nourrice du genre humain, comme l'ont appelée si justement les poëtes anciens.

Le Frère Eugène, en qualité de directeur de l'Institut agricole, présente au préfet et au président du concours, un rapport en sept pages avec en exergue une citation prémonitoire du grand Buffon :

« L'or et la soie ne sont pas les richesses de l'Orient, c'est le dromadaire qui est le trésor de l'Asie, comme les animaux domestiques sont le trésor de l'agriculture Européenne ».

Il commence par encenser les présents parmi lesquels « tout le monde est acteur… Vous n'assistez pas à ces fêtes, vous les donnez », puis souligne la richesse des terroirs avec leurs plantureuses prairies et leurs splendides troupeaux.

Avant de passer au corps du sujet puis à la proclamation des récompenses, il présente une sorte de préambule dans lequel il discute du choix préalable des animaux suite à leur observation et à leur état, de celui de la race puis indique une liste des différents signes positifs tels qu'une tête très accentuée, des cornes fines et effilées, des épaules courtes... C'est sur ces bases que les membres du jury ont travaillé.

Dans le canton, la race normande est largement prépondérante avec ce jour 66 des 86 animaux présentés, même s'ils constituent une « population » aux caractères variant selon les conditions d'élevage, les sols...

Le jury a eu à examiner des bovins appartenant à deux races :

– La normande – appelée le plus souvent cotentine – qu'il n'est pas étonnant de trouver ici où « on confine à la Normandie » et qui est représentée par des bœufs gras et des vaches laitières abondantes avec un taux butyreux élevé. La plupart de ces animaux ont une robe bai clair à bai foncé, sillonnée de raies brunes et noires, ensemble constituant le « poil bringé ».

Les différentes catégories – taureaux, génisses, femelles adultes – sont présentées avec les heureux lauréats.

Frère Eugène émet ensuite une réflexion sur l'introduction de sang étranger, notamment de Durham, et ses dangers. Il souligne que le jury a accordé la préférence aux lots composés d'animaux de même race.

– La hollandaise et ses croisements, avec la régularité des formes, la souplesse, le moelleux dans la peau... Si le lait est abondant, riche en caséine, il est pauvre en principes butyreux.

Les lauréats sont ensuite appelés ainsi que les éleveurs qui se sont placés d'eux-mêmes hors concours, un signe de qualité de leurs produits...

En conclusion, Frère Eugène fait l'éloge de la tenue des fermes – on peut un peu en douter par d'autres articles –, du souci dans le choix du bétail et de la volonté de progrès des personnes rencontrées.

La suite est inattendue, dans laquelle il mélange l'amour de la campagne au souci de s'en référer à Dieu : « Ne séparons jamais la Religion de l'Agriculture, l'une couronne l'autre d'une auréole dont l'éclat ne se flétrira jamais »[1], puis il termine par un plaidoyer patriotique « ... que nul obstacle ne vienne entraver sa marche glorieuse et civilisatrice ».

L'ensemble est écrit sous un style emphatique mais on retrouve malgré tout au fil du texte la rigueur de son auteur qui est présent et actif à ce concours, mais en représentation. Frère Eugène est la « vedette régionale », au jugement sûr et recherché que l'on invite en sachant que ses conclusions et son discours seront de qualité.

* * *

[1] Le rapprochement avec la devise de l'Institut « Cruce et aratro » est évident.

2.8. Variétés

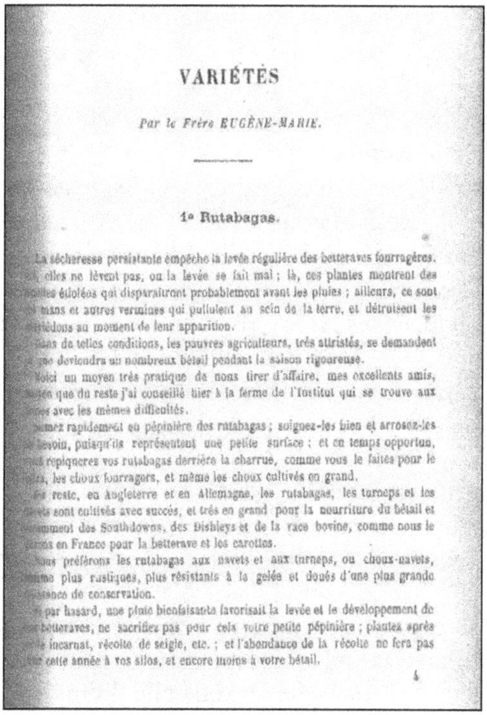

VARIÉTÉS

Par le Frère EUGÈNE-MARIE.

1° Rutabagas.

La sécheresse persistante empêche la levée régulière des betteraves fourragères. ... elles ne lèvent pas, ou la levée se fait mal ; là, ces plantes montrent des ... étiolées qui disparaîtront probablement avant les pluies ; ailleurs, ce sont ... mans et autres vermines qui pullulent au sein de la terre, et détruisent les ... lédons au moment de leur apparition.

... de telles conditions, les pauvres agriculteurs, très attristés, se demandent ... deviendra un nombreux bétail pendant la saison rigoureuse.

Voici un moyen très pratique de nous tirer d'affaire, mes excellents amis, ... que du reste j'ai conseillé hier à la ferme de l'Institut qui se trouve aux ... avec les mêmes difficultés.

...mez rapidement en pépinière des rutabagas ; soignez-les bien et arrosez-les ... besoin, puisqu'ils représentent une petite surface ; et en temps opportun, ... repiquerez vos rutabagas derrière la charrue, comme vous le faites pour le ..., les choux fourragers, et même les choux cultivés en grand.

... reste, en Angleterre et en Allemagne, les rutabagas, les turneps et les ... sont cultivés avec succès, et très en grand pour la nourriture du bétail et ...ment des Southdowns, des Dishleys et de la race bovine, comme nous le ... en France pour la betterave et les carottes.

Nous préférons les rutabagas aux navets et aux turneps, ou choux-navets, ... plus rustiques, plus résistants à la gelée et doués d'une plus grande ...ance de conservation.

... par hasard, une pluie bienfaisante favorisait la levée et le développement de ... betteraves, ne sacrifiez pas pour cela votre petite pépinière ; plantez après ... incarnat, récolte de seigle, etc. ; et l'abondance de la récolte ne fera pas ... cette année à vos silos, et encore moins à votre bétail.

4

Sous ce titre général et vague – signé de son seul nom religieux – on trouve le dernier article de la 25e livraison des Annales, écrit au début de l'été 1893, et surtout l'ultime production écrite du Frère Eugène fournie dans les semaines précédant son décès.

Qu'y trouve-t-on ? Dans un contexte printanier et peut-être hivernal, de grande sécheresse, l'auteur livre deux opportunités : la culture des rutabagas et l'usage des feuilles pour une alimentation économique des animaux.

Dans la première partie, il nous offre une dissertation sur les nombreux avantages des premiers en matière de facilités d'implantation, de culture et de période de végétation. Il les compare avantageusement aux turneps, et surtout aux navets et aux betteraves, et indique leur bonne adaptation aux départements de l'Ouest.

Frère Eugène présente aussi une comparaison avec ce qui se fait en Angleterre et en Allemagne puis indique quatre variétés à haut rendement qu'il a, peut-être, fait expérimenter à la ferme de l'Institut.

On passe ensuite aux ressources foliaires, plus précisément à l'ensemble des feuilles, brindilles et autres plantes ligneuses. Le ministre, M. Viger, s'en est ému le 2 juillet par une circulaire dans laquelle il exhorte ainsi : « Si l'on dispose de feuilles d'arbres et d'arbustes, on devra les employer, sans en laisser rien perdre, soit seules, soit en mélange avec un peu de paille hachée… ». Autre temps !

Qu'en pense le Frère Eugène ?

Les produits doivent être ensilés en vert, comme une récolte d'automne, selon des références qu'il cite. Mais d'abord quels sont les arbres les plus utiles de ce point de vue ? L'acacia, l'orme, le tilleul, le charme, le noisetier, le bouleau, la vigne, le peuplier, le mûrier, l'aubépine… En revanche, l'aune [aulne], le saule – malgré d'autres qualités – et le chêne sont « moins appétés par les animaux ». Il cite une constatation faite à Beauséjour à partir de la pratique de la « femme de basse- cour » durant les vacances qui nourrit les truies et leurs petits avec les brindilles et les feuilles d'ormes des avenues et du parc de ce lieu, sans que les animaux ne présentent de perte d'embonpoint.

Vient ensuite une digression sur l'utilisation des betteraves pendant l'occupation prussienne.

Pourquoi ici ?

Une mise en garde est faite à l'égard des plantes vénéneuses ou nuisibles dont le noyer, le cytise, l'ailante du Japon, le laurier rose et bien sûr, l'if. Est évoqué enfin l'usage des feuilles sèches, destinées pendant l'hiver aux moutons.

L'article s'achève par la citation de travaux récents sur la question et d'autres anciens comme la préconisation par Virgile, dans son livre III, des feuilles de saule pour les jeunes élèves, ou celle d'Olivier de Serres « suivant la provision qui en est faite », et beaucoup plus près, de Mathieu de Dombasle qui place au premier rang des travaux du mois d'août la récolte des feuilles comme fourrages.

Dans sa conclusion, Frère Eugène conseille aux agriculteurs de développer ces emplois en étant attentifs à la composition des rations, et en rendant hommage aux premiers propagateurs de « ce mode d'alimentation à bon marché, à la portée du pauvre comme du riche ».

Ce seront ses derniers mots publiés.

Un article qui surprend par son titre mais qui se trouve bien en phase avec les préoccupations de son auteur : éclairer les autres en s'appuyant sur ses observations et les références disponibles.

Et avant tout être utile !

* * *

2.9. « Gallinoculture »

Au sein des Annales de 1892 et 1893, Frère Eugène propose deux articles intitulés « Gallinoculture ». Sous ce néologisme, il traite de quatre races de poules mais ne s'intéresse pas à d'autres gallinacées telles que la pintade, le dindon, le faisan, la perdrix voire la bartavelle... pourquoi pas ?

Ces deux papiers surprennent quant à leur thématique. Certes notre Directeur est un enragé d'activité qui s'intéresse à beaucoup de sujets mais... c'est pourquoi il semble utile de les replacer dans leur contexte temporel : Frère Eugène a mené « Beauvais » très loin, comme il le souhaitait sans doute, sa variété de pomme de terre, commercialisée huit ans plus tôt, rencontre beaucoup de succès, il est couvert de respect et de haute estime, et sans doute un peu las. Il a beaucoup apporté et donné de sa personne et l'on peut raisonnablement penser qu'il cherche maintenant à se faire de temps à autre plaisir. C'est pourquoi on ose l'imaginer, lui l'habitué des nuits courtes, dans sa chambre à la lumière du modeste éclairage de sa bougie, en train de compulser ouvrages et articles ainsi que relisant son carnet d'observations.

C'est du moins le parti que l'on prendra ici en ce qui concerne ces divertissements intellectuels qui commencent par une citation. Retenons la première due à ... x :

GALLINOCULTURE

PAR

le Frère **EUGÈNE-MARIE,**

Directeur de l'Institut Agricole et de la Station agronomique de l'Oise.

Enfin, la poule au pot sera bientôt mise ;
On doit du moins le présumer,
Car depuis deux cents ans qu'on nous l'avait promise,
On n'a cessé de la plumer.

C'est le Directeur des deux structures qui publie mais sans présenter le but de sa démarche qui envisage successivement les races de Gournay, de Crèvecœur, de Houdan et de La Flèche. L'ensemble comprend 12 pages et une planche non légendée en noir et blanc puis 13 pages selon un plan comparable mais avec de légères variantes.

- synonymie,
- historique,
- description et caractères physiques,
- qualités et caractères moraux,
- qualités,
- défauts,
- choix des reproducteurs,
- variétés,
- résumé monographique.

Aucune source n'est citée et dès lors, il n'est pas aisé de connaître la fraction qui ressort d'observations personnelles – peut-être la totalité – d'autant qu'il s'agit de races du voisinage ou à distance compatible avec une étude, et que le rédacteur utilise de temps à autre le « je ». Disons qu'on nous livre des monographies substantielles présentées sous le style de la conversation ou plutôt de la « causerie » appuyée par endroits sur quelques expériences conduites sur place.

Son style est, comme toujours mais particulièrement ici, un régal et l'on sent qu'il laisse sa libre inspiration conduire sa plume.

Jugeons-en par quelques extraits :

- relatives à la Gournay « Volontiers nous dirons que le coq Gournay a l'air d'un hidalgo, fier de sa noblesse et de l'antique renommée de sa race. Comme l'Andalou, c'est un grand d'Espagne qui reste couvert devant le roi, et porte le feutre galonné et le panache aussi vaillamment que l'épée » (!) ou encore « Le Gournay a l'humeur hautaine et une belle prestance. Mais s'il est fier, sa compagne est humble ; s'il est beau, elle est jolie ; s'il est imposant, elle est élégante... ». Ce qui n'empêche pas des précisions expérimentales. « A l'Institut agricole cette espèce s'est montrée jusqu'ici d'une ponte plus hâtive que la race de Mantes et a donné des œufs pesant en moyenne de 68 à 72 grammes. Il n'est pas rare d'en trouver qui dépassent 90 grammes » ;

- pour la Crèvecœur, il juxtapose aux sept villes qui se sont disputé l'honneur d'avoir donné le jour à Homère, les deux localités françaises qui « tiennent à l'honneur d'avoir vu naître la race des poules dites de Crèvecœur » [celles du Calvados et de l'Oise]. S'appuyant sur ses cinquante années d'expérience, il opte avec fermeté pour la seconde ;
- fidèle à son penchant pour la discussion scientifique, il cite des auteurs ayant œuvré sur la race de Houdan et les contredit le cas échéant quand il n'est pas d'accord avec leurs observations ;[1]
- il fait de même avec la race de La Flèche après l'avoir d'abord encensée en insistant sur sa renommée vieille « de 5 à 600 ans », en s'appuyant sur des citations d'auteurs qu'il respecte – « l'habile éleveur... » – ou d'autres qu'il critique « ... c'est une erreur grave... », et en insistant sur ce que l'on nommerait aujourd'hui le patrimoine à conserver et à valoriser.

Bref, ici comme ailleurs, Frère Eugène rejette la médiocrité, utilise à fond les références existantes, discute et livre ses apports.

Ces deux articles sont très denses, riches et concrets. Ils paraissent avoir été écrits sous un double souci de plaisir intellectuel et de vulgarisation des connaissances qu'ils contiennent.

* * *

[1] On le trouve également enthousiaste et avec lyrisme : « Quoi de plus agréable qu'un troupeau de Houdans purs, au plumage papillote toujours brillant, avec des huppes relevées, et de belles crêtes ? ».

2.10. Organisation des champs de démonstration
[Considérations générales et démonstrations de 1886-1887]

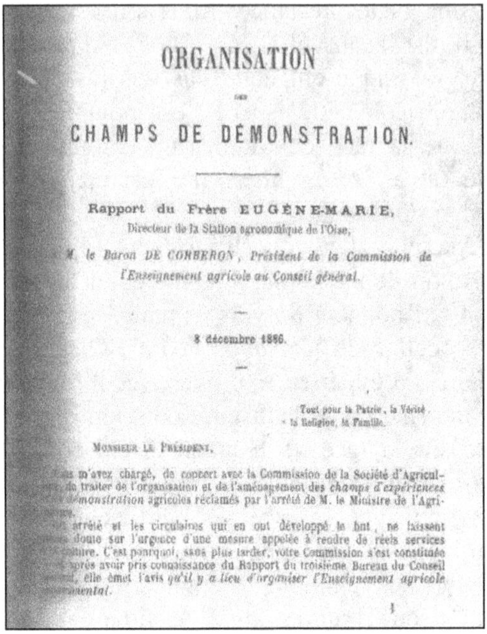

ORGANISATION

DES

CHAMPS DE DÉMONSTRATION.

Rapport du Frère EUGÈNE-MARIE,
Directeur de la Station agronomique de l'Oise,

M. le Baron DE CORBERON, Président de la Commission de l'Enseignement agricole au Conseil général.

8 décembre 1886.

Tout pour la Patrie, la Vérité
la Religion, la Famille.

MONSIEUR LE PRÉSIDENT,

[illegible] m'avez chargé, de concert avec la Commission de la Société d'Agricul- [illegible] de traiter de l'organisation et de l'aménagement des *champs d'expériences* [illegible] *démonstration* agricoles réclamés par l'arrêté de M. le Ministre de l'Agri- [illegible]

[illegible] arrêté et les circulaires qui en ont développé le but, ne laissent [illegible] doute sur l'urgence d'une mesure appelée à rendre de réels services [illegible] culture. C'est pourquoi, sans plus tarder, votre Commission s'est constituée [illegible] après avoir pris connaissance du Rapport du troisième Bureau du Conseil [illegible], elle émet l'avis *qu'il y a lieu d'organiser l'Enseignement agricole* [illegible]*mental*.

1

On trouve, en 1887, le premier d'une série de six articles du Frère Eugène, parus aux Annales jusqu'en 1893 et qui portent ensuite les sous-titres de 2e, 3e … Rapport avec quelques modifications dans l'intitulé. Il faudrait en ajouter un septième, publié en 1888 sous la plume du Frère Almi[y]r, professeur de Chimie analytique à l'Institut, et portant sur l'influence des engrais sur des prairies naturelles situées à Beauséjour.

Ce premier rapport, signé du Directeur de la Station agronomique, est à destination du Baron de Corberon, Président de la Commission de l'enseignement agricole (« 3e commission ») au sein du Conseil général de l'Oise. Il est daté du 8 décembre 1886.

Le texte est divisé en deux parties :

- des considérations générales sur les buts et les moyens ;
- une indication précise des « démonstrations » mises en place à Beauvais sur l'année agricole en cours.

Disons-le de suite : la première section est tout à fait remarquable par sa profondeur de vues, sa rigueur et sa relative concision. Elle mérite que l'on s'y arrête quelque peu.

Pourquoi cette mise en place de « champs de démonstration » ? Un arrêté du ministre de l'Agriculture l'a exigée dans un but d'augmentation des productions par l'exemple de bonnes pratiques et l'usage des meilleures variétés. Aussi le Baron a-t-il chargé le Frère Eugène, de conserve avec les Sociétés d'Agriculture du département, de fournir des propositions, d'autant que des circulaires ministérielles ont été produites et qu'il y a urgence à agir.

Une commission de neuf personnes a été constituée à cet effet, comprenant le Frère Eugène et Charles Gossin. Par l'exposé du premier, elle fournit un avis sur l'« ...organisation de l'enseignement agricole expérimental » qu'il faudra implanter en différents points du département, si possible au sein de chaque canton.

Il est d'abord donné lecture d'un rapport de Charles Gossin qui précise que les plans et la direction devront être uniques mais qu'il faudra tenir compte de spécificités locales évidentes, par exemple en matière de productions principales.

Neuf points sont indiqués qui étonnent par leur modernité – et soixante ans avant que de telles démonstrations reviennent au goût du jour –, leur précision et leur ambition raisonnable.

Citons-en les éléments essentiels :

- les objectifs majeurs seront les choix des variétés et des engrais ;
- chaque parcelle concernée ne devra pas dépasser 50 ares ;
- les plantes utilisées seront le blé, l'avoine, l'orge, le seigle, la betterave à sucre et la pomme de terre (liste suivie de « etc. ») ;
- les semences et les engrais seront fournis par les Sociétés d'Agriculture et les produits appartiendront aux propriétaires des terrains utilisés, à l'exception de ce qui sera nécessaire comme échantillons et spécimens pour les collections et musées ;
- la localisation devra être bien choisie, en bordure d'une voie pratique d'accès et des pancartes, installées en lisière, fourniront les indications nécessaires. L'implantation correspondra à des parcelles d'agriculteurs expérimentés ;
- le public agricole sera convoqué sur place où il entendra des conférences, relayées ensuite au sein des Communes ;
- les résultats obtenus seront consignés dans des rapports annuels mis à disposition des cultivateurs puis paraîtront dans les Annales de la SAO ;
- il faudra veiller à obtenir rapidement résultats et conclusions et ce, « sous les auspices et avec le patronage du Conseil général » ;
- pour cette première année, on se limitera à quatre implantations : à Beauvais, Chaumont, Noailles et Grandvilliers.

Puis, notre Auteur livre une dissertation de haute qualité sur la distinction qu'il y a lieu d'opérer entre champs de démonstration et champs d'expérience.

Les premiers sont là pour étudier pratiquement, sous les yeux des cultivateurs « sans faire étalage d'une science hors de propos », les plantes économiques, les bons procédés, les engrais et amendements, les systèmes les meilleurs en fonction des localités et des circonstances. Il s'agit de « livre(s) ouvert(s) où tout le monde peut lire, parce qu'il(s) présent(ent) des faits acquis, constatés et définis ».

En revanche les seconds, menés par les Stations agronomiques, les Ecoles ou les Instituts agricoles, étudient les questions non résolues ou dont les résultats demandent confirmation. C'est un recours aux essais et aux tâtonnements. « On peut [y] brasser des hypothèses » (Pasteur) ou « Etudier les vues de l'esprit » (Dumas) et « Faire le tirage du bon grain de l'ivraie », un ensemble soustrait aux profanes par défaut d'instruction.

Les champs de démonstration doivent bien montrer le bénéfice à tirer de telle ou telle pratique et « ... sans luxe ni agrément ... en soulignant les faits acquis et sanctionnés par la science ou l'observation ».

Bien différents sont les champs d'expérience, en petit nombre car exigeant beaucoup de préparations et de moyens, qui sont le « flambeau qui guide et éclaire le champ de démonstration ».

Frère Eugène rapporte ensuite deux devises : « le progrès avec science » pour les champs d'essais et « la pratique avec prudence » pour ceux de démonstration. De belles formules !

Puis il évoque les précautions à prendre en matière d'homogénéité des témoins concernés, des analyses chimiques nécessaires et du bon choix des échantillons, avant que de traiter des « engrais analyseurs » proposés par Boussingault, Lawes et Gilbert, et qui indiquent l'(les) élément(s) qui fait (font) défaut et bloque(nt) l'assimilation des autres.

Il rappelle que chaque principe fertilisant doit être dissous et que les formes utiles sont les sels ammoniacaux et les nitrates pour l'azote, les sels solubles pour l'acide phosphorique et la potasse, et le carbonate ou le sulfate pour la chaux.

Après avoir indiqué que chaque variété [au sens espèce] a une préférence pour une (des) substance(s) dominante(s), par exemple l'azote et les phosphates pour le blé, les phosphates et la potasse pour la pomme de terre, il insiste sur les enseignements à tirer des carrés ne recevant pas un des éléments et produisant des mauvais résultats. Il en tire une « loi économique générale » ainsi libellée : « Une terre est fertilisée par l'apport des engrais qui lui font défaut, ou qui ne se rencontrent pas dans le sol en assez forte proportion, ou bien qui ne s'offrent pas dans les conditions d'assimilation suffisantes ».

Sa conclusion est cependant en retenue : il nous faut « traiter la terre en bon père de famille et ne pas abuser de ses tendresses à notre égard ».

* * *

Ces écrits, remarquables par leur sobriété, leur précision et leurs formules font la part entre vulgarisation / développement et recherche.

En cette fin du XIXe siècle, ils étaient d'une étonnante modernité et sont tout à fait encore d'actualité aujourd'hui. Ils s'appliquaient alors aux deux grandes préoccupations du moment : le choix variétal et les engrais à utiliser.

* * *

L'article traite ensuite des démonstrations menées cette première année et donc récemment implantées à Beauvais (ailleurs ?).

Les buts annoncés sont les études :

- de l'influence des engrais chimiques,
- de la nécessité des mélanges, par exemple les superphosphates « modérateurs » du nitrate de soude, du chlorure de potassium et des sels ammoniacaux,
- des effets de l'absence de l'un des quatre éléments principaux « analyseurs du sol »,
- du rôle du guano qui fouette la végétation, à rapprocher des effets d'autres apports,
- dans l'avenir, il faudra faire des comparaisons avec le fumier, seul ou complété par des engrais.

Le protocole expérimental est présenté avec 17 traitements dont deux témoins sans engrais (il est insisté sur leur nécessité). Les apports d'éléments sont faits soit isolés soit en mélange et pour le nitrate de soude (200 kg), à l'automne ou au printemps. Les carrés mesurent 100 m², ce qui paraît suffisant (« Il faut savoir ici se contenir » compte tenu de la charge à venir des mesures, des résultats et des analyses).

Les semis ont été faits en ligne ou au semoir à la volée. La levée est régulière et la végétation satisfaisante.

Curieusement la variété de blé utilisée n'est pas mentionnée dans cette présentation mais on nous informe d'un renouvellement de ces études par deux fois et sur deux années consécutives.

Il y aura montée en puissance conformément aux souhaits du ministre : ainsi, après ces essais d'engrais seront expérimentées l'année suivante un certain nombre de variétés de blé parmi les plus renommées, puis en 1888-1889 d'autres espèces désignées par le Comité ou demandées par les Sociétés d'Agriculture . Un riche programme !

Frère Eugène revient sur l'autonomie des Sociétés en souhaitant une bonne entente afin que « l'unité règne dans la variété ». Il donne ensuite le calendrier des opérations qui suivront les résultats : ceux-ci, déposés à la Station agronomique, seront d'abord examinés puis publiés par les journaux du département, les bulletins des Sociétés et enfin les Annales.

Il faudra préalablement élaborer un questionnaire identique portant sur les résultats : rendement en grain, en paille, poids de l'hectolitre et qualité du grain, ce qui impliquera des réunions d'échange sur cette question.

En conclusion, le Baron de Corberon est remercié pour son soutien à « la cause de notre grand art national » par le Frère Eugène-Marie « ... très humble et tout dévoué serviteur ».

* * *

Champs de démonstration de l'arrondissement de Beauvais

Ce second rapport du Directeur de la Station agronomique de l'Oise, daté du 26 janvier 1888, indique les résultats des expériences exécutées pendant l'année 1886-1887. Quatre lieux avaient été retenus dans l'arrondissement : Beauvais, Chaumont, Noailles et Grandvilliers.

Pour des raisons de maladie de l'agriculteur concerné, rien n'a pu être fait dans le quatrième lieu et on ne nous dit mot, en commençant tout au moins, sur Chaumont et Noailles. Pourquoi ?

Les essais de Beauvais ont eu lieu à la Ferme du Bois près de la route de Crèvecœur. Le précédent cultural, sur défriche ancienne de bois, était la pomme de terre « Institut de Beauvais » en partie, et la variété de blé utilisée, non citée un an plus tôt, est « un blé de pays, fort estimé de la meunerie. Ce doit être une variété de blé d'Ecosse ». On est un peu surpris de l'imprécision quant au matériel végétal utilisé alors qu'un grand soin est apporté à la présentation des autres éléments du protocole. La parcelle, siliceuse et caillouteuse, a montré quelque hétérogénéité au printemps suivant. Les conditions climatiques d'avril à juillet n'ont pas été très favorables : températures basses au début, grande sécheresse les deux derniers mois.

Un tableau synoptique fournit les rendements en grain et paille ainsi que les différences respectives au témoin (un seul est mentionné avec 20 q/ha de grain et 55 de paille).

En matière de grain, les 17 traitements conduisent à une augmentation, parfois faible comme avec les engrais complets sans acide phosphorique, ou sans azote ou encore sans potasse. Le meilleur résultat (plus 36%) est obtenu suite à l'application d'un mélange de chlorure de potassium, de superphosphate, de sulfate d'ammoniaque et de plâtre et le second (32%) avec les deux premiers seulement.

Pour la paille, on note des hausses appréciables : 24% avec le nitrate de soude apporté au printemps, 23% quand il s'agit de l'automne ou avec un mélange de chlorure de potassium, nitrate de soude et superphosphate mais au prix de verse dans tous les cas.

Frère Eugène en tire cinq conclusions :

- le chlorure de potassium additionné de superphosphate ou combiné avec le sulfate d'ammoniaque donnent le plus haut rendement en grain ;

- le nitrate de soude entraîne une verse, réduisant le grain mais maximisant la paille ;
- le superphosphate seul favorise le grain mais pas la paille ;
- les phosphates de Pernes et de Beauvais donnent des résultats allant dans le même sens ;
- les « engrais analyseurs » permettent de constater la présence, dans ce sol d'ancienne défriche, de phosphates peu assimilables.

Après être revenu un peu sur les conditions médiocres du printemps et l'hétérogénéité certaine du terrain, l'Auteur établit la comptabilité des résultats de chaque parcelle en rapprochant le gain de rendement du coût des engrais, exprimés en francs. Avec le grain il y a, en conséquence, toujours gain, maximal pour des apports de chlorure de potassium ou ceux du même et de superphosphate.

Ces calculs, issus d'un champ de démonstration, étaient prévus : ils sont utiles car ils relativisent l'excédent net associé aux seules matières.

Il n'est pas tenu compte de la paille ni de « ... la partie non absorbée [des engrais] ou emmagasinée dans le sol, au profit des récoltes subséquentes ».

Ces résultats sont ensuite confrontés à ceux obtenus par d'autres et à certaines opinions en s'inscrivant bien dans les connaissances du moment, par exemple sur l'assimilation de la forme nitrique de l'azote : « La dispersion rapide du nitrate explique sa prompte assimilation ».

D'une longue discussion suivent des réserves sur l'emploi du sulfate d'ammoniaque avec lequel il faut tenir compte de nombreux facteurs édaphiques, puis un développement sur les cendres avec cette conclusion : « La plus grande partie des matériaux minéraux se trouvent là où l'assimilation est la plus active, [...] où les plantes rencontrent les éléments les plus convenables à la nutrition ». D'où l'évocation des feuilles qui contiennent plus de substances minérales que les branches et ces dernières plus que le tronc.

A ce propos sont indiquées des analyses de grain et de paille de quatre variétés de blé cultivées à l'Institut agricole en 1860 – et communiquées en moyenne – : il y a de fortes différences auxquelles on s'attendait, avec de la paille riche en silice et des grains contenant beaucoup d'acide phosphorique, exporté à la récolte. A nouveau, il s'agit de résultats non publiés à leur époque d'obtention...

Suit un travail considérable d'analyses (plus de 300) qui n'avait pas été annoncé mais introduit par l'échange qui précède ; il s'agit du dosage de « substances minérales » : potasse, soude, chaux, magnésie, silice, acide phosphorique, acide sulfurique, peroxyde de fer et chlorure de potassium dans le grain et la paille des 17 traitements de démonstration. Les quantités totales de cendres sont indiquées de même que les moyennes d'ensemble et pour les deux produits (ce qui a une signification limitée).

Frère Eugène se livre ensuite à beaucoup de calculs sur les prélèvements à partir de ces résultats mais en se limitant trop aux détails. Il veut simplement montrer qu'il faut restituer au sol les éléments empruntés et revient ensuite sur les prélèvements d'azote à partir de l'essai de 1862 sur les 26 espèces [variétés] de blé qui se chiffrent en moyenne à un peu plus de 2 kg pour 100 kg de grain et de 400 g pour la paille. Il indique les prélèvements d'azote effectués dans le sol à partir de ces moyennes.

Au passage, il n'est pas tendre – et il le consigne – avec le Frère Almi[y]r, professeur de Chimie analytique qui a dû avoir un rôle essentiel – et obscur – dans toutes ces analyses : « Nous recevons un peu tardivement les analyses suivantes dues au Frère Almir... ». Comme toujours avec ce Directeur, l'intendance doit suivre...

Le tableau des essais incriminés indique l'azote renfermé dans le grain et la paille des 17 traitements avec des moyennes respectives de 2,16 et 0,56 et des écarts importants, surtout pour la paille, compte tenu des engrais apportés.

En dernière partie, on en arrive, contrairement à ce que l'on pouvait penser par absence d'annonce, au champ de démonstration de Chaumont-en-Vexin, précisément au Boulleaume chez un notable, le vicomte de Chézelles, lauréat de la Prime d'honneur.

La terre y est argileuse et le semis, tardif, a été fait en mauvaises conditions. Les précédents culturaux sont un trèfle violet, un blé puis des betteraves.

Les résultats sont consignés dans un tableau synoptique analogue à celui des essais de l'Institut, avec des témoins à 24 q contre 20. Frère Eugène vante d'ailleurs « ... une terre habilement améliorée » qui expliquerait en partie les effets négatifs de cinq traitements sur la production de grain et de quatre sur celle de paille. Une action très positive se détache avec l'engrais complet Joulie sans azote (30% de grain en plus). Cette situation conduit le Rédacteur à attribuer des « anomalies » à « une année exceptionnellement chaude et sèche, qui a nui à l'absorption régulière des principes assimilables ».

Ces données sont discutées analytiquement, ce qui n'est jamais très simple quand il y a divergence avec ce qui a précédé pour Beauvais.

* * *

En conclusion, Frère Eugène en convient en rappelant que les buts annoncés un an plus tôt ont été atteints et que les questions posées par les résultats obtenus devraient permettre d'accroître les rendements par la vulgarisation des semences de bonnes variétés, l'emploi des engrais chimiques en supplément du fumier et de bonnes pratiques associées à des assolements bien raisonnés.

Et il termine sa présentation en relativisant les écarts dus à un grand nombre de facteurs puis en souhaitant l'extension des champs à d'autres cantons (rien n'est dit sur l'absence de l'implantation de Noailles), et l'union des démarches de la Société d'Agriculture de Beauvais à celle des Agriculteurs de France qui est « l'âme » du mouvement en faveur de l'agriculture.

« Peut-être serons-nous amenés avec le temps à formuler des lois, à généraliser des principes qui imprimeront à l'Agriculture un nouvel essor, lui assurant de plus abondantes récoltes et plus de profit ».

* * *

Champs de démonstration et champs d'essais de l'Institut agricole de Beauvais (4e rapport)

Ce nouveau Rapport, indiqué comme étant le quatrième car tenant compte d'un troisième dû au Frère Almir, est toujours adressé au Baron de Corberon, en date du 18 janvier 1889.

Contrairement à une partie de son titre, cette relation des essais de 1887-1888 envisage d'abord un survol de ce qui a été obtenu certes à l'Institut mais aussi à Grandvilliers, au Boulleaume, à Bresles (canton de Nivillers), au Mont-Saint-Symphorien et enfin à Frocourt en matière de variétés de blé.

Frère Eugène rapporte ce qui a été constaté en chaque lieu et aussi ce qu'il a vu ; mais la synthèse est rapide et les variétés de blé pas toujours les mêmes dans les différents lieux d'implantation des champs de démonstration. On ne peut donc pas en tirer grand-chose même si les descriptions mentionnées sont précises et traduisent ce qui a été observé au moment de la visite. Après cette sorte de préambule, l'Auteur en revient vite aux essais conduits à l'Institut et avec le souci du détail qu'il a eu l'année précédente.

L'exposé commence par l'analyse physique et chimique de la parcelle, les précédents (deux années de sainfoin avant le blé) et les conditions climatiques : gelée et humidité après le semis effectué le 31 octobre, températures basses en mars et avril, sécheresse en juin et forte humidité en juillet.

On arrive vite à de premiers résultats sans que le protocole expérimental ait été préalablement indiqué.

Chaque parcelle mesure 10 m x 16,66 (soit 333 m²) ; six variétés de blé sont éprouvées : Shireff danois, Bordeaux, Dattel, Golden drop, Victoria et Bergues, avec un témoin sans engrais et cinq apports de fertilisants : superphosphate et sulfate d'ammoniaque, nitrate de soude et superphosphate, superphosphate seul, phosphate de Pernes, enfin nitrate de soude, sulfate de potasse et superphosphate.

Les productions de grain et de paille par parcelle sont fournies puis transformées en rendements à l'hectare et les moyennes sont indiquées.

Les écarts obtenus sont importants : de 1 à 2 pour le grain entre Golden drop et Shireff et de 11,55 q à 18,05 selon les engrais (moyenne des six variétés).

L'Auteur, pressentant la critique sur ce dernier point, privilégie ensuite « ... l'élément principal, la variété de blé ... » et indique les gains de rendement obtenus par variété et qui sont importants de 4,2 q (phosphate de Pernes) à 9,5 q (sulfate d'ammoniaque et superphosphate).

Ces accroissements de rendement sont, comme l'année précédente, chiffrés avec des « excédents » nets du coût des engrais entre 21F (les trois matières fertilisantes) et 126 F (le premier mélange).

Il ne livre pas mais évoque les calculs similaires qui pourraient être faits avec les autres variétés. C'est dommage, car Bordeaux, Victoria et Bergues l'auraient spécialement mérité.

En reprenant les différents apports d'engrais, la variété Shireff arrive toujours en première position, pour le témoin aussi, les places suivantes étant plus discutées mais la dernière, avec Golden drop ne l'est pas (en dernière place ex-aequo avec Victoria, en témoin). Le superphosphate l'emporte sur les phosphates naturels dans tous les cas, alors que c'est l'inverse dans un champ d'essai contigu, en raison du précédent betteraves.

De façon surprenante mais conforme au titre, Frère Eugène nous livre des résultats de ce champ d'essai avec 17 parcelles de 8 m x 10 traitées et une témoin. Les engrais apportés sont divers, seuls ou en mélange et on y trouve même du sulfate de fer. Les produits obtenus en paille et grain sur de bien petites surfaces pour une céréale à paille sont extrapolés à l'hectare.

Ces expériences « avaient pour but de compléter les renseignements fournis par les champs de démonstration et d'appuyer les conclusions qui devaient en être tirées ... » : emploi des engrais chimiques et doses, variétés de blé d'automne et de printemps les plus recommandées. Un certain Professeur Paternot devait faire de même ailleurs (où ?) mais il a changé de position (?).

Suivent 16 conclusions dont les principales sont les suivantes :

- des résultats avantageux sont apportés par les blés à haut rendement et acclimatés ;
- le profit lié aux engrais n'existe que si les apports sont proportionnés « aux exigences de la terre » ;
- le sulfate d'ammoniaque produit plus d'effet que le nitrate de soude ;
- les phosphates et superphosphates favorisent la maturation et augmentent le poids spécifique (ce point est longuement discuté, avec l'exposé de résultats contradictoires et l'interrogation sur le rôle réel du plâtre présent et issu de la fabrication des seconds) ;
- les engrais azotés « conviennent aux blés et donnent une rémunération suffisante », que ce soit sous forme ammoniacale ou nitrique ;
- le classement des variétés de blé est le même en champ de démonstration et en champ d'essai.

En terminant l'énoncé de ces principaux résultats, Frère Eugène les relativise compte tenu des conditions climatiques de l'année de leur obtention.

Suivent deux tableaux. Le premier rapporte le rendement obtenu en champ d'essai avec 17 variétés de blé d'hiver et cinq « de mars », implantées chacune sur 360 m² : Shireff arrive nettement en tête pour la production de grain suivie de deux Chiddam (d'automne et Prize). Les variétés de printemps ont peu produit, en raison de semis tardifs pour cause de neige persistante.

Est ajouté un autre ensemble de résultats obtenus par un certain Triboulet, agriculteur aujourd'hui dans la Somme mais ayant fait des essais à la « colonie de Fitz-James » (?) sur 13 variétés d'hiver et quatre « de mars ». Plusieurs sont connues. Ici Victoria arrive en tête et Shireff en sixième seulement.

L'Auteur tire néanmoins des conclusions en distinguant les variétés par type ou couleur d'épi : carré, rouge, bleu ... et en décrivant les performances de blés australiens, anglais ... au moins dans les conditions de l'année.

* * *

En conclusion, et en expérimentateur averti, Frère Eugène présente ses résultats « comme de simples aperçus, des indices (...), qui peuvent servir à éclairer la voie des expérimentations ultérieures ».

Il se livre ensuite à une longue ode en hommage au blé dont on citera quelques morceaux : « Ce tuyau [la tige] est bien mince et semble succomber sous son poids ; mais remarquez que le vent le plie ; il le courbe, et sa flexibilité fait qu'il ne se rompt pas » ou « ... [ces tuyaux] s'entraident ainsi contre les vents et les tempêtes : c'est un peuple dont l'union fait la force », ou encore « ... [les] nœuds remplissent un rôle spécial. Ils forment entre eux une sorte d'alambic : à chacun de ces nœuds se trouve ménagé un petit tamis très mince par où passent et s'épurent, sous l'action des rayons du soleil, les sucs nourriciers que les racines puisent dans la terre ».

De belles expressions qui permettent d'évaluer la qualité de l'actualité de la pensée du Maître qui estime ces connaissances – et ces réflexions – nécessaires aux agriculteurs. Il insiste enfin sur l'observation, art ayant été l'instigateur d'une foule de découvertes et dont il recommande d'user, mais avec les précautions et le recul qui s'imposent.

* * *

Champs de démonstration et champs d'essais de l'Institut agricole de Beauvais (5e rapport)

Ce long article de 31 pages est le cinquième rapport (en fait le quatrième) du Frère Eugène-Marie au Baron de Corberon, présenté le 20 janvier 1890.

Par une introduction, on nous indique, contrairement à ce qu'indique le titre, qu'il s'agit du résultat des travaux exécutés dans les champs de démonstration de chaque canton de l'arrondissement de Beauvais et que des améliorations ont été apportées dans la présentation des tableaux. Ces essais portent toujours sur les variétés de blé et les engrais. Les conditions climatiques ont été plutôt bonnes avec cependant un déficit hydrique en juin et des dégâts de vents tourbillonnants en juillet.

Dans une première partie sont exposées en détail les observations consignées par les expérimentateurs au Boulleaume, à Grandvilliers, Bernapré (Formerie), Frocourt, Breles et à l'Institut agricole : résultats et avis sont divers et discutés. On ne peut guère en tirer de données générales. Toutefois, les résultats de Beauvais présentent l'avantage d'être ici chiffrés. Le blé Shireff arrive en première position pour le grain mais avant un peloton groupé de cinq autres variétés. Pour les engrais, c'est le mélange nitrate de soude et sulfate de potasse qui fournit la meilleure performance, il est vrai peu détachée des quatre autres. Et on constate le même résultat pour la production de paille.

Du point de vue profit est tiré le résultat le plus favorable avec la variété Shireff et un mélange de sulfate d'ammoniaque et de superphosphate.

L'ensemble est présenté de façon compliquée et en juxtaposant les essais. C'est bien surprenant !

Dans une seconde section sont présentés les résultats les plus importants de l'ensemble du département : huit lieux pour l'arrondissement de Beauvais, quatre pour Senlis, deux pour Compiègne et un non localisé pour Clermont. Les quelques lignes sur chacun ont le mérite de la synthèse extrême et tiennent beaucoup compte de l'action de l'acide phosphorique. Par exemple à Betz : « L'action de l'acide phosphorique s'est faiblement fait sentir sur le grain de Bordeaux ; elle a été nulle pour les autres, et inférieure au témoin dans les blés Victoria et Golden drop ».

Il en ressort deux impressions dites à mi-voix par le Rédacteur : les éléments fournis par les expérimentateurs ne sont pas tous de qualité et gênent les comparaisons ; par ailleurs le département en ses différents cantons n'est pas couvert.

Frère Eugène discute ensuite ces résultats, parfois avec des comparaisons plus lointaines comme celle faite avec ceux de Florimond Desprez à Capelle (Nord), ce qui indique au passage les relations intéressantes qu'il entretient. Et il cite à nouveau ses lointaines expérimentations du début des années 1860 avec 28 engrais (voir précédemment) puis revient sur la question qui le taraude souvent, relative à la diffusion des engrais dans les sols. On peut être surpris qu'il n'en ait pas tiré un article spécifique car il avait matière.

De façon surprenante et sans annonce préalable, si ce n'est une barre, on nous expose des résultats de tous les champs de démonstration du département (8 pour l'arrondissement de Beauvais, 3 pour Senlis, 2 pour Compiègne et 1 pour Clermont). La variété n'est pas indiquée (Shireff) mais il y en a également une de printemps, les produits sont exprimés en kg de grain ou de paille pour la variété d'automne puis celle de printemps, avec en synthèse la « Différence en faveur de ... », en majorité pour l'automne. Compte tenu du poids de l'arrondissement de Beauvais – plus de 70% des essais – un résumé exprimé en sommes des différences est présenté pour celui-ci avec un très net avantage pour les semis d'automne, en grain et en paille.

Ensuite sont annexés huit tableaux synoptiques d'une grande densité indiquant les résultats des champs des huit cantons de l'arrondissement de Beauvais, comportant chacun six variétés de blé (Shireff, Bordeaux, Dattel, Golden drop, Victoria et Bergues) avec cinq traitements d'engrais et un témoin n'ayant rien reçu. La superficie des parcelles est mentionnée seulement pour l'Institut avec 333 m². Les productions de grain et de paille par parcelle et à l'hectare ainsi que les moyennes en tous sens sont fournies avec, à nouveau pour l'Institut, le classement et pour les variétés et pour les engrais : le meilleur résultat est à nouveau obtenu avec Shireff et selon le mélange superphosphate, nitrate de potasse et nitrate de soude. Dans ce double exemple, la production est supérieure de 22,5% pour le grain et de 18% pour la paille.

Comme ne sont pas données d'indications relatives aux autres champs du département, on peut penser que ce qui a été transmis les concernant n'était pas, ou pas totalement, exploitable.

La discussion de cette masse de résultats est à nouveau décevante. Disons même qu'elle n'existe pratiquement pas si ce n'est sur la comparaison azote nitrique / azote ammoniacal. Un supplément toutefois : l'évocation du rôle des éléments autres que l'azote, l'acide phosphorique et la chaux, et pour lesquels il faudrait mettre en place des essais.

Suivent enfin, comme une conclusion, ce qui a été mesuré en champ d'essai, avec d'abord 17 traitements d'engrais, répandus avant l'hiver sur le blé Victoria. Le meilleur résultat pour le grain et la paille est obtenu avec un mélange nitrate (lequel ?), sulfate d'ammoniaque et superphosphate.

Viennent ensuite des comparaisons variétales entre 16 variétés d'automne et cinq « de mars ». Le protocole n'est pas indiqué. Les écarts sont importants et Shireff est légèrement devancée par Australie. Les blés de printemps se situent très loin...

Enfin, on trouve des « Résultats généraux obtenus dans quelques cantons » (Songeons, Auneuil et Nivillers) avec les six mêmes variétés : Shireff arrive en tête dans les deux premiers et ... bon dernier dans le troisième. Pourquoi présentés ainsi ?

On est à nouveau frappé par l'ampleur des renseignements apportés et le peu d'explication qui en est faite.

Et c'est dommage !

* * *

Les deux derniers articles-rapports du Frère Eugène-Marie sur les champs de démonstration ont paru dans la 25e livraison des Annales pour 1893. Ces documents publiés l'année du décès de leur auteur sont courts – neuf et huit pages – un peu à l'image du contenu de la revue à cette époque, qui était devenue difficile pour l'Institut agricole et obligeait à réduire les travaux de recherche et développement. Le premier concerne l'Oise, le second l'Institut.

Commission des champs de démonstration de l'Oise

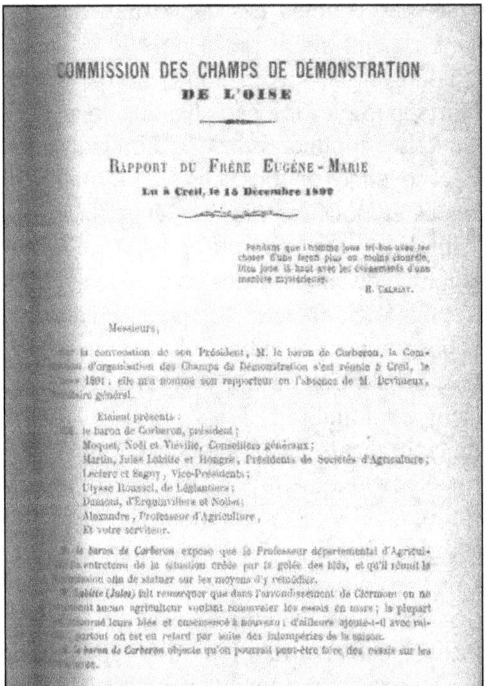
COMMISSION DES CHAMPS DE DÉMONSTRATION
DE L'OISE

RAPPORT DU FRÈRE EUGÈNE-MARIE
Lu à Creil, le 15 Décembre 1892

Pendant que l'homme joue ici-bas avec les choses d'une façon plus ou moins étourdie, Dieu joue là-haut avec les événements d'une manière mystérieuse.
H. CALMANT.

Messieurs,

[illegible] la convocation de son Président, M. le baron de Corberon, la Commission d'organisation des Champs de Démonstration s'est réunie à Creil, le [illegible] 1891 ; elle m'a nommé son rapporteur en l'absence de M. Devimeux, [illegible] général.

Etaient présents :
MM. le baron de Corberon, président ;
Moquet, Noël et Viéville, *Conseillers généraux* ;
Martin, Jules Labitte et Hongre, Présidents de Sociétés d'Agriculture ;
Leclerc et Sagny, Vice-Présidents ;
Ulysse Roussel, de Léglantiers ;
Dumont, d'Erquinvillers et Noliet ;
Alexandre, Professeur d'Agriculture,
Et votre serviteur.

[illegible] *le baron de Corberon* expose que le Professeur départemental d'Agriculture [illegible] entretenu de la situation créée par la gelée des blés, et qu'il réunit la [illegible] afin de statuer sur les moyens d'y remédier.

[illegible] *Labitte (Jules)* fait remarquer que dans l'arrondissement de Clermont on ne [illegible] aucun agriculteur voulant renouveler les essais en mars ; la plupart [illegible] retourné leurs blés et ensemencé à nouveau ; d'ailleurs ajoute-t-il avec rai[illegible] partout on est en retard par suite des intempéries de la saison.

[illegible] *le baron de Corberon* objecte qu'on pourrait peut-être faire des essais sur les [illegible].

Ce rapport du Frère Eugène a été lu à Creil le 15 décembre 1892. Mais il s'agit de faits et de données concernant l'année agricole 1890-1891. Avec un grand retard donc.

Il comprend trois parties : un échange sur la situation agricole de l'année concernée et deux synthèses (« conclusions détaillées ») concernant les essais d'engrais puis ceux de blés.

L'échange entre plusieurs des participants – dont le Baron de Corberon – est plutôt vif. Il porte sur un point plus qu'important : les blés d'hiver ont gelé et ceux des champs de démonstration n'y ont pas échappé ! Faut-il, c'est-à-dire fallait-il, ressemer en blés de printemps, initier des essais sur les betteraves, utiliser les 4 000 F mis à la disposition du département par le ministère ?

Après hésitation, il est décidé de ne rien faire car le temps manque pour bâtir quelque chose de sérieux, mais de continuer les essais sur les blés en 1891-1892 et de décider « à la convocation suivante la nature des expériences [...] soit sur des tubercules ».

Les Annales ne contiendront plus aucun rapport sur ces questions. On peut se demander pourquoi ? Il n'y a sans doute pas à chercher bien loin : le successeur du Frère Eugène, le Frère Paulin, va certes prendre également la direction de la Station agronomique de l'Oise mais il ne dispose pas, loin s'en faut, de l'immense aura de son prédécesseur ; par ailleurs l'enseignement congréganiste est de plus en plus critiqué et en péril, et certains « politiques » doivent commencer à prendre le large qui sied souvent dans un tel contexte.

La partie consacrée aux engrais est divisée en cinq rubriques dont la première a tout simplement pour titre « Engrais chimiques ». Il y est dit que « presque toujours », il est tiré de leur apport un bénéfice et ce, même sans compter l'accroissement de la production de paille et les reliquats demeurant dans le sol et utiles à la culture suivante.

On pense ensuite aux éléments et à leurs formes.

L'azote ammoniacal a un effet égal ou supérieur à celui de l'azote nitrique mais les différences sont faibles et c'est le coût qui doit faire le choix.

Le nitrate de soude, à partir de 400 essais, apporte des résultats supérieurs quand il est apporté à l'automne plutôt qu'au printemps.

Frère Eugène ouvre une discussion là-dessus car c'est l'idée inverse qui est admise. Or lui-même, par des essais sur betteraves notamment, avait déjà prouvé cela il y a vingt-cinq ans. Et il cite les rares sources allant dans son sens et les effets négatifs des apports de printemps (« une erreur économique »). Pour lui la question est évidemment celle de l'entraînement par l'eau dans les sols, avec des pertes exagérées par rapport à la réalité ; alors que le cheminement ne dépasse pas 10 à 15 centimètres, « La terre retient donc l'engrais, même enfoui profondément ; mais peu à peu elle le restitue intégralement aux plantes ».

Et encore : « Le semis printanier des nitrates produit une dissémination incomplète et une assimilation moins certaine, tandis qu'à l'automne elle est toujours plus grande ». En conclusion à ces affirmations – qui feront l'objet de nombreux essais plus tard, avec des résultats et des points de vue différents _ notre Auteur nuance un peu son propos car « ... il n'y a rien d'absolu dans la nature... ».

Pour l'acide phosphorique, il est noté que son utilité est certaine dans la plupart des champs de démonstration à l'exception de ceux de l'arrondissement de Senlis en raison « ... de la nature du terrain ou de l'assolement adapté... ».

Les phosphates naturels très divisés sont à prescrire là où les phosphates ne produisent que peu d'effets, en raison de la restitution progressive de l'élément.

Quant à la potasse, sa nécessité est rappelée car elle est « indispensable à la formation des principales matières non azotées : amidon et sucre … » et il est rappelé qu'elle est une « dominante » de la pomme de terre.

La partie relative aux blés, enfin, reprend, sous forme de monographies rédigées et équilibrées, les caractères, avantages et inconvénients des six variétés « à haut rendement » utilisées dans les champs de démonstration et d'essais.

On a déjà examiné les résultats fournis. Ici sont précisées également les conditions de leur obtention et quelques références les concernant.

* * *

Au total, ce premier article paru en 1993 constitue une bonne synthèse, accessible et vulgarisable, des si nombreux travaux expérimentaux et de démonstration réalisés depuis environ six années et en extension géographique progressive.

* * *

Rapport sur les champs de démonstration à l'Institut agricole présenté (…) à la Société d'agriculture de Beauvais

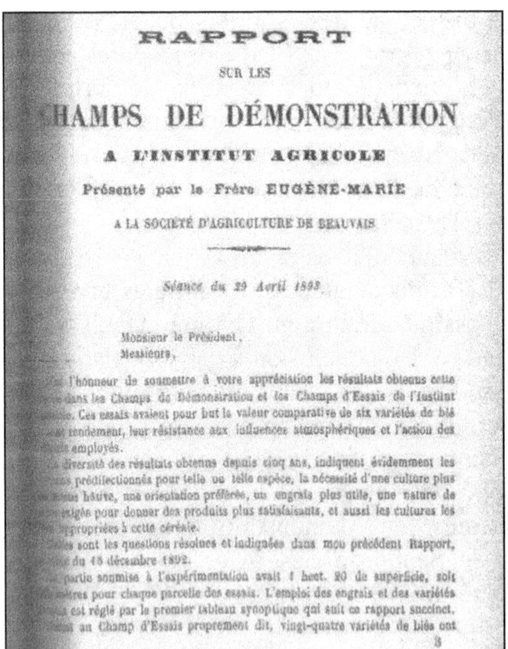

RAPPORT

SUR LES

[illegible]HAMPS DE DÉMONSTRATION

A L'INSTITUT AGRICOLE

Présenté par le Frère EUGÈNE-MARIE

A LA SOCIÉTÉ D'AGRICULTURE DE BEAUVAIS

Séance du 29 Avril 1893

Monsieur le Président,
Messieurs,

[illegible] l'honneur de soumettre à votre appréciation les résultats obtenus cette [illegible] dans les Champs de Démonstration et les Champs d'Essais de l'Institut [illegible]. Ces essais avaient pour but la valeur comparative de six variétés de blé [illegible] rendement, leur résistance aux influences atmosphériques et l'action des [illegible] employés.

[illegible] diversité des résultats obtenus depuis cinq ans, indiquent évidemment les [illegible] prédilectionnés pour telle ou telle espèce, la nécessité d'une culture plus [illegible] haute, une orientation préférée, un engrais plus utile, une nature de [illegible] exigée pour donner des produits plus satisfaisants, et aussi les cultures les [illegible] appropriées à cette céréale.

[illegible] sont les questions résolues et indiquées dans mon précédent Rapport, [illegible] du 15 décembre 1892.

[illegible] partie soumise à l'expérimentation avait 1 hect. 20 de superficie, soit [illegible] mètres pour chaque parcelle des essais. L'emploi des engrais et des variétés [illegible] est réglé par le premier tableau synoptique qui suit ce rapport succinct. [illegible] au Champ d'Essais proprement dit, vingt-quatre variétés de blés ont

3

Ce rapport, présenté le 29 avril 1893, renvoie d'abord au précédent, pour « ... les questions résolues et indiquées... » et indique qu'il s'agit des résultats des champs de démonstration et d'essais de l'Institut agricole obtenus cette année, c'est-à-dire en 1891-1892, et qui « ... avaient pour but [d'étudier] la valeur comparative de six variétés de blé à haut rendement, leur résistance aux influences atmosphériques et l'action des engrais employés ».

Comme dans les articles précédents, la climatologie de mars à juillet 1892 est en premier lieu présentée avec une longue période de sécheresse à partir d'avril.

Le protocole expérimental n'est pas fourni explicitement mais on nous informe de l'existence de parcelles de 133 m² (20 x 16,66) avec un total représentant 1 ha 20. Pour la comparaison variétale est indiquée l'existence d'un témoin pour chaque variété. On ne sait à quoi il correspond.

Les différences de rendement sont notables entre Shireff (près de 30 q) et Dattel (un peu plus de 23). Frère Eugène relativise le mauvais score de Dattel en rappelant de bons résultats plus anciens et en attribuant la cause de cette sixième place aux effets de la sécheresse.

On passe ensuite aux effets des engrais exprimés comme précédemment par rapport à la moyenne des variétés (ce point est toujours critiquable).

Les deux premières places sont occupées par le superphosphate et le nitrate de soude en apport automnal avec 12 et 11 q de plus que le témoin.

Ces résultats sont en opposition avec ceux obtenus en 1889 et 1890, et le Rédacteur revient avec détail sur ce qui a été déjà présenté. Sa conclusion principale est « ... jamais je n'avais vu l'acide phosphorique dominer l'azote dans les essais de ce genre. Peut-être le principe azoté existait-il dans la terre en suffisante proportion, et le superphosphate a-t-il contribué à sa prompte assimilation ? ».

Les données recueillies, explicitées par un tableau synoptique analogue dans sa construction aux derniers présentés indique le classement par variété et celui par apport d'engrais, avec toutes les moyennes possibles.

Le classement par variété en fonction des traitements place Shireff en première position dans cinq cas sur dix.

Quant au champ d'essais cette année-là, il comportait 24 variétés de blé « semé(e)s dans des conditions analogues mais plus tardivement ».

Les caractéristiques physiques et chimiques du terrain sont d'abord présentées.

Très vite Frère Eugène indique que les résultats ont été « beaucoup moins satisfaisants » en raison du semis tardif puis offre différentes références concernant les avantages des semis hâtifs ou au contraire très tardifs.

Ainsi, avec la variété Dattel, sensible au froid, mais semée peu avant la gelée sévère, la levée n'a eu lieu que tôt au printemps suivant et sa productivité aura été excellente. M. de Vilmorin et un de ses collègues ont pu d'ailleurs affirmer lors de leur passage : « Vous feriez le tour de la

France, cette année, pour retrouver un tel blé ». Des résultats de cet auteur sont aussi cités, vont dans le même sens et conduisent à déconseiller les semis après le 15 novembre.

Une conclusion encore aujourd'hui d'une grande actualité !

Un tableau fournit les résultats obtenus avec les 24 variétés dont beaucoup déjà utilisées précédemment et qui mélange celles d'hiver et de printemps : la plus productive, « Roseau », a fourni l'équivalent de 29 q à l'hectare et la dernière, « Hybride-Galland », 13,5 q, avec des poids à l'hectolitre allant de 74 à 78,3 kg avec une exception pour « Touzelle rouge de Provence » à 81 kg.

L'article s'achève par l'indication d'« ... essais nombreux et variés [...] en voie d'exécution pour la présente année... » à la ferme de l'Institut et à Beauséjour.

Le Frère Eugène, qui décédera en juillet, ne pourra les exploiter. Citons sa dernière phrase : « Espérons qu'ils donneront satisfaction à l'agriculteur et à tous ceux qui se préoccupent de lui fournir tous les éléments de succès ».

* * *

Ainsi s'achèvent les « Rapports » de notre Auteur sur les champs de démonstration et d'essais.

Le travail accompli sous son autorité et sans doute beaucoup grâce à lui, même si les Commissions et Sociétés étaient présentes par leurs représentants, aura largement participé à cette époque fertile en expérimentations-démonstrations et essais. Pas seulement dans l'Oise certes. Mais il a su dans ce département, et en peu d'années, être le chef de file écouté et respecté, moteur important de progrès.

On peut toutefois regretter que ses écrits sur ces questions pêchent par une analyse et une exploitation insuffisante et pas assez rigoureuse des résultats obtenus, et aussi d'une tendance à trop développer ce qui lui tenait le plus à cœur.

Mais ce sont des « pêchés mineurs » face à une œuvre considérable à ce niveau, noyée dans un océan d'autres responsabilités.

* * *

2.11. Rapport général sur les races bovine, ovine, porcine et galline

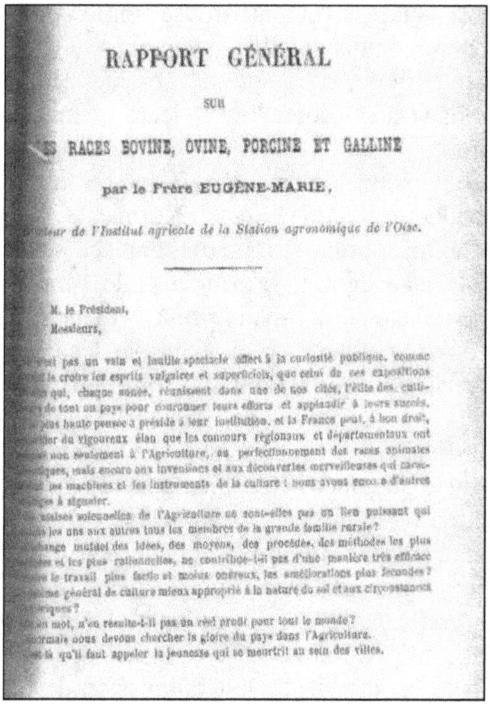

RAPPORT GÉNÉRAL

SUR

ES RACES BOVINE, OVINE, PORCINE ET GALLINE

par le Frère EUGÈNE-MARIE,

eur de l'Institut agricole de la Station agronomique de l'Oise.

M. le Président,

Messieurs,

t pas un vain et inutile spectacle offert à la curiosité publique, comme le croire les esprits vulgaires et superficiels, que celui de ces expositions qui, chaque année, réunissent dans une de nos cités, l'élite des culti- de tout un pays pour couronner leurs efforts et applaudir à leurs succès. plus haute pensée a présidé à leur institution, et la France peut, à bon droit, er du vigoureux élan que les concours régionaux et départementaux ont non seulement à l'Agriculture, au perfectionnement des races animales ques, mais encore aux inventions et aux découvertes merveilleuses qui carac- les machines et les instruments de la culture ; nous avons encore d'autres à signaler.

ssises solennelles de l'Agriculture ne sont-elles pas un lien puissant qui les uns aux autres tous les membres de la grande famille rurale?

hange mutuel des idées, des moyens, des procédés, des méthodes les plus et les plus rationnelles, ne contribue-t-il pas d'une manière très efficace le travail plus facile et moins onéreux, les améliorations plus fécondes? me général de culture mieux approprié à la nature du sol et aux circonstances iques?

n mot, n'en résulte-t-il pas un réel profit pour tout le monde?

rmais nous devons chercher la gloire du pays dans l'Agriculture.

là qu'il faut appeler la jeunesse qui se meurtrit au sein des villes.

Sous un titre trompeur, le contenu de cet article, publié aux Annales de 1889, est le discours prononcé par le frère Eugène au Concours agricole du canton du Coudray-Saint-Germer (Oise) en 1888, mais sans date précise et avec une annonce en troisième page seulement. Etait-il Président ou Rapporteur de la Commission ? Ce n'est pas indiqué mais il intervient ici avec encore plus d'assurance qu'au Concours d'Auneuil, traduisant explicitement sa notoriété qui avait, à cette époque, encore grandi.

Le tiers de ce long discours est consacré à des généralités qu'il expose avec sa philosophie coutumière.

Dans son introduction, il glorifie en premier ce type de manifestation qui réunit les élites agricoles « pour couronner leurs efforts et applaudir à leur succès », constituant une sorte d'« Assises solennelles de l'Agriculture » permettant les échanges d'idées au sein de la grande famille du monde rural.

Il en revient ensuite à la formation qui permet à une jeunesse alors instruite d'avoir une occupation agréable, au grand air, indépendante et noble : la profession agricole doit être choisie et non subie [quelle actualité !].

Avant de passer en revue les animaux primés, Frère Eugène en parle comme des « laboratoires de chimie, véritables usines vivantes à perfectionner ».

Son exposé est successivement divisé entre espèces bovine (non annoncée), ovine, porcine puis volailles et lapins.

Pour chaque catégorie et avant que de nommer les heureux lauréats, il présente les races dans leurs contextes et leurs contraintes et présente des voies d'amélioration.

En matière de bovins, et à la manière de ce qui a été fait à Auneuil, il indique la prépondérance de la race Normande – plus précisément « Cotentine », renommée pour ses bœufs gras et ses vaches laitières – justifiée par le voisinage de la Normandie et le caractère herbager de la contrée, puis donne la liste des animaux primés et leur appartenance, et aussi celle des vacheries remarquées en n'oubliant pas les éleveurs qui l'auraient mérité mais n'ont pas concouru. Pour mémoire, en raison des très faibles effectifs, il évoque les animaux de race Hollandaise – « une infime minorité » – avant de développer l'exemple d'un éleveur canadien intéressé et venu, et qui a acheté quelques bêtes, bien entendu inscrites au Herd-book.

L'espèce ovine, qui valorise les plateaux élevés de la vallée de Bray, a un problème de « régénération » qui doit s'appuyer sur les races Southdown et Dishley, présentées rapidement mais précisément. Les deux lauréats ont d'ailleurs suivi chacun l'une de ces voies, le but étant d'obtenir une viande précoce au plus bas prix possible.

Frère Eugène note la surprise de la Commission devant le faible effectif de porcs présentés malgré les nombreux élevages présents dans le canton. Il énumère les composantes de la qualité qu'il faut à tout prix rechercher : précocité, aptitude à l'engraissement, développement des qualités reproductrices, beauté des formes et diminution de l'ossature, et ce, en faisant appel au « sang anglais » qu'il faut apporter aux « espèces Normande et Augeronne » et ainsi combiner les aptitudes des races.

Les lauréats ont conduit ici soit des porcs normands purs soit des animaux de races étrangères.

Viennent ensuite les volailles avec une introduction verveuse sur leurs nombreux usages, la beauté et la bizarrerie de leurs parures, ainsi que l'utilité de toutes leurs parties. Les races de poules de pays dominent, issues de l'ancienne race Picarde unie à celle de Gournay. Les élevages primés ont fait des présentations fort diverses.

Une mention spéciale est accordée aux dindons avec leur origine et leurs productions dont témoignent deux lauréats. Une médaille d'argent est aussi accordée à un couple de paons !

Les lapins sont présentés en détail dans leur grande diversité qui comprend ici des curiosités.

La conclusion du Frère Eugène insiste sur les progrès réalisés, grâce en particulier aux efforts de la Société d'Agriculture de Beauvais, et sur la liaison pratique qui « doit sans cesse s'éclairer au flambeau de la science ».

Il termine par un bref tour d'horizon des principales productions du département puis un court plaidoyer de la cause de l'Agriculture et évoque les « généreuses et chrétiennes populations de nos campagnes ».

C'est un professionnel qui s'exprime, habitué aux usages de ces rassemblements où il se sent bien et qui sont l'occasion de livrer et développer ses idées de progrès en tout domaine... des idées d'une grande modernité, appuyées sur beaucoup d'exemples.

* * *

2.12. Etudes sur les animaux reproducteurs du Concours régional agricole de Lille

Cet article important de 58 pages a paru – et a constitué – en 1870 la cinquième [à tort car quatrième] livraison des Annales de l'INAB.

Le Frère Eugène-Marie y intervient en tant que Directeur de l'Institut agricole de Beauvais mais sans qu'il ne soit précisé à quel titre : compte tenu de sa relativement récente entrée en fonction et de la montée en puissance de son aura, on penchera pour Rapporteur des travaux de la Commission d'attribution des récompenses.

Son texte, imprimé à Lille chez Lefebvre-Ducrocq, constitue une sorte de « tiré-à-part ».

Disons-le de suite, il remplit très bien sa fonction en apportant des commentaires en introduction puis pour chaque catégorie et enfin, en conclusion, sous le titre « Réflexions ».

Sa présentation débute par un hymne aux valeurs de la région du Nord « ... une des plus prospères et des plus avancées de notre pays », et aux hommes qui l'ont façonnée, « La puissance du génie et la puissance du travail ». Il insiste sur l'œuvre qui a été réalisée en matière de sélection : « Le succès en agriculture est donc le fruit et la récompense de la science qui éclaire, de l'énergie qui exécute, du travail patient qui assure le triomphe ». Que de belles formules !

Le Concours de Lille est présenté comme étant celui qui clôt la série des concours régionaux et permet un mélange « ...entre les hommes de conditions diverses ».

Cette introduction s'achève par un couplet lyrique sur la grandeur de la France « sur tous les points de l'Empire ».

Les difficultés seront pour bientôt et surprendront beaucoup.

Le palmarès est divisé en quatre classes correspondant aux espèces bovine, ovine, porcine, et aux animaux de basse-cour. Dans chacune, une division est faite en catégories sur lesquelles on reviendra.

Pour chaque cas sont indiqués en préambule « Concours de Lille 1870 » et « Concours de Beauvais 1869 » avec les nombres de sujets exposés, puis ceux par sexe et par type (pe. vaches ou génisses).

L'introduction aux résultats pour l'espèce bovine contient une présentation simple des productions et des produits qui insiste sur leur importance essentielle à l'exploitation agricole. Le Frère Eugène fait aussi la part entre l'important et le superficiel pour ce qui est des formes et propose des améliorations de ces concours en matière d'âge des animaux, de races représentatives de toute la région et d'absence de prix d'ensemble.

On passe ensuite aux catégories qui en comprennent six relatives à la race flamande, la normande pure, la Durham pure, la hollandaise, les croisements Durham et enfin, les autres présentations.

Avant que de présenter les résultats pour la race flamande, le Frère Eugène livre une description des animaux selon les « canons » puis indique les nombreuses tentatives d'amélioration de façon documentée en citant les étables concernées avec les noms de leurs propriétaires, puis indique les limites des croisements Durham-flamande.

Chaque présentation qui suit est accompagnée de mots de compliments et surtout de réserves. Trente-quatre prix sont attribués, plus un prix d'ensemble, pour 157 sujets exposés.

En passant à la race normande pure, le nombre d'animaux est beaucoup plus faible (29 dont 22 femelles). Il revient sur ce qu'il a dit à Auneuil et à Saint-Germer sur les deux sous-races cotentine et augeronne, et présente quelques propos sur les dangers de certaines tentatives d'amélioration, notamment par la Durham.

Son introduction à cette dernière est fort développée pour un effectif de 16 sujets exposés. On sent que le sujet lui plaît : il traite de ses origines et améliorateurs célèbres en passant par les avis de Responsables puis en dissertant sur les questions de consanguinité et en (re)posant celles de l'hérédité dans les croisements.

Pour la race hollandaise, il nous livre des éléments nombreux sur ses origines et tranche nettement l'idée répandue de la difficulté de maintenir les « qualités natives » sans recourir aux lieux d'origine, en prenant pour exemple une expérience de quinze ans à l'Institut avec d'excellents résultats pour peu que l'on évite la consanguinité « Cause de beaucoup de mécomptes ».

La catégorie « Croisement Durham » est précédée d'une dissertation sur ses avantages, tant elle est encouragée par les pouvoirs publics. Mais le Frère Eugène fait des comptes et montre les limites de cette pratique en proclamant qu'« il faut se mettre en garde contre l'emploi irréfléchi du Durham », sauf à favoriser des animaux d'élite coûteux en soins et en alimentation.

Enfin les autres races françaises, étrangères et croisements divers justifient un court développement sur « … les jeux de hasard … » et au total l'intérêt tout relatif de ces essais.

On en vient à l'espèce ovine répartie entre quatre catégories : mérinos et métis mérinos, races pures à laine longue, races pures à laine courte, et croisements et races françaises diverses. Un classement reflet des préoccupations du moment !

Quelques éléments sont fournis sur les mérinos et les races anglaises susceptibles de fournir des améliorations. Les effectifs totaux exposés sont faibles avec 51 mâles et 30 lots de femelles.

Pour l'espèce porcine, Eugène vante d'abord les mérites de cette « … excellente machine à assimilation » en décrivant par le menu tout ce qu'elle peut consommer mais en soulignant que les aliments doivent être variés, de bonne qualité, et distribués régulièrement. Il en est de même pour les soins d'hygiène qui laissent trop souvent à désirer.

Il décrit la répartition entre les différents produits en soulignant que « Tout est utilisé dans cet animal » de la viande et du lard à la peau et aux soies, et jusqu'à la vessie !

Après avoir évoqué le sanglier « … comme la souche de nos cochons », Frère Eugène indique ce qui devra préoccuper les éleveurs : la précocité, l'aptitude à l'engraissement, le développement des facultés reproductrices, la beauté des formes et la diminution de l'ossature, critères pris en compte lors de ce Concours auquel ne participe pas l'Institut agricole. Les animaux sont divisés en trois catégories : les races indigènes pures ou croisées, les races étrangères pures ou croisées et les croisements divers entre races étrangères et races françaises, mais pour une vingtaine d'animaux seulement présentés et mis en valeur par des appréciations détaillées.

A l'issue de l'énoncé commenté du palmarès, Frère Eugène se livre alors à un développement tel qu'il en fera plusieurs par la suite. De quoi s'agit-il ici ? Il a eu connaissance d'un texte émanant d'un écrivain « de la prose agricole parisienne », qualifié plus loin de « publiciste », et paru dans « le compte-rendu d'un concours de la région du Nord », et sur lequel il a des remarques à faire compte tenu de ses recherches et de son expérience. Déjà, pouvons-nous dire, d'autant que le thème ne figure pas dans ses préoccupations majeures.

Avec des précautions classiques à l'époque en qualifiant les propos de l'auteur incriminé d'habiles, de talentueux voire de savants, le Frère Eugène lui reproche tout bonnement d'avoir mal fait sa bibliographie !

Son long exposé sur cette question (plus de sept pages) est divisé en trois parties. Dans la première, il met les choses au point en matière de races et d'individus remarquables, en remontant à leurs origines, et fait état de relations importantes entre élevages anglais, et de haut vol d'ailleurs, comme celui des fermes du château royal de Windsor, et correspondants français dont « L'Institut agronomique de Beauvais ». Au sein de la seconde et en s'appuyant sur des résultats de concours, il sépare les régions françaises, anglaises voire autres, et s'oppose à des amalgames et confusions. Il indique les avantages et inconvénients de chaque groupe en le faisant de façon bien argumentée. Enfin, il présente un article qu'il a lui-même écrit « dans un journal agricole » ni cité, ni daté, « à l'époque du Concours de Versailles » (?) sur « les croisements anglo-français de l'espèce porcine en voie de progrès ». On est surpris d'y trouver autant d'éléments précis sur des « races » d'alors. Et on y rencontre cette phrase toujours d'actualité : « Nous admettons néanmoins avec les praticiens les plus distingués que les croisements ne constituent pas à proprement parler des races absolument distinctes, mais seulement une amélioration notable de l'espèce dans un sens défini et suffisamment caractérisé ».

En conclusion il revient sur les qualités de chaque groupe puis termine par la question des verrats monorchytes en apportant ses propres résultats obtenus à Beauvais et en les confrontant au dogme en la matière émanant du Professeur Magne de l'Ecole vétérinaire d'Alfort.

Cet exposé apparaît courageux car venant d'un relativement jeune professeur-directeur-expérimentateur qui s'oppose à des certitudes apportées par des sommités de l'époque. En cela, il laisse augurer de ce qui sera son trait peut-être principal : il expérimente, raisonne et confronte et dès qu'il acquiert des certitudes, il en fait état.

Son intervention a dû faire sensation à Lille…

On passe ensuite à la quatrième classe, celle des « Animaux de basse-cour ».

Une introduction permet de situer la question : il y est traité rapidement de l'origine des gallinacées les plus remarquables de provenance tropicale comme les paons, dindons et les faisans puis des effets de la domestication dont « … personne n'ignore combien [elle] modifie profondément les races animales ».

Suivent quelques statistiques sur la production d'œufs, une réflexion sur l'inutilité de constituer une catégorie spéciale de « Poules communes de ferme ou de pays » compte tenu de l'existence d'une rubrique « Croisements divers », avant de terminer par des observations de bon sens sur des illusions liées aux animaux de fantaisie et au coût de l'élevage des bêtes médiocres.

Les poules sont réparties entre six catégories dont trois homogènes avec les races de Crèvecœur, de la Flèche et de Houdan et trois diverses, françaises et étrangères. Avant l'annonce des prix attribués, de courts développements présentent chaque rubrique.

Ensuite sont traités les dindons, les oies, les canards, les pintades et pigeons et enfin les lapins et léporides, selon une présentation similaire.

Signalons ici que Frère Eugène rédigera, plus tard dans son œuvre, des articles relatifs à la gallinoculture.

A l'issue de ces présentations détaillées et assez encyclopédiques, il achève son discours par des « Réflexions ». Que contiennent-elles ?

Après quelques souhaits d'usage sur l'utilité d'une telle manifestation, Frère Eugène livre de façon très lyrique « ... l'empreinte des émotions et des sentiments que nous a fait éprouver le spectacle de cette grande cité lilloise ». Citons en un extrait : « Merveilleuse entente de toutes les activités humaines ! Tandis que le laboureur attaché à son sillon prépare pour chacun le pain de tous les jours, l'ouvrier des villes tisse l'étoffe dont il sera revêtu ; le mineur cherche dans les galeries souterraines le fer de sa charrue ; le soldat le défend contre l'étranger, ... ».

Cette longue introduction est suivie ensuite d'un triple plaidoyer concernant « ... le génie de la France [qui] est essentiellement le génie de l'agriculture », la croyance en l'utilité de la science « ... pour conduire l'homme à des conquêtes pacifiques », et le souhait que la jeunesse renonce aux études de peu de débouchés et rejoigne « ... cette phalange généreuse des soldats de la charrue ».

En conclusion, il évoque la Providence et félicite la grande s(S)ociété des agriculteurs de France « de s'être placée à la tête de ce mouvement » [et qui est] appelée à régénérer la France en faisant fleurir l'agriculture ». Magnifique !

* * *

Ce texte de 1870, donc de début de maturité du Frère Eugène, apparaît remarquable à divers titres : il est très bien documenté et relie nombre d'observations ; il couvre un champ vaste qui n'est pas le plus familier à son auteur ; il est écrit dans un langage clair et précis, même si sont utilisées les formules lourdes de l'époque ; il est, enfin, offensif au niveau des idées qui tiennent à cœur à son auteur.

C'est peut-être cet écrit qui montre le mieux ce que Frère Eugène veut et sait faire. Rappelons qu'il sera, trois années plus tard, à la tête de la Station agronomique de l'Oise. Auparavant, il aura su élargir géographiquement le nombre de ceux qui le connaissent et pas seulement de réputation.

* * *

2.13. Stations des étalons de l'Etat à la Ferme de l'Institut agricole et à Grandvilliers (Oise)

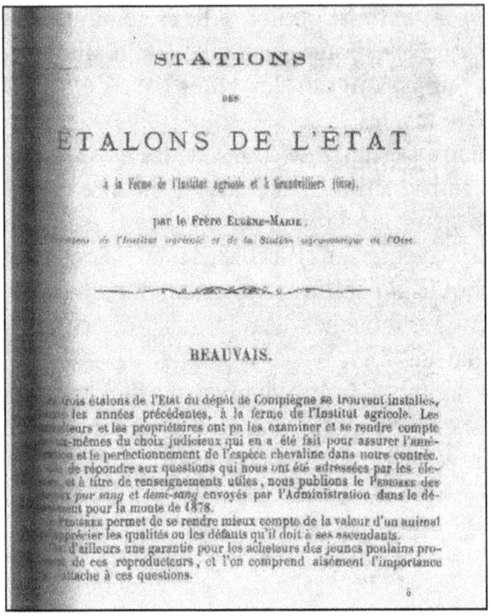

STATIONS

DES

ÉTALONS DE L'ÉTAT

à la Ferme de l'Institut agricole et à Grandvilliers (Oise),

par le Frère EUGÈNE-MARIE,

de l'Institut agricole et de la Station agronomique de l'Oise

BEAUVAIS.

trois étalons de l'Etat du dépôt de Compiègne se trouvent installés, les années précédentes, à la ferme de l'Institut agricole. Les eurs et les propriétaires ont pu les examiner et se rendre compte -mêmes du choix judicieux qui en a été fait pour assurer l'amé- et le perfectionnement de l'espèce chevaline dans notre contrée. de répondre aux questions qui nous ont été adressées par les éle- et à titre de renseignements utiles, nous publions le PEDIGREE des *pur sang* et *demi-sang* envoyés par l'Administration dans le dé- nt pour la monte de 1878.

PEDIGREE permet de se rendre mieux compte de la valeur d'un animal précier les qualités ou les défauts qu'il doit à ses ascendants. d'ailleurs une garantie pour les acheteurs des jeunes poulains pro- de ces reproducteurs, et l'on comprend aisément l'importance attache à ces questions.

Comme précédemment indiqué, la ferme de l'Institut a été le siège d'un dépôt d'étalons en provenance du haras national de Compiègne afin d'assurer sur place la remonte.

Cet important article en volume - 21 pages – et en éléments fournis, paru dans le 10e volume des Annales (1878), est le seul du Frère Eugène sur la question et traite de deux « Stations » : Beauvais et Grandvilliers.

A la ferme de l'Institut, l'Etat a déposé trois étalons « comme les années précédentes » et les agriculteurs et propriétaires intéressés peuvent les examiner sur place. Mais rien ne vaut de publier le « pedigree » de ces pur-sang et demi-sang, ce qui « permet de se rendre mieux compte de la valeur d'un animal et d'apprécier les qualités ou les défauts qu'il doit à ses ascendants ».

Frère Eugène plaide ensuite pour l'apport des juments dans un but de meilleure prospérité de l'agriculture locale « et même pour le pays tout entier ».

Sa présentation est extrêmement détaillée et suit un plan comparable mais, curieusement, seuls deux étalons, Narvaez, un pur-sang de cinq ans au poil alezan, et Occidental, demi-sang bai-cerise, sont mentionnés.

On trouve d'abord leurs caractères généraux puis ceux de leurs ancêtres, avec leurs parcours et leurs gains. Ensuite sont indiquées des préconisations.

Pour chacun est fourni un tableau de pedigree remontant, plus ou moins intégralement, à cinq générations.

Un exemple

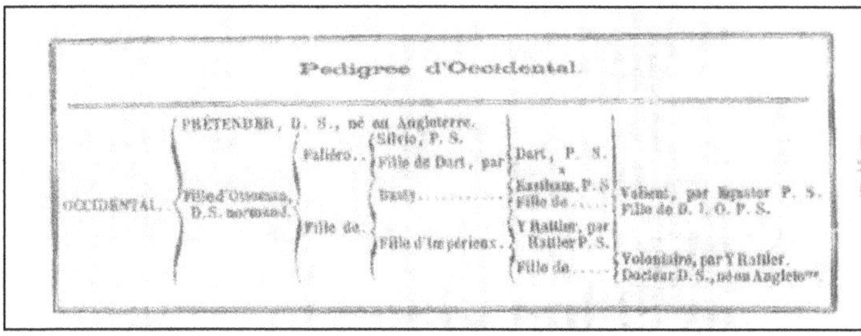

La présentation du dépôt de Grandvilliers commence par la réfutation d'une idée, semble-t-il répandue, de la volonté de l'Administration d'améliorer seulement les chevaux de luxe alors que les besoins en chevaux de trait sont, et de loin, les plus importants (rapport de 1 à 40 ou 50).

Et il le démontre en présentant successivement et de façon comparable Quadrige, demi-sang de cinq ans, alezan légèrement brûlé, grand et beau carrossier, puis Océan, trotteur corsé, bai brun, et de façon très succincte Rodelinglen, fort boulonnais pommelé, âgé de cinq ans. Les pedigrees indiqués pour les deux premiers remontent à respectivement six et cinq générations.

Mais auparavant, il nous fournit un développement sur les rôles des haras et conséquemment des dépôts, en les comparant à nos musées nationaux sans lesquels « … les chefs-d'œuvre de nos grands artistes seraient lettres closes… », puis élargit son propos à l'amélioration de l'élevage chevalin, à la compétition avec le chemin de fer et souhaite que propriétaires et agriculteurs ne restent pas en arrière en s'adressant particulièrement à ceux du canton auxquels sont destinés ses écrits.

Pour terminer, Frère Eugène sollicite, en réponse aux détails fournis « qui peuvent paraître superflus à certains esprits », la communication de faits et de vues apportés par les expériences de chacun dans le prolongement de cet article fort détaillé, au moins pour quatre étalons sur six.

Pourquoi n'y a-t-il pas eu de suites concernant d'autres « Stations » ? On l'ignore.

2.14. Enquête sur la culture de la betterave à sucre dans l'Oise (campagne de 1890)

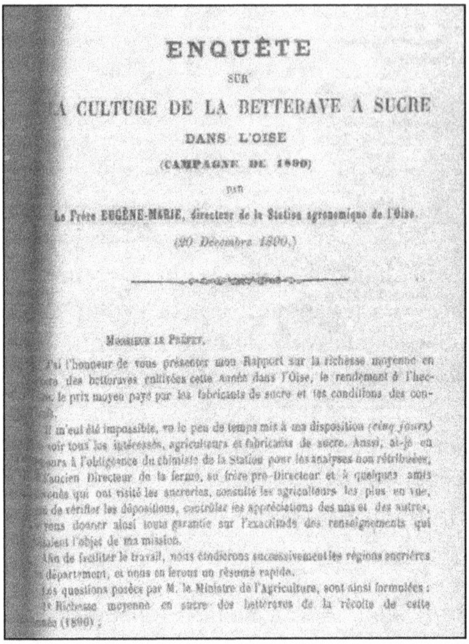

ENQUÊTE

SUR

LA CULTURE DE LA BETTERAVE A SUCRE

DANS L'OISE

(CAMPAGNE DE 1890)

PAR

Le Frère EUGÈNE-MARIE, directeur de la Station agronomique de l'Oise.

(20 Décembre 1890.)

MONSIEUR LE PRÉFET,

J'ai l'honneur de vous présenter mon Rapport sur la richesse moyenne en [illegible] des betteraves cultivées cette Année dans l'Oise, le rendement à l'hec[illegible], le prix moyen payé par les fabricants de sucre et les conditions des con[illegible].

Il m'eut été impossible, vu le peu de temps mis à ma disposition (*cinq jours*) [illegible] voir tous les intéressés, agriculteurs et fabricants de sucre. Aussi, ai-je eu [illegible]ours à l'obligeance du chimiste de la Station pour les analyses non rétribuées, [illegible] l'ancien Directeur de la ferme, au frère pro-Directeur et à quelques amis [illegible] qui ont visité les sucreries, consulté les agriculteurs les plus en vue, [illegible] de vérifier les dépositions, contrôler les appréciations des uns et des autres, [illegible] vous donner ainsi toute garantie sur l'exactitude des renseignements qui [illegible] l'objet de ma mission.

Afin de faciliter le travail, nous étudierons successivement les régions sucrières [illegible] département, et nous en ferons un résumé rapide.

Les questions posées par M. le Ministre de l'Agriculture, sont ainsi formulées :

1° Richesse moyenne en sucre des betteraves de la récolte de cette [illegible] (1890) ;

Il s'agit d'un article en quinze pages daté du 20 décembre 1890, paru dans la 23e livraison des Annales (1891), et segmenté en trois parties : la situation du problème, les résultats par sucrerie accompagnés d'un tableau synoptique résumant les données et une conclusion développée.

Cette note – signée du directeur de la Station agronomique – est destinée au préfet de l'Oise suite à six questions posées par le ministre de l'Agriculture sur la richesse moyenne en sucre des betteraves de la récolte de 1890, le prix moyen payé par les sucreries, le rendement par hectare, les conditions des contrats, la richesse moyenne en sucre par fabrique et celle des betteraves refusées.

A l'en croire, le Frère Eugène paraît excédé par le peu de temps qui lui a été octroyé (cinq jours !) pour répondre à toutes ces interrogations et il lui plaît de souligner les aides, en interne et dans les sucreries, qu'il a pu mobiliser. Mais il assume cette gageure !

Viennent ensuite les données chiffrées qu'il présente par sucrerie, vingt au total – dont des noms de lieux emblématiques tels que Bresles, Saint-Just-en-Chaussée, Méru, ou encore Monchy-Humières – en s'efforçant de répondre, mais pas toujours car selon les renseignements qu'il a pu se procurer, aux six questions posées. Le cas échéant il complète par des « Nota » de sa veine, comme sur les effets de l'attente en silo ou les conséquences de la loi du 5 août 1890 sur les excédents.

Les renseignements apportés sont nombreux et précis, et la conclusion de son tableau éloquente : « Cet ensemble de résultats prouve suffisamment la pauvreté de la betterave dans l'Oise, et aussi la faiblesse du rendement en poids ».

Le tableau synoptique récapitule l'ensemble, sans que ne soient recherchées des moyennes. La richesse par hectolitre de jus va de 11 à 15,20, le prix de la tonne de 24 à 27 francs, le rendement à l'hectare de 22 à 35 tonnes avec des marges de fluctuation parfois importantes ; les densités observées les deux premières semaines de campagne sont indiquées avant les caractéristiques des lots refusés.

Dans sa conclusion, notre Auteur peint un tableau d'ensemble de la situation en partant de l'importance de la betterave à sucre dans l'Oise, avec de 20 à 30 000 hectares, puis en traitant des facteurs de tous ordres qui posent problème et en soulignant les doléances justifiées, selon lui, et des agriculteurs et des fabricants de sucre, en élargissant la question aux difficultés induites sur les populations rurales dans leur labeur. Les refus sont estimés à la production de 2000 ha ou 50 000 tonnes !

Frère Eugène propose au préfet, avec tout le respect qu'il doit aux Autorités, d'en revenir à la loi de 1884 qui donnait confiance à toutes les parties prenantes.

Un plaidoyer bien construit, abondamment documenté mais préparé dans l'urgence.

2.15. Rapports de Commissions de visites de fermes

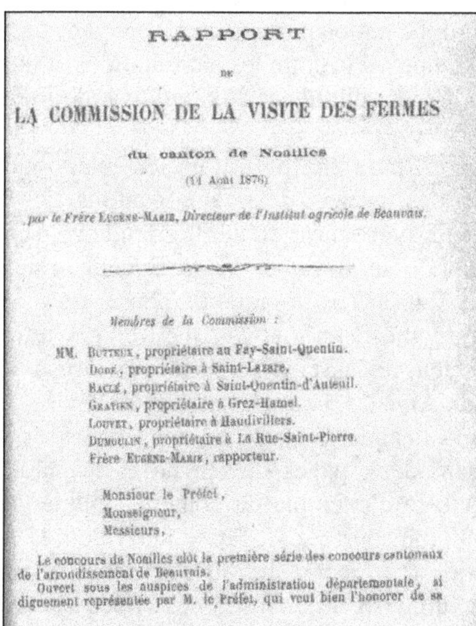

RAPPORT

DE

LA COMMISSION DE LA VISITE DES FERMES

du canton de Noailles

(14 Août 1876)

par le Frère Eugène-Marie, Directeur de l'Institut agricole de Beauvais.

Membres de la Commission :

MM. Butteux, propriétaire au Fay-Saint-Quentin.
Dore, propriétaire à Saint-Lazare.
Baclé, propriétaire à Saint-Quentin-d'Auteuil.
Gratien, propriétaire à Grez-Hamel.
Louvet, propriétaire à Haudivillers.
Dumoulin, propriétaire à La Rue-Saint-Pierre.
Frère Eugène-Marie, rapporteur.

Monsieur le Préfet,
Monseigneur,
Messieurs,

Le concours de Noailles clôt la première série des concours cantonaux de l'arrondissement de Beauvais.

Ouvert sous les auspices de l'administration départementale, si dignement représentée par M. le Préfet, qui veut bien l'honorer de sa

Sous ce titre général, on trouve aux Annales trois articles parus dans les livraisons de 1880, 1881 et 1892.

De quoi s'agit-il ? De comptes rendus, variablement détaillés, de visites d'exploitations agricoles faites par une Commission désignée par la Société d'agriculture d'un arrondissement en direction de cantons de son ressort, et « ouvert(es) sous les auspices de l'administration départementale ».

L'affaire est annoncée suffisamment tôt pour que des agriculteurs fassent part de leur souhait de recevoir la délégation tandis que d'autres seront rencontrés sans l'avoir demandé officiellement mais en ayant été sans doute recommandés par les premiers, par des relations ou par le voisinage.

Un rapport, établi en direction du préfet et de la Société, est ensuite rédigé par un membre de la Commission qui indique pour chacun les points forts et quelques améliorations ayant paru souhaitables et se termine souvent par l'attribution d'une récompense : prime d'honneur, médaille, félicitations, décernée par la Société d'agriculture, avec ou non une spécialité.

Dans ses interventions, Frère Eugène insiste bien sur le caractère pratique de la démarche, avec comme résultat les observations de la Commission.

Au niveau régional – au sens de l'époque, par exemple à Lille pour le Nord et la Picardie – une procédure similaire avait lieu, dont on a la trace dans des recueils intitulés « Prime d'honneur, les médailles de spécialités et les prix d'honneur des fermes-écoles décernés dans les concours régionaux en ... », publiés par le ministère de l'Agriculture et du Commerce aux soins de l'Imprimerie impériale puis nationale, par exemple entre 1869 et 1878. On y trouve, avec quelques variantes de titres comme l'ajout des « prix culturaux », les distinctions attribuées qui revêtent un caractère plus solennel puisque ministériel donc national, mais en s'appuyant sur les régions, seules bases de comparaison possible entre les exploitations et pour les spécialités.

Venons-en aux responsabilités et aux activités de Frère Eugène dans ce domaine.

Le premier rapport, paru en 1880, traite en une vingtaine de pages des visites faites dans des fermes des deux cantons de Beauvais par une Commission de neuf personnes, toutes agriculteurs semble-t-il, avec un président et un rapporteur désigné. Frère Eugène n'y apparaît pas et le document n'est pas signé. Il est logique de penser qu'il a été préparé par le rapporteur. Sa lecture atteste en tout cas que l'on n'y retrouve ni le style, ni les travaux du Directeur de la Station agronomique qui a dû accepter ce texte pour publication aux Annales, peut-être en l'ayant révisé.

Les développements concernent 23 fermes situées sur 18 communes ; les plus longs dépassant deux pages de Revue et les plus courts atteignant quelques lignes. A titre d'exemple de contenu, indiquons celui concernant M. Fosse-Lesieur à Goincourt : « M. Fosse fait valoir 25 hectares de terre et 2 hectares de prairie ; il a 2 bons chevaux, 4 vaches normandes et 2 bedons de même race. Les fumiers sont bien soignés ; il les arrose avec une pompe à purin. L'excellente tenue de l'ensemble de son corps de ferme lui a mérité une mention honorable ».

Deux curiosités figurent dans ce rapport : la visite de « ... l'antique ferme de Notre-Dame-du-Thil, qui a vu les débuts de l'Institut agricole de Beauvais », d'une superficie de six hectares dont deux en culture et qui sera bientôt reprise par le couple Mallet remplaçant un ménage d'ouvriers dont le nom n'est pas cité mais qui reçoivent une mention très honorable « pour leurs bons et loyaux services ». L'autre concerne les 18 hectares de l'herbage du Canada où l'« ... on y patauge désagréablement dans la boue ». L'exploitant, M. Louvet, dont les mérites sont vantés, reçoit également une mention très honorable. Cette propriété sera plus tard reprise par l'Institut.

Les deux autres rapports sont écrits de la plume du Frère Eugène.

Le premier paraît aux Annales de 1881 ; il est long de 24 pages et a pour objet les travaux de la Commission qui a visité des fermes du canton de Noailles. Il est daté du 14 août 1876. On s'explique mal la tardiveté de sa publication. Le groupe de visiteurs est composé de six agriculteurs – au moins propriétaires – et d'un rapporteur, le Frère Eugène. Il n'est pas mentionné de président. L'adresse est faite au préfet et à « Monseigneur », ce qui signifie que l'évêque de Beauvais devait être présent lors de la restitution.

Dix neuf lieux ou domaines ont été visités pour un total de vingt-et-une exploitations. Comme dans le premier rapport les développements relatifs à chacune sont très variables en importance.

Côté récompenses, sont décernés une prime d'honneur (et une autre pour la seconde fois à la « ferme de Framicourt »), une médaille d'or, trois d'argent, une « spéciale », deux mentions spéciales, trois très honorables, des médailles appliquées à la vacherie, aux fumiers et aux jardins d'une ferme de Warluis et plusieurs « remerciements » et mérites reconnus.

Attardons-nous quelque peu, à titre d'exemple, sur les attendus de la prime d'honneur attribuée à M. Mauger, fermier du comte de Chérisey « ... dont les ancêtres comptent d'illustres guerriers », sur sa ferme de Crécy qui comprend 220 ha aux sols très divers portant 60% de plantes-racines et de prairies naturelles et artificielles, et 40% de céréales.

Le bétail est nombreux avec 95 vaches et génisses, 20 chevaux et 540 moutons - comme souvent a cette époque – complétés par des bovins et ovins engraissés pendant l'hiver avec des tourteaux et résidus de sucrerie. On arrive ainsi à plus d'une tête de gros bétail à l'hectare et la Commission se demande pourquoi un agriculteur obtenant de tels résultats ne postule pas à la prime d'honneur du Nord... Sans doute par modestie, lui qui « ... restera une des gloires agricoles de son pays ».

Le rapporteur précise les clés du succès : « ... le défrichement de haies nombreuses [et] de terres incultes [...], la destruction des mauvaises herbes par un pacage suivi et la transformation en herbage des parties les plus humides ». Pour achever, il souligne « L'alliance féconde de la pensée et du travail [qui] se retrouve dans tout l'ensemble d'un plan arrêté et exécuté avec un véritable succès ».

Le texte du Frère Eugène se termine par un plaidoyer engagé en faveur du progrès sous ses divers aspects, attribué « … à la diffusion des lumières et de la science agricole propagées et enseignées par des hommes de dévouement… », avant que de souligner deux aspects qui lui tiennent à cœur, car déjà signalés par ailleurs : la préférence à accorder aux races ovines pures Dishley ou Southdown et le nécessaire intérêt pour l'échange du cheval qui « … contribuera à améliorer les prairies basses et médiocres… » et rendra la France moins tributaire de l'étranger pour la remonte de sa cavalerie.

Dans ce rapport, il fait à nouveau la preuve de ses qualités de synthèse et même s'il emploie des termes et formules emphatiques ainsi qu'il seyait au moment, il demeure mesuré dans ses appréciations et compliments, comme il se doit pour un scientifique.

Le second article du Frère Eugène relatif à la Commission de visites de fermes paraît beaucoup plus tard, en 1892, au sein de la 24e livraison des Annales, et traite de « L'agriculture du canton de Grandvilliers ».

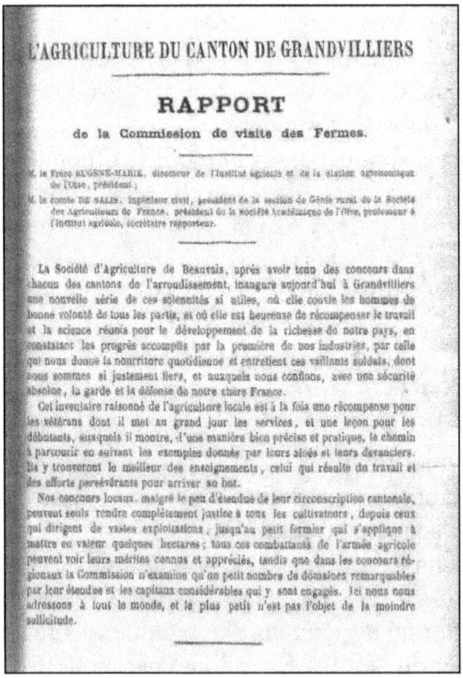

L'AGRICULTURE DU CANTON DE GRANDVILLIERS

RAPPORT

de la Commission de visite des Fermes.

M. le Frère EUGÈNE-MARIE, directeur de l'Institut agricole et de la station agronomique de l'Oise, président ;

M. le comte DE SALIS, ingénieur civil, président de la section de Génie rural de la Société des Agriculteurs de France, président de la Société Académique de l'Oise, professeur à l'Institut agricole, secrétaire rapporteur.

La Société d'Agriculture de Beauvais, après avoir tenu des concours dans chacun des cantons de l'arrondissement, inaugure aujourd'hui à Grandvilliers une nouvelle série de ces solennités si utiles, où elle convie les hommes de bonne volonté de tous les partis, et où elle est heureuse de récompenser le travail et la science réunis pour le développement de la richesse de notre pays, en constatant les progrès accomplis par la première de nos industries, par celle qui nous donne la nourriture quotidienne et entretient ces vaillants soldats, dont nous sommes si justement fiers, et auxquels nous confions, avec une sécurité absolue, la garde et la défense de notre chère France.

Cet inventaire raisonné de l'agriculture locale est à la fois une récompense pour les vétérans dont il met au grand jour les services, et une leçon pour les débutants, auxquels il montre, d'une manière bien précise et pratique, le chemin à parcourir en suivant les exemples donnés par leurs aînés et leurs devanciers. Ils y trouveront le meilleur des enseignements, celui qui résulte du travail et des efforts persévérants pour arriver au but.

Nos concours locaux, malgré le peu d'étendue de leur circonscription cantonale, peuvent seuls rendre complètement justice à tous les cultivateurs, depuis ceux qui dirigent de vastes exploitations, jusqu'au petit fermier qui s'applique à mettre en valeur quelques hectares ; tous ces combattants de l'armée agricole peuvent voir leurs mérites connus et appréciés, tandis que dans les concours régionaux la Commission n'examine qu'un petit nombre de domaines remarquables par leur étendue et les capitaux considérables qui y sont engagés. Ici nous nous adressons à tout le monde, et le plus petit n'est pas l'objet de la moindre sollicitude.

A-t-il été écrit ou seulement revu par lui-même car on spécifie qu'il avait le rôle de président de la Commission alors que le compte de Salis, notable et professeur à l'Institut en était le secrétaire rapporteur ? Le style utilisé incite à opter pour la seconde hypothèse.

Cette Commission était formée de compétences plus variées que les précédentes avec la présence d'un vétérinaire et du professeur départemental d'agriculture aux côtés de deux cultivateurs. Elle a fait ses visites sur cinq journées.

En introduction, le narrateur présente le canton de Grandvilliers, placé dans la région nord-ouest du département, ce qui entraîne un retard de végétation de dix jours sur Beauvais et d'un mois sur Paris. N'est-ce pas un peu excessif ?

Ce canton est presque exclusivement agricole et ses sols sont « ... généreux et favorable[s] aux travaux de l'agriculture ». Il est divisé en deux parties de ce point de vue : au nord, on pratique l'assolement triennal à jachère et au sud, les prairies sont dominantes et en accroissement.

Les visites faites à Grandvilliers et dans quinze villages du canton ont concerné quarante-cinq fermes dont une hors-concours et une pour laquelle l'exploitant a refusé toute récompense. Un agriculteur de Grez n'a pas voulu accueillir les membres de la Commission.

Beaucoup de comptes rendus et observations sont très courts et un grand nombre porte sur de petites exploitations et même sur un maréchal-ferrant et un exploitant d'un hectare de prairie entretenant quatre vaches !

A la lecture de ce rapport, on est frappé par le peu de récompenses décernées, à l'exception d'un objet d'art hors-concours et de mérites notés dans une trentaine d'exploitations. L'ont-elles été postérieurement par la Société à l'occasion d'une assemblée ? On l'ignore mais on peut en douter.

Relevons une appréciation faite au sujet de la ferme de M. Marseille, maire du Mesnil Conteville et exploitant 60 hectares sur place mais aussi deux grandes fermes dans la Somme : « ... il est soutenu dans cette louable entreprise par sa respectable mère qui est toujours la première au travail et la dernière couchée ; elle surveille minutieusement tous les détails pendant les absences obligées de son fils. Elle-même peut compter sur un domestique, à son service depuis vingt et un ans, qui est aidé à son tour par son fils et sa belle-fille, dans la ferme depuis neuf et sept ans. Ces générations de maîtres et de domestiques réunies dans une union de travail, de dévouement et d'affection ne sont pas rares dans la vie rurale ; elles contrastent heureusement avec certains spectacles affligeants ».

Un témoignage sur une époque où une telle situation semblait déjà rare...

* * *

La conclusion est courte, vantant les progrès observés dans ce canton et soulignant ceux qui restent à accomplir dans « ... l'esprit de travail, d'économie et de patriotisme de nos chères populations rurales ».

Une quinzaine d'années avaient passé depuis le précédent rapport et la lecture de celui-ci laisse apparaître de fortes évolutions des rapports humains dans la société.

* * *

2.16. Rapport du Frère Eugène-Marie présenté aux délégués des Sociétés d'Agriculture de Beauvais, Clermont, Compiègne et Senlis

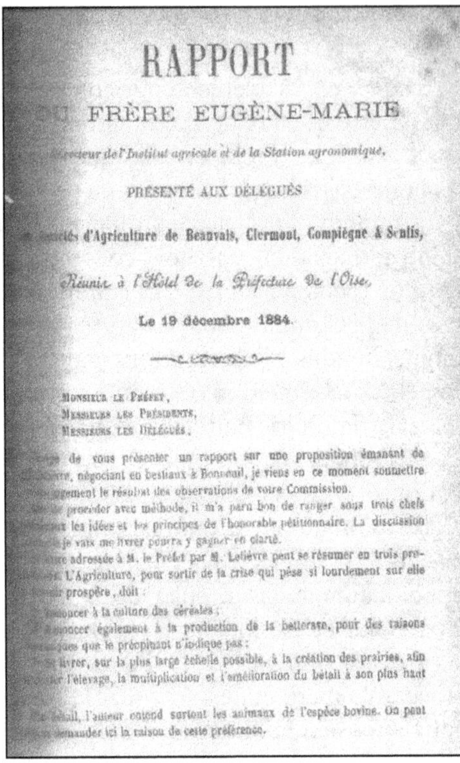

RAPPORT

FRÈRE EUGÈNE-MARIE

de l'Institut agricole et de la Station agronomique,

PRÉSENTÉ AUX DÉLÉGUÉS

d'Agriculture de Beauvais, Clermont, Compiègne & Senlis,

Réunis à l'Hôtel de la Préfecture de l'Oise,

Le 19 décembre 1884.

Monsieur le Préfet,
Messieurs les Présidents,
Messieurs les Délégués,

de vous présenter un rapport sur une proposition émanant de
, négociant en bestiaux à Bonneuil, je viens en ce moment soumettre
ement le résultat des observations de votre Commission.
procéder avec méthode, il m'a paru bon de ranger sous trois chefs
les idées et les principes de l'honorable pétitionnaire. La discussion
je vais me livrer pourra y gagner en clarté.
adressée à M. le Préfet par M. Lelièvre peut se résumer en trois pro-
L'Agriculture, pour sortir de la crise qui pèse si lourdement sur elle
prospère, doit :
à la culture des céréales ;
également à la production de la betterave, pour des raisons
que le préopinant n'indique pas ;
livrer, sur la plus large échelle possible, à la création des prairies, afin
l'élevage, la multiplication et l'amélioration du bétail à son plus haut

, l'auteur entend surtout les animaux de l'espèce bovine. On peut
demander ici la raison de cette préférence.

Ce texte est un discours en 16 pages destiné au Préfet et aux Présidents et Délégués des Sociétés d'Agriculture, écrit en 1884 dans une période de crise et de lutte déjà bien ouverte entre le pouvoir politique et l'enseignement congréganiste. Son auteur y évoque la Station agronomique « libre » depuis que son titre officiel, son patronage et sa subvention lui ont été retirés.

Il s'agit d'un discours offensif, très bien écrit dans le style de l'époque et qui montre la culture de son auteur et sa pugnacité.

De quoi est-il question ? Un pétitionnaire, M. Lelièvre, négociant en bestiaux à Bonneuil, a écrit une lettre au Préfet par laquelle, pour sortir de la crise agricole du moment, il propose de renoncer à la culture des céréales et à celle de la betterave, et à se livrer à la création de prairies pour porter l'élevage « à son plus haut point ».

Une commission a été nommée et le Frère Eugène, en sa qualité de Directeur de l'Institut agricole et de la Station agronomique [ex. de l'Oise] en est le porte-parole et va répondre point par point.

Après s'être étonné que l'élevage soit limité par M. Lelièvre à l'espèce bovine, il fait un plaidoyer en faveur de la nécessaire compétence des hommes en matière d'agriculture puis défend la production des céréales sur le territoire national, s'oppose au libre-échange et évoque le caractère suicidaire d'une telle voie, et pas seulement en temps de conflit.

Pour la betterave, il indique les moyens pour accroître la rentabilité de sa culture en agissant sur les leviers des semences, du sol, des engrais et de l'assolement puis présente de récents travaux menés au sein des laboratoires compétents et reconnus à Paris, Cappelle, Bersée et Beauvais. Les résultats fournis seront d'ailleurs repris dans la série des « Recherches sur les Betteraves à sucre » : ils concernent des variétés françaises et allemandes ainsi que l'usage des engrais pour aboutir à un rendement supérieur, avec une densité élevée et une richesse saccharine accrue.

Frère Eugène passe ensuite à un autre registre, d'ordre politique : « l'Agriculture française étouffe – écrasée par la concurrence étrangère –, par les impôts qui vont toujours croissant – des charges de plus en plus onéreuses... ».

Or M. Lelièvre plaide pour le libre-échange et le rapporteur se fait alors un devoir de démonter cet argument néfaste aux salariés et aux propriétaires, au moins à un rapide terme, en donnant des exemples et en citant des personnalités converties depuis leurs errements.

Dans ce contexte du moment – et en dépit de la présence du Préfet – les termes du discours sont très libres : Frère Eugène s'en prend aux inégalités entre travailleurs des villes et des champs, aux taxes qui s'appliquent à certains groupes seulement (il cite des paroles de Léon Gambetta), aux productions agricoles vendues par force à perte, et au total au régime d'exception que vit l'Agriculture.

Il passe ensuite à l'élevage et au souhait de M. Lelièvre d'augmenter le nombre des animaux. Pour cela il cite longuement M. Lecouteux, professeur à l'Institut agronomique de Paris, sur le coût détaillé de la mise en prairie et celui, en conséquence, de l'investissement en animaux. Ses trente années d'études sur les Graminées fourragères sont citées mais avec modestie.

Le pétitionnaire souhaite des soutiens pour acheter « cent taureaux destinés à régénérer l'espèce bovine du département ». L'idée n'est pas neuve et il est montré précisément comment cela se passe chez les agriculteurs qui vont de l'avant au bénéfice de tous, d'autant que les débouchés sont là et que les concours vont dans le bon sens (il dénonce au passage des erreurs dans le rapport de M. Lelièvre et insiste sur le « cachet spécial » de chaque région).

Frère Eugène montre ensuite les mérites de plusieurs agriculteurs, cite précisément des essais de croisements réussis... et d'autres à éviter, se défie de « vouloir trop copier nos voisins [...] au point de vouloir tout germaniser », insiste sur les mérites des Sociétés d'Agriculture et cite certaines manœuvres douteuses du pétitionnaire.

Suit un développement sur la situation du marché atone des chevaux en raison de prix pas assez rémunérateurs, par lequel il montre que toutes les situations sont liées et il administre une forme de leçon au « préopinant » (M. Lelièvre).

La conclusion ne porte curieusement que sur la fraction bovine de la pétition et Frère Eugène se livre à des calculs bien documentés et précis sur les coûts de la meilleure formule en comparaison des autres. En résumé, il ne faut pas acheter lors du Concours de reproducteurs, et mettre en place un nouveau concours de vaches laitières est « une superfétation inutile » et, afin de perfectionner le bétail, il serait judicieux de distribuer des primes aux possesseurs des meilleurs troupeaux.

Le discours s'achève par une exhortation au travail, à la constance et à la persévérance, ensemble résumé par une citation finale non attribuée :

« Nous sommes un peuple d'esprit qui ne travaillait pas, et nous avons été battus par un peuple sans esprit qui travaillait beaucoup ». « A l'œuvre donc ! ».

Un modèle de discours engagé, avant tout politique mais s'appuyant sur des exemples irréfutables apportés par l'enseignant et le chercheur.

* * *

2.17. Discours du Frère Eugène-Marie en présence des principaux agriculteurs de la région

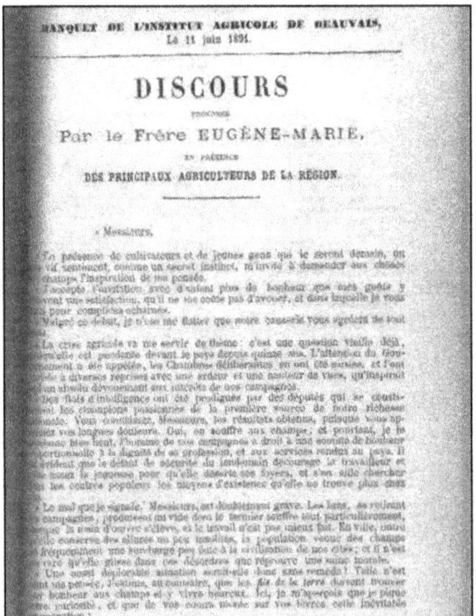

BANQUET DE L'INSTITUT AGRICOLE DE BEAUVAIS,
Le 11 juin 1891.

DISCOURS

PRONONCÉ

Par le Frère EUGÈNE-MARIE,

EN PRÉSENCE

DES PRINCIPAUX AGRICULTEURS DE LA RÉGION.

« Messieurs,

[illegible]

Ce texte correspond à l'exposé présenté lors du banquet de l'Institut agricole du 11 juin 1891 réunissant Agriculteurs et Elèves. En tant que directeur, le Frère Eugène s'autorise des libertés de propos que ne pourrait avoir le responsable de la Station agronomique. Ce discours, commençant par « Messieurs », est bref, moins de sept pages, et comprend une introduction puis un développement en six points.

Avant que de traiter techniquement de son sujet, il le situe dans son contexte de crise et pourtant « C'est une question... pendante dans le pays depuis quinze ans ». Un problème essentiel est celui du départ des « fils de la terre ». Comment les y fixer ?

La réponse est que Dieu est seul à même, « par le vivre » [à son exemple], de fournir la solution. L'argument a peut-être eu du mal à en convaincre certains...

On passe ensuite aux aspects techniques, économiques et politiques pour y parvenir :

- il faut élever la valeur productive du sol français et obtenir des rendements supérieurs afin de « rendre enfin notre agriculture rémunératrice des sacrifices qu'elle impose ».
- Suit un développement relatif aux avantages de la mécanisation aux Etats-Unis et aux profits qu'elle apporte au pays par rapport aux autres nations dont les européennes ;
- la concurrence internationale est rude, spécialement celle des Etats-Unis grâce aux « prodiges » qu'ont inventés ses habitants ;
- le modèle extensif actuel dans ce pays trouvera ses limites avec la fin des terres disponibles et l'obligation alors d'intensifier avec les charges nécessaires ;
- le protectionnisme est une nécessité avec à l'entrée des produits des actions de l'Etat et à leur sortie des règlements par les voies diplomatiques et des conventions internationales ;
- les rendements sont à élever et les prix de revient à diminuer.

Le mouvement dans l'Oise est déjà bien avancé avec des rendements en blé passés, en 70 ans, de 11 ou 12 hl à l'hectare à 15 ou 16 mais il faut continuer ! et aller plus loin grâce aux progrès de la science, des connaissances techniques et à l'usage accru du crédit.

Suit un vibrant plaidoyer appelant à grossir les rangs de la Société des Agriculteurs de France... dont les membres devaient être bien représentés au banquet !

Le dernier point est une conclusion en faveur d'une agriculture libre, délivrée d'entraves et qui « est reine et non esclave », avec une insistance en direction des Elèves pour que « chacun devienne le soldat de l'Agriculture [qui] doit être le soldat du Christ ».

Un discours très libéral, exhortant aux initiatives individuelles et prémonitoire à plusieurs titres.

2.18. Rapport à MM. les membres du Conseil d'administration de la Station agronomique de l'Oise

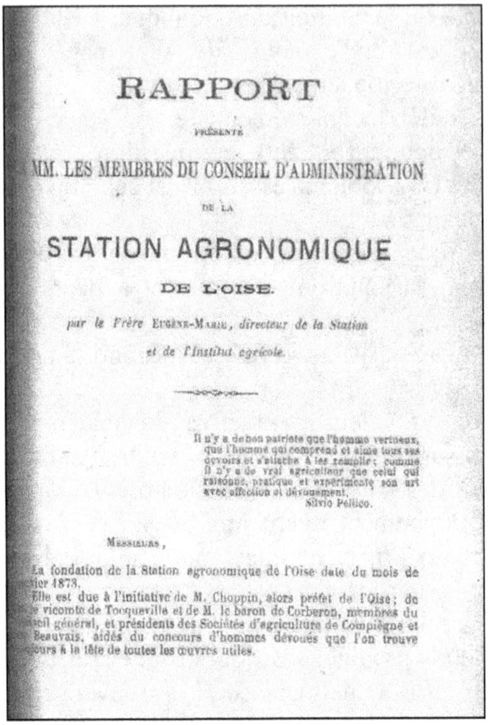

RAPPORT

PRÉSENTÉ

MM. LES MEMBRES DU CONSEIL D'ADMINISTRATION

DE LA

STATION AGRONOMIQUE

DE L'OISE.

par le Frère Eugène-Marie, *directeur de la Station*

et de l'Institut agricole.

Il n'y a de bon patriote que l'homme vertueux, que l'homme qui comprend et aime tous ses devoirs et s'attache à les remplir ; comme il n'y a de vrai agriculteur que celui qui raisonne, pratique et expérimente son art avec affection et dévouement.

Silvio Pellico.

Messieurs,

La fondation de la Station agronomique de l'Oise date du mois de ier 1873.

Elle est due à l'initiative de M. Choppin, alors préfet de l'Oise ; de e vicomte de Tocqueville et de M. le baron de Corberon, membres du seil général, et présidents des Sociétés d'agriculture de Compiègne et Beauvais, aidés du concours d'hommes dévoués que l'on trouve jours à la tête de toutes les œuvres utiles.

Ce document, paru dans la 12e livraison des Annales (1880) est curieusement l'unique de ce type durant la vie du Frère Eugène alors qu'une telle assemblée se tenait régulièrement, au moins une fois par an. Et pourtant ce numéro ne manquait pas d'articles avec ses 83 pages dont 10 pour cet auteur.

Or la Station, créée en 1873, avait derrière elle six années de travaux et il lui en restait une petite quinzaine sous l'autorité de son illustre directeur.

Admettons que ces Rapports et les discussions qui suivaient demeurèrent dans les dossiers de la Station dont on n'a pas trouvé trace.

La citation placée en exergue (de Silvio Pellico) situe bien les propos qui vont être exprimés : « … il n'y a de vrai agriculteur que celui qui raisonne, pratique et expérimente son art avec affection et dévouement ».

Le Rapport commence par un rappel développé sur la création de la Station, ceux qui ont contribué à sa naissance puis à son essor, les moyens reçus, le soutien de la Société des Agriculteurs de France et le règlement adopté contenant le rapport annuel du Directeur : « C'est le devoir, Messieurs, que je remplis en ce moment ». L'avait-il rempli les années précédentes ? On penchera pour le caractère solennel de l'exercice effectué en 1879.

Un premier tableau indique les nombres d'« analyses, expériences ou essais divers à la Ferme » depuis la création, donc sur six campagnes, avec un total de 4 769, soit 795 en moyenne, et des extrêmes de 637 et 1 083, en notant l'impressionnant 642 de 1873 pour une création en janvier seulement ! Bien sûr, il s'agit de mélanges des trois types et l'on amalgame ici un dosage et une expérimentation.

On passe ensuite à ce que l'on trouve dans chaque volume des Annales entre travaux rétribués (très minoritaires) et ceux qui ne le sont pas, pour l'année agronomique 1878-79 ; des données qui illustrent bien les besoins de la clientèle d'une part et ceux nécessités par les expérimentations, notamment celles du Frère Eugène, d'autre part.

Les « travaux scientifiques » sont présentés selon un plan habituel, selon l'annonce qui en est faite, entre météorologie et agriculture proprement dite, mais avec des développements d'ampleurs inégales, matières et choix obligeant.

Les observations météorologiques sont réalisées six fois par jour (toutes les trois heures) par le Frère Adelin et portent sur les critères habituels : pression, température, état hygrométrique, précipitations, état du ciel, vents, vitesse des nuages (! ?) et phénomènes accidentels, puis transmises, le 1er de chaque mois, à l'Observatoire de Paris. Cette somme importante de données et de leurs conséquences, due au dévouement d'un Frère, sera largement utilisée dans les articles du Frère Eugène.

La partie réservée à la zootechnie est ensuite présentée. Elle est modeste mais non négligeable. Le Directeur est avant tout un homme du végétal !

Sont d'abord rappelées les études menées à leur terme et publiées ou non : il en va ainsi d'un « travail spécial » du Frère Laurentius sur la race porcine, de la monographie sur le coupe-bourgeon, d'une étude sur les maladies contagieuses du bétail, et des croisements Durham et Dishley.

Suit, assez curieusement, un développement sur les essais relatifs aux léporidés durant six années et leur abandon par manque d'intérêt des métis obtenus, compte tenu de la dégénérescence et de la perte de fécondité native.

La présentation du thème « Agriculture proprement dite » est notablement plus ample et ne porte que sur la dernière campagne. Les plantes traitées sont les betteraves, le blé, l'avoine, les pommes de terre et les plantes fourragères.

Chacune ou chaque ensemble mérite un développement particulier, sauf les céréales à paille !

Ainsi pour les plantes fourragères vingt-cinq « points de vue », allant de l'étymologie à la durée d'existence en passant par la composition chimique et les migrations de l'azote suivant les époques de végétation, sont cités.

Pour les pommes de terre, les observations ont d'abord porté sur 18 variétés puis durant l'année en cause sur une cinquantaine en provenance d'Angleterre et d'autres pays.

Douze critères correspondant à des études très complètes sont indiqués. Ils ont été présentés précédemment.

Frère Eugène insiste sur la double nécessité de bien prendre en compte l'influence sur les essais des facteurs tels que les variations atmosphériques, la nature du terrain et le mode de culture, et d'homogénéiser les conditions expérimentales : un programme à la pointe des conceptions de son temps !

Les essais sur betteraves ont porté sur l'influence des engrais et leurs modes d'apports, le rendement en sucre, les espacements et les modes de culture. S'y ajouteront des expérimentations sur les betteraves fourragères.

L'exposé présente ensuite les principaux travaux qui seront poursuivis ou entrepris durant la campagne à venir mais avec la poursuite des essais sur les pommes de terre, les betteraves et les graminées fourragères, c'est-à-dire les trois thèmes de prédilection du Directeur, au demeurant fort judicieusement choisis, les croisements Durham et Dishley - Mérinos, l'emploi des purins, et les céréales les plus importantes, mais sans précisions, comme au niveau des résultats.

Deux nouveautés sont offertes : expérimenter le sel marin en agriculture en examinant ses rôles sur la solubilité du plâtre et sur celle de la silice dans les graminées, et son action sur les prairies humides de la vallée du Thérain ; ensuite améliorer la race locale de Gournay qui peuple la basse-cour de la ferme (d'où les articles ultérieurs consacrés à la « Gallinoculture »).

Ce second objectif semble alors motiver particulièrement le Frère Eugène qui ajoute une sorte de monographie plutôt enthousiaste sur cette race en faisant montre de ses talents de conteur. Il est sûr des résultats à venir, d'autant que le sujet est confié « aux soins intelligents du Frère Laurentius, directeur de la Ferme… ».

Enfin, Frère Eugène sollicite les remarques et suggestions de l'assemblée qui, assure-t-il, seront étudiées avec le plus grand soin. On ignore les réactions, s'il y en eut, mais il n'était guère dans les habitudes de l'époque de les rapporter par écrit sous forme de discussion. Il est clair aussi que les participants avaient toute confiance dans la suite des travaux menés après le tableau tel que présenté.

CONCLUSION

Le XIXe siècle est riche de ces hommes qui, avec peu ou pas de formation, ont joué des rôles éminents dans l'édification de l'enseignement supérieur agricole français. Ils ont été cités au début de cet ouvrage.

Frère Eugène-Marie constitue un cas à part dans la mesure où il a eu à faire face, au cours de sa longue vie de travail, à de nombreuses responsabilités administratives, professionnelles et d'animation de l'établissement dont il avait la charge et que, par ailleurs, son état religieux lui ajoutait d'autres contraintes, notamment celles d'une tutelle à subir et de l'accompagnement spirituel et matériel de la communauté au sein de laquelle il vivait.

C'est pourquoi, face à un tel empilement de charges, on ne peut être que surpris et admiratif devant les travaux qu'il a réalisés – certes très aidé – et les nombreuses publications qu'il a commises.

L'objet de ce livre était de présenter cet ensemble en en faisant une analyse critique en son temps et aussi sous l'éclairage de nos connaissances actuelles. Elle a été conduite par thème ou par objet.

Il est temps maintenant de tenter une synthèse de ce qui a été décrit aussi finement que possible puis discuté.

Qu'en ressort-il ?

– La considérable variété des sujets abordés, un peu comme s'il voulait être sur tous les fronts des questions qui étaient alors posées. Néanmoins, on a pu noter ses rapides, mais encore très larges, spécialisations : le blé, la pomme de terre, la betterave et les graminées fourragères. Si Frère Eugène est avant tout un « végétaliste », il ne néglige pas les autres branches sur lesquelles il réalise, ou fait réaliser, des expérimentations, qu'il s'agisse de bovins, d'équins ou de gallinacées. Son goût marqué pour les relations professionnelles et politiques l'a aussi conduit à fréquemment s'exprimer à l'occasion de comices, de réunions de syndicats agricoles ou d'agriculteurs sélectionnés et de visites de fermes. Il le fait également par obligation administrative devant le Conseil de la Station agronomique de l'Oise où il ne perd jamais l'occasion de faire valoir aux politiques présents les réalisations et apports de la structure qu'il dirige.

– La bonne adaptation de ses articles à la cible visée, rédigés avec une grande maestria. Il ne confond pas les simples comptes rendus d'expériences et les textes qui, par leurs apports, vont faire date dans la science agronomique de l'époque. Il ne rédige pas également une intervention devant des hommes politiques influents et une autre à l'occasion d'un comice, mais il reste toujours clair en sachant bien moduler la hauteur de ses propos.

Au fil de ce livre, on s'est posé plusieurs fois la question de textes non explicitement signés mais leur lecture éclaire vite et permet de lui en attribuer ou non la paternité. Quand il écrit, il apporte une « marque de fabrique », notamment lorsque des apports bibliographiques sont nécessaires et en matière de discussion des résultats obtenus.

– Dans deux domaines, les pommes de terre et les graminées fourragères, il est certain que le Frère Eugène s'inscrit dans la ligne des grands agronomes-expérimentateurs de la seconde moitié du XIXe siècle. Au-delà de la création d'une variété de pomme de terre de grande importance et à la si longue vie, il fournit des résultats de qualité qui ne seront cependant peut-être pas pris en considération à leur juste mesure.

On peut y voir trois causes : le fait qu'il n'ait curieusement pas été élu à l'Académie d'Agriculture de l'époque où il aurait rencontré les grands noms du moment ; ses publications qui n'ont trouvé place que dans les annales de l'INAB puis de la SAO ; son état religieux qui a sans doute conduit à un certain isolement par rapport aux « scientifiques », d'autant que la période se prêtait de moins en moins à la prise en considération des travaux des congréganistes et qu'Eugène ne cachait rien de ses convictions. Bien au contraire !

– Comme on l'a indiqué au long de nos analyses critiques, certaines de ses publications pêchent curieusement à deux niveaux : des protocoles expérimentaux manquent de clarté, voire ne sont pas fournis et par ailleurs, il ne tire pas assez des résultats obtenus, préférant parfois en citer d'autres ou en rappeler de plus anciens. On ne peut en être que surpris et on ne voit pas les raisons qui le conduisent à ne pas toujours être irréprochable quant à la construction de ses « papiers » sur lesquels il ne devait pourtant pas ménager sa peine.

– Le niveau de ses articles à finalités scientifique et technique est délibérément bon, notamment quand les objets des expérimentations et analyses touchent aux meilleures variétés du moment et aux fumures les plus adaptées. Ses travaux ont constitué des références à leur époque, de portée nationale et internationale, et leur lecture aujourd'hui montre des raisonnements adaptés à ce qu'étaient les connaissances et spéculations d'alors, certes, mais c'est normal, selon le style et les préoccupations d'il y a près d'un siècle et demi.

Sur ce plan comme sur tous les autres aspects de l'Ecole qu'il dirigeait, il aura été un « monument », exigeant avec lui-même et les autres, portant l'Institution qui lui avait été confiée à un niveau exceptionnel de son histoire.

ANNEXES

ANNEXE 1. Liste des écrits du Frère Eugène-Marie dans les Annales de l'Institut Normal agricole de Beauvais

1860 ou 1861 (Travaux de 1855 à 1860), « 1ère livraison » :
- Notes sur les produits cultivés expérimentalement à l'INAB, pp. 1-62 [manquent 63 et 64].

1862, « 2e livraison » :
- Etudes sur la germination des graines [suite à une contestation], pp. 11-24.
- Etudes sur les pommes de terre, pp. 24-38.

1864, « 3e livraison » :
- Etudes comparées sur les blés, pp. 5-50.

1870, « 5e livraison » :
- Les animaux reproducteurs du Concours régional agricole de Lille, pp. 1-61.

* * *

Liste des écrits du Frère Eugène-Marie dans les Annales de la Station agronomique de l'Oise

[1874 : Annales non parues]

1875, « 2e année » :
- Etudes expérimentales sur les meilleures espèces de pommes de terre de la grande culture, pp. 6-37.

1876, « 3e année » :
- Etudes expérimentales sur les meilleures espèces de pommes de terre de la grande culture, pp. 7-42.

1877, « 9e livraison » :
- Etudes expérimentales sur les graminées fourragères, pp. 3-22.

- Etudes expérimentales sur les meilleures pommes de terre de la grande culture, pp. 27-37.

1878, « 10e livraison » :
- Etudes expérimentales sur les meilleures variétés de pommes de terre de la grande culture, (contient la « Réponse aux observations critiques de M. Lefebvre de la Fargue »), pp. 3-40.
- Stations des étalons de l'Etat à la ferme de l'Institut agricole et à Grandvilliers, pp. 65-85.
- Les Graminées fourragères (suite), pp. 91-108.

1879, « 10e [erreur car 11e] livraison » :
- Les graminées fourragères (suite), pp. 5-27.

1880, « 12e livraison » :
- Rapport présenté à M.M. les membres du Conseil d'administration de la Station agronomique de l'Oise, pp. 3-12.
- Etudes expérimentales sur les meilleures espèces de pommes de terre de la grande culture, pp. 13-22.
- Rapport de la visite des fermes des deux cantons de Beauvais, en 1879, pp. 23-41 [non signé, doute sur la paternité].
- Les Graminées fourragères (suite), pp. 57-79.

1881, « 13e livraison » :
- Etudes expérimentales sur les meilleures espèces de pommes de terre de la grande culture, pp. 3-26.
- Rapport de la Commission de la visite des fermes du canton de Noailles [du 14 août 1876], pp. 47-70.
- Les Graminées fourragères (suite), pp. 85-104.

1882, « 14e livraison » :
- Historique de la Station agronomique de l'Oise annexée à l'Institut agricole de Beauvais – Réponse au questionnaire, pp. 3-15.
- Etudes expérimentales sur les meilleures espèces de pommes de terre de la grande culture, pp. 23-37.
- Rapport sur l'ensilage pratiqué au Boulleaume, chez M. le Comte de la Chézelles, pp. 65-71.
- Les Graminées fourragères (suite), pp. 85-108.

1883, « 15e livraison » :
- Etudes expérimentales sur les meilleures espèces de pommes de terre de la grande culture, pp. 3-24.
- Rapport sur la race bovine exposée au Concours d'Auneuil, pp. 57-64.
- Les Graminées fourragères (suite), pp. 91-101.

1884, « 16e livraison » :
- Etudes expérimentales sur les meilleures espèces de pommes de terre de la grande culture, pp. 3-22.
- Les Graminées fourragères (suite), pp. 49-60.

1885, « 17e livraison » :
- Rapport du Frère Eugène-Marie présenté aux délégués des Sociétés d'agriculture de Beauvais, Clermont, Compiègne et Senlis réunis à l'Hôtel de la Préfecture de l'Oise le 19 décembre 1884, pp. 1-16.
- Etudes expérimentales sur les Betteraves à sucre, pp. 17-44.
- Les Graminées fourragères (suite), pp. 49-55.

1886, « 18e livraison » :
- Etudes expérimentales sur les Betteraves à sucre, pp. 1-35.

1887, « 19e livraison » :
- Organisation des champs de démonstration (Rapport du Frère Eugène-Marie à Monsieur le Baron de Corberon, Président de la Commission de l'enseignement agricole au Conseil général), pp. 1-11.
- Etudes expérimentales sur les Betteraves à sucre (3e rapport), pp. 12-23.
- Engrais artificiels – Leur influence pendant trois années consécutives, pp. 30-47.
- Les Graminées fourragères (suite), pp. 77-101.

1888, « 20e livraison » :
- Champs de démonstration de l'arrondissement de Beauvais (2e rapport du Frère…), pp. 1-20.
- Les Graminées fourragères (suite), pp. 47-66.

1889, « 21e livraison » :
- Champs de démonstration et champs d'essais de l'Institut agricole de Beauvais (4e rapport du Frère…), pp. 1-25.
- Rapport général sur les races bovine, ovine, porcine et galline, pp. 54-68.

1890, « 22e livraison » :
- Champs de démonstration et champs d'essais de l'Institut agricole de Beauvais (5e rapport du Frère…), pp. 1-34.
- Les Graminées fourragères (suite et fin des fétuques), pp. 35-53.

1891, « 23e livraison » :
- Enquête sur la culture de la Betterave à sucre dans l'Oise (campagne de 1890), pp. 1-15.
- Discours prononcé par le Frère Eugène-Marie en présence des principaux agriculteurs de la région [Banquet de l'Institut agricole de Beauvais du 11 juin 1891], pp. 17-23.
- Les Graminées fourragères (suite), pp. 25-32.

1892, « 24e livraison » :
- Gallinoculture (Races de Gournay et de Crèvecœur), pp. 5-16.
- L'agriculture du Canton de Grandvilliers. Rapport de la Commission de visite des Fermes, pp. 17-36.
- Les Graminées fourragères (suite), pp. 37-45.

1893, « 25e livraison » :
- Commission des champs de démonstration de l'Oise, Rapport du Frère Eugène-Marie lu à Creil le 15 décembre 1892, pp. 5-13.
- Gallinoculture (suite) (Races de Houdan et de La Flèche), pp. 14-26.
- Rapport sur les champs de démonstration de l'Institut agricole, présenté par le Frère Eugène-Marie à la Société d'agriculture de Beauvais (séance du 29 avril 1893), pp. 37-44.
- Les Graminées fourragères (suite), pp. 45-52.
- Variétés (1- Rutabagas, 2- Feuilles et alimentation économique), pp. 53-59.

* * *

En fin de volume, figurent les tarifs de la Station et les résumés des expériences et analyses effectuées, selon une présentation et un contenu un peu variables.
Le Frère Eugène en est, si ce n'est le rédacteur, au moins le superviseur.

* * *

ANNEXE 2. Liste des écrits d'autres professeurs et de personnalités dans les Annales de l'Institut Normal agricole de Beauvais

1860 ou 1861 « Travaux de 1855 à 1860) « 1ère livraison » :
- Etude raisonnée des maladies contagieuses et épizootiques dans le département de l'Oise de 1746 à 1865 [publié pour l'essentiel en 1865], Ernest Dubos, pp. 66-72.

1862, « 2e livraison » :
- Historique de la création de l'INAB, Louis Gossin, pp. 1-10+

1864, « 3e livraison » :
- Droit rural, A. Bourguignat, pp. 1-4.
- Enseignement professionnel de l'agriculture ; Instituts agricoles, Louis Gossin, pp. 51-57.
- *Holcus*, Frère Laurentius, pp. 57-65.

1865 ou 1866, « 4e livraison » :
- Fête annuelle de l'INAB le 12 décembre 1865, Anonyme, pp. 1-8.
- La crise agricole de 1865 et 1866, Louis Gossin, pp. 9-40.
- De la propriété des chemins ruraux, A. Bourguignat, pp. 41-73.
- Etude raisonnée des maladies contagieuses et épizootiques dans le département de l'Oise de 1746 à 1865, Ernest Dubos, pp. 74-120.

1870, « 5e livraison » :
Néant [sauf article du Frère Eugène-Marie].

* * *

Liste des écrits d'autres professeurs et de personnalités dans les Annales de la Station agronomique de l'Oise jusqu'au décès du Frère Eugène-Marie

[1847 : Annales non parues]

1875, « 2e année » :
- Procès-verbaux des séances du Conseil d'administration de la Station agronomique de l'Oise du 30 juillet 1874 et du 16 février 1875, Anonyme, pp. 3-5.
- Rapport sur les analyses faites au laboratoire de chimie. Année 1874, A. Ducrocq, pp. 38-43.
- Expériences sur les engrais appliqués à la betterave et au blé de Noé. Vérification de la loi des dominantes, Frère Almir, pp. 44-50.
- Champs d'expérience de culture de betteraves – Pesées des graines.

- Société d'agriculture de Compiègne et Comité des fabricants de sucre de l'Oise – Pesées des engrais.
- Analyse des betteraves sur les différentes graines.
- Analyse des betteraves sur les différents engrais.
- Classement des graines et engrais.
(Ensemble imprimé à Compiègne, non paginé [total : 15 pages]).

1876, « 3e année » :
- Procès-verbal du Conseil d'administration de la Station agronomique de l'Oise du 12 juillet 1876, Louis Gossin, pp. 3-4.
- Expériences sur les engrais appliqués à la Betterave, au Blé et aux Féverolles, Frère Almyr, pp. 43-52.

1877, « 9e livraison » :
- Application d'engrais minéraux aux herbages, Louis Gossin, pp. 23-25.

1878, « 10e livraison » :
- Emploi du plâtre et du phosphate de chaux sur les herbages dans l'Argonne, Louis Gossin, pp. 41-42.
- Apiculture. Essaimage artificiel…, Frère Adelin, pp. 43-48.
- Questions d'arboriculture fruitière, de culture maraîchère et de floriculture, Delaville aîné, pp. 49-53.
- Expériences sur les Betteraves (3e série, suite), Frère Almir, pp. 55-60.
- Jurisprudence rurale, Charles Gossin, pp. 61-64.
- Stations agronomiques en France, Alfred Durand-Claye, pp. 87-90.

1879, « 10e [erreur car 11e] livraison » :
- La lisette ou coupe-bourgeons. Histoire d'un petit bûcheron de quelques millimètres *Rhynchites alliariae*, Ch. Delacour, pp. 29-33.
- De la péripneumonie bovine contagieuse dans le département de l'Oise pendant l'année 1878, Ernest Dubos, pp. 35-37.
- Législation rurale, Charles Gossin, pp. 39-44.
- Nos observations personnelles sur la culture du topinambour, Louis Gossin, pp. 45-47.
- Rapport de la Commission de la visite des fermes du Canton de Neuilly-en-Thelle (Oise), E. Duvivier, pp. 49-54.
- Variétés, Frère Laurentius, pp. 55-59.
- Expériences sur la culture de la Betterave à sucre (4e série), Frère Almir, pp. 61-63.
- Extrait de la correspondance adressée au directeur de la Station agronomique de l'Oise. Différentes appréciations, Louis Gossin, pp. 65-70.

1880, « 12e livraison » :
- De l'amour des fourmis pour leur progéniture (fragment d'Histoire naturelle morale), Ch. Delacour, pp. 42-46.
- Emploi du Maïs pour la nourriture des chevaux, Ernest Dubos, pp. 47-49.
- Jurisprudence rurale, Charles Gossin, pp. 50-52.
- Arbres fruitiers et plantes potagères qui méritent d'être propagés, Delaville aîné, pp. 53-56.

1881, « 13e livraison » :
- De l'usage du lait et de la chair des animaux atteints de la fièvre aphteuse, Ernest Dubos, pp. 27-30.
- Etudes sur l'influence des phosphates appliqués aux céréales et à la Betterave à sucre, Frère Almir, pp. 31-35.
- Fabrication du cidre par déplacement ou lixiviation, A. Delaville aîné, pp. 37-46.
- Génie rural. Aménagement des eaux au profit de l'Agriculture, J. Laffineur, pp. 71-77.
- Jurisprudence agricole, Charles Gossin, pp. 81-84.

1882, « 14e livraison » :
- Rapport de la Commission de la visite des fermes du Canton de Froissy (24 juillet 1881), Ulysse Roussel, pp. 17-22.
- Renseignements pratiques pour la direction d'un rûcher, Frère Adelin, pp. 39-44.
- De la maladie des cidres, Delaville aîné, pp. 45-48.
- Résumé des études sur les meilleures variétés de fruits faites par le Congrès pomologique de France, Delaville aîné, pp. 49-52.
- Jurisprudence rurale, Charles Gossin, pp. 53-56.
- Culture des terrains argileux, humides et froids, Charles Gossin, pp. 57-63.
- De la production et de l'utilisation du cheval dans le département de l'Oise et notamment dans l'arrondissement de Beauvais, Ernest Dubos, pp. 73-77.
- Expériences sur l'alimentation, Frère Almir, pp. 79-83.

1883, « 15e livraison » :
- Rapport de la visite des fermes du Canton d'Auneuil, M. Galmel, pp. 25-42.
- Rapport de la Commission de visite des fermes du Canton de Chantilly (9 septembre 1882), M. Sagny, pp. 43-46.
- Rapport de la Commission de visite des fermes du Canton de Ressons (24 août 1882), A. Senez, pp. 47-56.
- Essais sur les insectes qui attaquent plus particulièrement le pommier, Ch. Delacour, pp. 65-74.
- Jurisprudence rurale, Charles Gossin, pp. 75-77.

- Production et amélioration du cheval [second article, cf. 1882], Ernest Dubos, pp. 78-82.
- Résumé des études sur les meilleures variétés de fruits faites par le Congrès pomologique de France, [second article, cf. 1882], M. Delaville aîné, pp. 83-85.
- Le chou-fleur géant d'automne, M. Delaville aîné, pp. 86-87.
- L'églantier, M. Delaville aîné, pp. 88-90.

1884, « 16e livraison » :
- Essais sur les insectes qui attaquent les feuilles. La teigne hermine, Ch. Delacour, pp. 23-27.
- De la ferrure traditionnelle, Ernest Dubos, pp. 28-34.
- Rapport de la Commission de la visite des fermes du Canton de Senlis, M. Sallembien, pp. 35-42.
- Apiculture, Frère Adelin, pp. 43-48.

1885, « 17e livraison » :
- Une nouvelle variété de Pomme de terre L'« Institut de Beauvais », Charles Gossin, pp. 45-48.

1886, « 18e livraison » :
- Etude géologique du terrain sur lequel repose la Ferme du Bois, annexe de l'Institut agricole de Beauvais, Frère Alfrid-Félix, pp. 37-48 (à suivre).
- Culture potagère : récolte et conservation des Pommes de terre hâtives. Culture florale : multiplication du *Pelargonium zonale*. Arboriculture fruitière : raisins de treille. Opération du cisellement, M. Delaville, pp. 49-53.
- Essais divers : superphosphates, restauration des terres, Frère Almir, pp. 54-61.

1887, « 19e livraison » :
- Apiculture : choix de la ruche..., Frère Adelin, pp. 24-29.
- La comptabilité du sol (améliorations, détériorations), Charles Gossin, pp. 48-51.
- Etude géologique du terrain sur lequel repose la Ferme du Bois... (suite), Frère Alfrid-Félix, pp. 52-71.
- La sidération considérée du point de vue pratique, Frère Almir, pp. 72-76.

1888, « 20e livraison » :
- Congrès de l'Association pomologique de l'Ouest, tenu au Havre du 3 au 9 octobre 1887. Rapport sur les fruits à cidre et les cidres, M. Delaville aîné, pp. 21-24.
- Etude du domaine rural par la géologie, Frère Alfrid, pp. 25-30.
- Champs de démonstration de l'arrondissement de Beauvais (3e rapport). Etude de l'influence des engrais minéraux et azotés sur des prairies naturelles à Beauséjour, près Beauvais, Frère Almir, pp. 31-46.

1889, « 21e livraison » :
- Etude sur les engrais liquides, Frère Almir, pp. 26-34.
- Apiculture : hivernage des ruches, Frère Adelin, pp. 35-39.
- Culture rationnelle et économique de la Pomme de terre, Frère Antonis, pp. 40-48.
- Concours du Coudray-Saint-Germer. Rapport de la Commission de la visite des fermes, Colonel Perrodon, pp. 49-54.

1890, « 22e livraison » :
- De l'emploi de la chaux pour la conservation des Légumes et des Fruits, M. de Monclar, pp. 54-56.
- Les phosphates d'Hardivillers. Première partie : étude des gisements, C. Leluy, pp. 57-68.

1891, « 23e livraison » :
- Etude sur l'avoine et l'emploi de quelques engrais chimiques, Frère Almir, pp. 33-41.
- Les phosphates d'Hardivillers. Deuxième partie : exploitation et mise en valeur, C. Leluy, pp. 43-54.

1892, « 24e livraison » :
- Les plantes barométriques [divertissement], Anonyme, p. 46.
- Notes sur l'apiculture : maniement, précautions, remèdes, Frère Adelin, pp. 47-51.
- Les phosphates d'Hardivillers. Troisième partie : emploi des phosphates, C. Leluy, pp. 52-61.

1893, « 25e livraison » :
- Quelles sont les meilleures Pommes de terre ? Frère Antonis, pp. 27-36.

* * *

ANNEXE 3. Commission des champs de démonstration de l'arrondissement de Beauvais

3e rapport. Etude de l'influence des engrais minéraux et azotés sur des prairies naturelles à Beauséjour, près Beauvais

Cet article, publié dans les Annales de 1888, n'a pas sa place dans ce livre car il est signé du Frère Almir (parfois écrit Almyr), professeur de Chimie analytique à l'Institut. Mais son thème et le fait qu'il s'associe avec le numéro 3 dans la série produite par le Frère Eugène incitent à en tenir compte, au moins de façon sommaire, et d'autant que son propos s'applique aux prairies naturelles, sujet nouveau dans la série.

Une première section présente l'objet de la communication : avoir le meilleur rapport en utilisant de bonnes pratiques, en appliquant des essais sur des prairies naturelles de Beauséjour, petit domaine appartenant à l'Institut et situé près de Beauvais (aujourd'hui « Parc Marcel-Dassault »). L'auteur distingue d'abord les prairies permanentes ou herbages et les prairies temporaires. C'est sur les secondes que portera l'exposé.

Après des conseils de bon sens sur les espèces végétales à retenir et sur les fauchages qui ne doivent pas être excessifs, Frère Almir pose trois questions : ces prairies contribuent-elles à l'amélioration du sol ? Peuvent-elles entrer dans un système d'assolement ? Et si oui, donneraient-elles un bénéfice ?

Afin de répondre à la première, le Rédacteur cite notamment les travaux de J.A. Barral, éminent académicien et rédacteur du Journal de l'Agriculture et d'autres, convergents, sur les prélèvements en éléments (azote, acide phosphorique, potasse mais aussi chaux et magnésie) de différentes cultures dont des « graminées » et des « légumineuses » [mais sans que la composition floristique nous soit fournie].

Il fait suivre une large discussion des données disponibles d'où ressortent des éléments qui vont dans beaucoup de sens et évoque, pour les légumineuses, le fait qu'elles « … s'approprient l'azote de l'atmosphère… d'après les théories admises généralement … ». Puis il indique les prélèvements pour les mêmes éléments de treize graminées.

En réponse aux questions posées, il conclut positivement : la « … prairie temporaire ne donnera pas de larges bénéfices, mais […] n'occasionnera pas de grandes dépenses ». Il estime qu'elle peut durer de cinq à six ans, avec des investissements limités.

Un tableau indique ensuite les résultats des essais de Beauséjour effectués en terre limoneuse sur des prairies « … créées depuis 5 ans [et qui] ont été fauchées chaque année ». On ignore les dominantes floristiques et les surfaces en expérimentation.

Quatre traitements d'engrais sont apportés à côté du témoin : des phosphates de Pernes, du superphosphate et deux engrais complets provenant de deux fournisseurs d'Amiens. Les rendements en foin présentés indiquent des excédents qui sont considérables avec 117% et 114% du témoin pour les engrais complets, 73% pour les phosphates de Pernes et 45% dans le cas du superphosphate. Sont précisés les éléments contenus dans une tonne de foin pour chaque cas avec des hausses fortes en acide phosphorique, chaux, potasse et magnésie (sauf avec le superphosphate).

D'autres résultats non présentés auparavant sont mentionnés avec un certain « engrais Joulie » et du purin, tous deux très efficaces.

Les données financières sont également précisées à la manière de ce que fait le Frère Eugène.

Frère Almir n'exploite que très peu ses résultats et se livre vite à des préconisations générales de fertilisation avant que d'offrir des synthèses sur l'utilité des « ... éléments essentiels de tout végétal » dont l'analyse n'a pas sa place ici.

En conclusion, il présente un court plaidoyer en faveur des prairies en l'achevant par « la maxime du père Bujeaud [qui] est toujours vraie : "Veux-tu du blé, fais des prés" ».

* * *

Cet article laisse le lecteur sur sa faim car il y a une distorsion entre son titre et son contenu. Les quelques expériences apportées sont mal exploitées et le discours sert en fait à présenter la bibliographie et les avis de l'auteur sur les besoins en engrais.

En cette matière, il n'est pas plus clair que son Directeur qui a probablement dû « laisser passer » cette publication sur un sujet neuf qui aurait mérité mieux. Par une petite « touche » précédemment mentionnée, on sait que les relations entre les deux Religieux n'étaient peut-être pas dans la cordialité souhaitée par la Congrégation entre Confrères...

* * *

ANNEXE 4. Liste des récompenses obtenues par l'Institut agricole sous le directorat du Frère Eugène-Marie [d'après le Livre d'Or de l'Institut]

1864 : à Melun :
- une médaille d'or, une d'argent et une de bronze pour des animaux reproducteurs,
- une médaille d'argent et une de bronze pour des animaux de basse-cour,
- quatre mentions honorables.

à Méru :
- un premier prix, médaille d'argent et un deuxième prix, médaille de bronze pour des animaux reproducteurs,
- deux mentions honorables.

1865 : à Versailles :
- quatre médailles d'or, cinq d'argent et une de bronze pour des animaux reproducteurs,
- deux médailles de bronze pour des animaux de basse-cour,
- cinq mentions honorables.

à Auneuil :
- une médaille de vermeil pour le dessin.

à Paris :
- huit mentions honorables à des élèves pour le dessin et une mention honorable au professeur pour son enseignement.

1866 : à Laon :
- trois médailles d'or et trois médailles d'argent pour des animaux reproducteurs,
- trois médailles d'argent et trois de bronze pour des animaux de basse-cour,
- cinq mentions honorables.

à Châteauroux :
- une médaille d'or pour l'élevage d'animaux reproducteurs (attribuée au Frère Eugène-Marie).

1867 : à Paris :
- une médaille d'or grand module pour les produits agricoles,
- une médaille d'argent au Frère Eugène-Marie comme exposant de ces produits.

à Amiens :
- une médaille d'or, une d'argent et trois de bronze pour des animaux reproducteurs,
- une médaille d'argent et deux de bronze pour des animaux de basse-cour,
- quatre mentions honorables.

1868 : à Breteuil :
- le prix d'excellence pour la musique et une couronne de vermeil à son directeur M. Bouctard,
- une médaille de vermeil grand module pour l'orphéon,
- une médaille d'argent pour la fanfare (directeur M. Louys).

1869 : à Beauvais :
- une médaille d'or pour les produits agricoles,
- une médaille d'or, cinq d'argent et deux de bronze pour des animaux reproducteurs,
- une médaille de bronze pour le concours apicole,
- cinq mentions honorables,
- le prix d'ensemble consistant en un objet d'art donné par l'Empereur (coqs et poules).

1873 : à Vienne (Autriche) :
- diplôme de coopération à la médaille de progrès pour le dessin (Exposition collective des Frères des écoles chrétiennes).

à Sainte-Geneviève :
- médaille d'argent pour la fanfare.

1874 : à Beauvais :
- un second prix pour le dessin,
- un premier prix pour le concours agricole.

à Grandvilliers :
- le premier prix pour le concours agricole.

1876 : au Puy :
- une médaille d'or au Frère Eugène-Marie pour l'élevage d'animaux reproducteurs,
- une médaille d'argent pour le même motif.

1877 : à Compiègne :
- une médaille d'or, cinq d'argent et une de bronze pour des animaux reproducteurs,
- une médaille de bronze pour des animaux de basse-cour,
- cinq mentions honorables,
- et la Prime d'honneur du concours (objet d'art).

à Beauvais (concours hippique) :
- deuxième prix à Bijou (trait),
- cinquième prix à La Favorite (pouliche de deux ans).

1878 : à Paris :
- une médaille d'or grand module pour des produits agricoles,
- un diplôme de coopération (mention très bien),
- une médaille d'or à l'Exposition collective des Frères,

à Mouy :
- trois médailles de vermeil pour la musique (fanfare) et une de vermeil au professeur (M. Barné).

à Beauvais (concours hippique) :
- huitième prix à Bichette (demi-sang),
- premier prix à Diane (trait),
- premier prix à Gazelle (pouliche de trois ans).

1879 : à Beauvais :
- une médaille d'or au concours apicole,

(concours hippique) :
- douzième prix à Faustine (demi-sang),
- quatrième prix à Diane (trait),
- quatrième prix à Figaro (poulain d'un an),
- quatrième prix à Vénus (pouliche d'un an).

1880 : à Charenton :
- trois médailles de vermeil pour la musique,

à Beauvais : (concours hippique) :
- neuvième prix à Bichette (demi-sang),
- quatrième prix à Perrette (trait),
- cinquième prix à Figaro (poulain de deux ans),
- sixième prix à Vénus (pouliche de deux ans),
- septième prix à Finette (pouliche d'un an).

1881 : à Beaumont :
- deux médailles de vermeil pour la musique,

à Beauvais (concours hippique) :
- huitième prix à Julia (demi-sang),
- septième prix à Perrette (trait),
- deuxième prix à Vénus (pouliche de trois ans),
- troisième prix à Rosette (id),
- quatrième prix à Poulette (id),
- dixième prix à Poupette (pouliche de deux ans).

1882 : à Lille :
- une médaille d'argent (chevaux attelés),
- une médaille de bronze (juments poulinières).

à Beauvais (concours hippique) :
- quatrième prix à Vénus (demi-sang),
- huitième prix à Bijou (trait),
- troisième prix à Dina (demi-sang - trois ans),
- cinquième prix à Poupette (id).

1883 : à Creil :
- deux médailles de vermeil pour la musique et une de vermeil au professeur (M. Faris).

à Lille :
- une médaille d'argent (poulain),

à Beauvais (concours hippique):
- sixième prix à La Louve (demi-sang),
- dix-septième prix à Abeille (id),

– dix-neuvième prix à Gypsy (id),
– deuxième prix à Bijou (id),
– sixième prix à Diane (id),
– premier prix à Alerte (pouliche de deux ans),
– quatrième prix à Flora (id).

1884 : à Aumale :
– deux médailles de vermeil pour la musique.

à Beauvais (concours hippique):
– huitième prix à Abeille (demi-sang),
– douzième prix à Faustine (id),
– quinzième prix à La Louve (id),
– septième prix à Perrette (trait),
– premier prix à Alerte (demi-sang - trois ans),
– quatrième prix à Flora (id),
– troisième prix à la Biche (id),
– cinquième prix à Frisette (id).

1885 : à Beauvais :
– rappel de la Prime d'honneur de Compiègne (1877),
– une médaille d'or grand module pour les jardins fruitiers de Beauséjour,
– une médaille d'or pour les produits agricoles,
– quatre médailles d'or, deux d'argent et une de bronze pour les animaux reproducteurs,
– deux mentions honorables,
– le prix d'ensemble pour huit lots (porcs),
– sept premiers prix pour des animaux de basse-cour,
– sept mentions honorables,
– le prix d'ensemble (plat artistique)

(concours hippique):
– premier prix, médaille d'or à Rosita (jument),
– troisième prix, médaille de bronze à Frisette (jument).

(concours scolaire) :
– ?

Selon une nouvelle présentation dans le Livre d'Or

1886 : Concours hippique de Beauvais :
– sept prix pour juments et pouliches.

1887 : Concours hippique des Haras (Beauvais) :
– six prix dont deux premiers pour juments suitées.

1889 : Concours hippique des Haras (Beauvais) :
– neuf prix sur dix bêtes présentées,
– neuf prix pour juments suitées et pouliches.

1890 : Concours hippique des Haras (Beauvais) :
– quatre prix dont deux premiers pour juments suitées.

Concours régional d'Amiens :
– quatre prix dont un premier et un second dans l'espèce porcine.
Société des agriculteurs de France :
– une médaille d'argent grand module pour la porcherie.
Concours hippique de Lille :
– trois prix dont un second.
1891 : Concours régional de Versailles :
– quatre prix pour l'espèce porcine.
Concours hippique de Beauvais :
– quatre prix dont deux premiers.
1892 : Concours des Haras (Beauvais) :
– neuf prix dont trois premiers.
1893 : Concours hippique de Beauvais :
– sept prix pour juments suitées et pouliches.

* * *

Pour mémoire : autres récompenses personnelles reçues par le Frère Eugène-Marie

- 1860 Diplôme d'honneur de la Société polytechnique universelle.
- 1877 Officier d'Académie.
- 1885 Souvenir des Anciens Elèves de l'Institut agricole (objet d'art : jument et poulain).
- 1890 Cadeau à l'occasion de ses Noces d'Or.

Rappel : Frère Eugène a décliné, à la fin de l'Empire, la proposition qui lui a été faite d'attribution de la Légion d'honneur, afin de ne pas recueillir seul les mérites d'une équipe.

* * *

ANNEXE 5. Le soutien et le patronage de la Société des agriculteurs de France (SAF)

La Société des agriculteurs de France est une association, aujourd'hui selon la loi de 1901 et reconnue d'utilité publique, portée à l'été 1867 par Edouard Lecouteux, Professeur à l'Institut national agronomique, Rédacteur en chef du Journal d'agriculture pratique et membre du Conseil supérieur de l'agriculture. Le 13 mai 1868, ses 867 membres « de la première heure » élisent, au cours d'une Assemblée générale constitutive, leur premier président : Edmond Drouyn de Lhuys, Edouard Lecouteux assurant la fonction de secrétaire.

Sa création a donc lieu dans les moments de l'instauration d'une politique de libre-échange par Napoléon III. Elle a pour but de solidariser les intérêts du monde agricole et ainsi de lutter contre l'isolement bien fréquent de ses acteurs.

Depuis sa création, la SAF est demeurée fidèle à sa vocation initiale d'être « le laboratoire d'idées du secteur agricole "[...]" porteur de progrès, lieu d'expertise, forum de réflexion et force de proposition ».

Au cœur du mouvement agraire français de la seconde moitié du XIXe siècle, elle a rapidement (après 1884) joué un rôle essentiel dans le parrainage de nombreux syndicats agricoles et de leur Union centrale, puis plus tard dans la mise en place des Organisations professionnelles agricoles dont la Mutualité sociale, Groupama et, plus près de nous, des Centres d'études techniques et du secteur bancaire.

Aujourd'hui, elle se positionne comme un « think tank » de l'agriculture, fournissant analyses et préconisations pour développer sa compétitivité. Son mot d'ordre est : « Ensemble, construisons l'agriculture de demain ». Elle prône l'agriculture d'entreprise à l'écoute du marché. Ses membres sont des chefs d'entreprises, des juristes, des enseignants-chercheurs, des consultants et des cadres de l'amont et de l'aval de l'agriculture.

Son travail et sa réflexion sont menés en douze sections, dont agriculture, élevage et industrie laitière, relations internationales ... et enseignement agricole (la dixième). Elle organise des cycles de réflexion et des colloques, et publie des documents reconnus de poids sur des sujets d'actualité qu'elle a fait progresser puis concrétiser.

* * *

Il a été précédemment indiqué que la Chambre républicaine, élue en 1879, avait rapidement voté la laïcisation de l'enseignement public. Dans le cas de l'Institut de Beauvais, la subvention de 1 000 F jusque-là attribuée n'allait pas être versée à partir de 1883 et le préfet du département fut prié de ne plus s'occuper des examens et des diplômes délivrés. Un double coup rude face auquel il fallait réagir vite !

Ce que fit le Frère Eugène, en s'adressant à la SAF, puissamment aidé par Paul Blanchemain, jeune et brillant Ancien Elève, co-fondateur de la grande Société, Secrétaire de son Conseil en 1873 avant d'en devenir Vice-Président en 1899.

La requête, appuyée par des amis fidèles, tomba en pays connu ne serait-ce que par les rôles qu'Edouard de Tocqueville et Louis Gossin ont joué à la SAF, le premier en étant Vice-Président et Président de la Commission « enseignement » et le second, très actif là aussi, délégué par la Société d'agriculture de Beauvais et membre du Conseil d'administration. D'importants points communs existent donc aux sources de l'Institut et de la Société...

Par ailleurs, les deux premiers présidents – le second étant le Marquis de Dampierre – connaissent bien « Beauvais », et des membres actifs, grands agronomes de l'époque comme de Gasparin, Pasteur et Rister, des responsables de l'enseignement agricole comme Bella, Rieffel et Tisserand, ne sont pas insensibles à ce qui s'y réalise : ils sont destinataires des « Annales », constatent que les travaux scientifiques rapportés sont de bonne qualité ... et qu'un certain Frère Eugène-Marie est hautement reconnu au sein des mondes dans lesquels il évolue ... et que l'Ecole fonctionne bien et a bonne réputation.

Toujours est-il qu'une « Commission » est déléguée dès l'année 1883 pour les examens subis par les Elèves, même si elle ne revêt pas de caractère officiel. Il semble que ce soit Paul Blanchemain qui ait sollicité de la SAF un patronage officiel de l'Institut.

La décision est rapidement obtenue : lors du Conseil d'administration du 29 mai de la même année, l'accueil de la demande est favorable et une Commission de six membres est désignée pour présider les examens en juin. C'est une nouvelle page qui s'ouvre ... et qui perdurera jusqu'en 1939 !

Avec le temps, la Commission « prendra ses habitudes » et s'étoffera mais ses rôles resteront les mêmes : interroger les élèves, contrôler leurs connaissances pratiques et présider les jurys de thèses agricoles. A l'issue de ces opérations, plutôt lourdes, un rapport est dressé sur ce qu'ont ressenti les membres, qui s'achève par les diplômes et récompenses délivrés avec le classement des candidats.

La SAF aura donc joué un rôle essentiel et important à l'Institut agricole en répondant vite, comme espéré, à une demande pressante de ses Responsables, au premier rang desquels Frère Eugène et Paul Blanchemain, et en assurant pendant cinquante-sept ans une fonction de référent de premier ordre.

« Beauvais » ne sera pas un cas isolé puisque la Commission de l'enseignement agricole se penchera aussi sur l'enseignement supérieur public avec des actions dans la création de l'Institut national agronomique en 1876, dans le cadre de la loi de la même année sur cet enseignement et de celle de 1879 relative aux Professeurs départementaux d'agriculture.

Son influence sera sans doute encore plus grande au niveau de l'enseignement supérieur agricole privé avec le soutien à la création d'une Ecole à Lille en lien avec l'Institut catholique de cette ville (qui disparaîtra en 1896 avant d'être reconstituée en 1964), ainsi qu'à Angers puis à Purpan. Un beau palmarès duquel émerge malgré tout « Beauvais » tant l'association au sens plein du terme aura été étroite et pérenne, et dont il restera des marques.

* * *

ANNEXE 6. Annexes sur la pomme de terre « Institut de Beauvais »

1. Caractères de la variété selon un document de la Fédération nationale des producteurs de plant de Pomme de terre (FNPPPT) de 1960. [On notera la rectification partielle des données relatives à l'origine].

INSTITUT DE BEAUVAIS

ORIGINE :

Ecole de Beauvais, existait en 1884 dans la collection VILMORIN.

TUBERCULE :

Peau : Jaune pâle, verdit à la lumière.
Forme : Variable, allongée, un peu aplatie.
Chair : Blanche, à grain moyen.
Yeux : Demi-enfoncés, teintés de rose.
Germe : Rose à la base. Moyen, conique, bourgeon petit, fermé. Ecailles divergentes. Pilosité faible. Assez velu au sommet.
Caractères généraux : Tubercules à peau très claire et fine, en général volumineux.

PLANTE :

Taille : Grande.
Port : Demi-dressé.
Tige : Grosse, légèrement pigmentée à la base.
Feuille : Vert clair, longue, plane et retombante, peu divisée, pétiole rose. Folioles ovales larges, planes. 1 paire de folioles intercalaires peu développées.
Fleur : Blanche, moyenne, abondante. Inflorescence demi-lâche, non-pigmentée.
Fruit : Néant.
Stolon : Moyen, blanc.

CARACTERES PHYSIOLOGIQUES :

Précocité : Demi-tardive à tardive.
Résistance aux maladies :
Galle verruqueuse : sensible.
Mildiou : sensible.
Maladies de dégénérescence : sensible à l'enroulement, à la mosaïque et à la bigarrure.
Aptitudes culturales : Variété rustique mais plutôt adaptée aux sols légers et humifères, assez résistance à la sécheresse.
Utilisation : Fourragère et grande consommation.
Rendement : Moyen.

OÙ PRODUIT-ON LES PLANTS D'INSTITUT DE BEAUVAIS ?

Côtes-du-Nord. Finistère.

2. La Pomme de terre « Institut de Beauvais »

« Créée » en 1856. Sélectionnée 25 ans. « Apparue » dans les écrits en 1880 (« Semis de l'Institut »). Une des 215 variétés (listes A + B +C) du Catalogue officiel de 2012.

Description : Pomme de terre aux tubercules à peau jaune pâle, fine et à chair blanche, généralement très gros et arrondis, ramassés autour des tiges et faciles à récolter. La plante est grande, très vigoureuse, au feuillage vert clair avec des pétioles rosés. Les folioles sont ovales et larges. Sa floraison, blanche, est très abondante et remarquable. Elle ne fructifie pas. Sa chair, assez farineuse, se défait un peu à la cuisson. Elle est considérée comme « la reine des purées » et permet aussi de préparer des frites de qualité et d'excellents potages. Sa productivité est importante. Elle résiste remarquablement à la sécheresse et ne boule pas. En revanche, elle est assez sensible à la plupart des maladies. Connue également sous les noms de « Beauvais », « Beauvette », « Bouvette », « Reine blanche » ou encore « Chardon blanc », elle a eu ses heures de gloire, spécialement auprès des producteurs bretons, dans le Centre et le Sud-Ouest de la France, ainsi qu'en Afrique du Nord. On en a décrit une « variante » à fleurs violettes, portant le nom de « Roi Gradlon », aujourd'hui perdue.

3. Feuilles, fleurs et tubercules de la variété « Institut de Beauvais »

© Clichés C. Ferault.

4. Fiche du Catalogue officiel français

Institut de Beauvais

Origine génétique : Inconnue
Obtenteur(s) : Inconnu
Inscription au catalogue français 1935
Catégorie : Consommation
Maturité : Demi-tardive à tardive
Code Gnis : 2021

Caractères descriptifs

Tubercule : Arrondi à oblong court, yeux demi-enfoncés, peau jaune pâle, yeux colorés rouges, chair blanche.

Germe : Rouge violacé, conique, pilosité faible.

Plante : Taille haute, port dressé, type semi-rameux.

Tige : Pigmentation moyenne ; ailes : développées, ondulées.

Feuille : Vert clair, peu divisée, ouverte ; foliole moyenne, ovale allongé (l = 1,87) ; limbe : plan.

Floraison : Abondante.

Fleur : blanche, bouton floral vert.

Fructification : Très rare.

Caractères culturaux et d'utilisation

Rendement : 88 % de Kerpondy.
Calibrage : Proportion de gros tubercules : très forte.
Sensibilité aux maladies :
Mildiou du feuillage : assez sensible.
Mildiou du tubercule : moyennement sensible.
Galle verruqueuse : sensible.
Gale commune : assez sensible.
Virus X : R.A.S.
Virus A : R.A.S.
Virus Y : sensible.
Enroulement : sensible.
Nématode RO 1-4 : R.A.S.
Défauts internes du tubercule : peu sensible aux taches de rouille, moyennement sensible au cœur creux ; taches cendrées : R.A.S.
Sensibilité à l'égermage : Assez sensible.
Sensibilité aux chocs : R.A.S.
Repos végétatif : Court.
Qualité culinaire : Assez bonne tenue à la cuisson, groupe culinaire B, noircissement après cuisson nul, coloration à la friture : moyenne à très foncée.
Teneur en matière sèche : Faible.
Aptitude à la conservation : Moyenne.

Caractères généraux

Vieille variété française donnant de gros tubercules à chair blanche. Elle est encore cultivée dans certaines régions du Midi de la France.

5. Fiche européenne

The European Cultivated Potato Database

Institut de Beauvais

HIGHER TAXON:	*Solanaceae*
GENUS:	*Solanum L.*

Solanum tuberosum L. cv. Institut de Beauvais

Pedigree:

Breeder:	8 [9] Obt.inconnu, Vieille variété [11]
Breeder's rights:	
Synonyms:	
National list:	1884 [9] 1935 [11]

ADMINISTRATION	
Country of origin	FRANCE [5, 9, 11]
Data source	CPVPA [5] DEU416 [9] FRA179 [11]
Plant health directive EC77/93, requirements	Fully tested [9] Part tested [11] Untested [5]
Plant material maintained as	Tuber [5] In-vitro [9] Tuber and in-vitro [11]
Sample status	Traditional cultivar/landrace [9] Advanced cultivar [5, 11]
PLANT CHARACTERISTICS	
Maturity	Late [11]
TUBER CHARACTERISTICS	
Primary tuber flesh colour	White [11]
Tuber eye depth	Medium to deep [11]
Tuber shape	Round [11]
Tuber skin colour	White to yellow [11]
TUBERING CHARACTERISTICS	
Internal rust spot	Very infrequent to infrequent [11]
Storage ability	Moderate [11]
Tuber size	Very large [11]
UTILISATION CHARACTERISTICS	
Cooking type / 411 Cooked texture	Fairly firm (multi-purpose type) [11]
Dry matter content	Low [11]
RESISTANCE TO FUNGAL DISEASES	
Resistance to late blight on foliage	Low to medium [11]
Resistance to late blight on tubers	Medium [11]
Wart (Synchytrium endobioticum)	Susceptible [11]
RESISTANCE TO BACTERIAL DISEASES	
Resistance to common scab (Streptomyces scabies)	Low to medium [11]
RESISTANCE TO VIRUS DISEASES	
Resistance to potato leaf roll virus	Low [11]
Resistance to potato virus Y (strain not specified)	Low [11]

Source:

[5]	Centro Interprovinciale di Sperimentazione Ag, ITALY	2005
[9]	Leibniz Institute of Plant Genetics and Crop Plant Research (IPK), GERMANY	2005
[11]	INRA, FRANCE	2005

6. La variété « Institut de Beauvais » dans Wikipédia

Institut de Beauvais

Institut de Beauvais est le nom d'une variété de pomme de terre française qui fut créée à la fin du XIXe siècle à l'institut agricole de Beauvais à Beauvais, dans le département de l'Oise. C'est l'une des plus anciennes variétés encore inscrite au catalogue officiel des variétés, ou elle figure depuis 1935, date de création du catalogue.

Institut de Beauvais

Type	consommation
Obtenteur	Eugène Chanoine (Instiut agricole de Beauvais)
Pays	France
Année	1884
Origine génétique	inconnue
Maturité	demi-tardive
Groupe culinaire	B
Synonymes	'Beauvette', 'Bouvette', 'Reine blanche', 'Chardon blanc'

Sommaire

Caractéristiques

Les tubercules, de grande taille, de forme plutôt ronde à oblongue, ont la peau blanc jaunâtre et la chair blanche. Contrairement aux variétés récentes, les yeux sont relativement enfoncés[1].

Sa chair assez farineuse est particulièrement adaptée à la préparation de purées.

La plante est relativement tardive.

Histoire

Cette variété a été obtenue en 1856 par un professeur de l'institut agricole de Beauvais, Eugène Chanoine, et fut commercialisée en 1884 en même temps par l'Institut et par la maison Vilmorin[2].

Son origine génétique est inconnue, mais les graines du premier semis fait par son obtenteur, Eugène Chanoine, furent fournies par la maison Vimorin[2].

Sa culture, qui était encore très importante dans les années 1950, a fortement baissé depuis 1990 mais la production de plants représentait encore 139 tonnes en 2007, dont environ un quart destiné au marché des jardiniers amateurs[2].

La pomme de terre 'Institut de Beauvais' a été employée comme géniteur pour l'obtention de nouvelles variétés, notamment en France (variété 'Hermine', *1950)* et en Espagne (variétés 'Blanca de Cernegula', 'Goya', 1954, et 'Turia', 1955) [3].

Notes et références

1. **(en)** Fiche 'Institut de Beauvai' *The European Cultivated Potato Database* (http://www.europotato.orgldisplay_description.php?variety_name4NSTITUT%2ODE%2OBEAUVAIS)
2. **(fr)** Christian Férault, *La pomme de terre « Institut de Beauvais » : plaidoyer pour une reconnaissance bien tardive de son origine et de son obtenteur* (httpi/www.academie-agriculture.fr/mediatheque/RedactionlNote_de_recherche/20080630note5.pdO Académie d'Agriculture de France — 2008.
3. **(en)** *Progeny of "Institut de Beauvais"* (http:f/www.plantbreeding.wur.nI/potatopedigree/reverselookup.php?name=INSTITUT%2ODE%2OBEAUVAIS) *Thepotato Pedigree Database,* Université de Wageningen,UR *Plant Breeding*

ANNEXE 7. L'agriculture du canton de Beauvais au début de la seconde moitié du XIXe siècle

Note : Louis Graves (1791-1857), géologue, botaniste, archéologue et ethnologue, fonctionnaire dont la carrière le mènera à devenir Directeur des Eaux et Forêts en 1854, a rédigé et publié 34 monographies des cantons de l'Oise – selon leur découpage de l'époque – sous forme de travaux minutieux, particulièrement documentés et contenant de nombreuses données chiffrées.

Celle du canton de Beauvais, écrite en 1851, comporte 338 pages. Sa première publication remonte à 1855 à travers l'Annuaire général de l'Oise. Une réédition en a été faite en 1980 par la Librairie Guénégaud. La partie consacrée à l'Agriculture correspond aux pages 261 à 293.

La communication de cette première édition est due à l'obligeance de Charles Descoins.

* * *

Il nous a semblé utile, dans le cadre de ce travail consacré à l'œuvre du Frère Eugène-Marie, d'en indiquer les éléments les plus importants puisque leur ensemble correspond à la situation géographiquement immédiate de l'Institut agricole en cours de création et à l'environnement des Responsables et Enseignants de l'époque au sein duquel ils ont œuvré.

* * *

Le canton de Beauvais, cadastré en 1830, correspond à la soixante-douzième partie de la superficie du département de l'Oise. Il comportait alors onze communes : Allonne, Beauvais, Fouquenies, Goiucourt, Herchies, Marissel, Notre-Dame-du-Thil, Pierrefite, Saint-Just-les-Marest, Saint-Martin-le-Nœud et Savignies.

Parmi ses 9 418 ha, la répartition des terres était la suivante : labours : 52% ; près et pâtures : 9,9% ; vignes : 4,7% (440 ha !) ; vergers et pépinières : 1,4%, et aussi bois et forêts : 21,4% ; routes et chemins : 2,7% ; friches : 1%.

En raison d'un relief tourmenté, les sols sont « médiocres plutôt que bons » et le nombre de parcelles labourables excède 59 000 pour un peu plus de 6 000 propriétaires en 1840. La contenance moyenne est de 14 ca. Les deux tiers de ces terres sont en faire-valoir direct et on dénombre 570 baux de fermage.

L'assolement (« division ») triennal constitue la base des systèmes de culture avec la répartition suivante : blé ou seigle, orge et avoine, fourrages, colza et jachère. Cette dernière a beaucoup diminué mais concerne encore 660 ha. Quatre façons culturales sont nécessaires aux céréales d'automne et trois à celles de printemps. La charrue picarde tractée par deux chevaux est utilisée et la charrue à maillets en terres fortes (Bray).

Les engrais et amendements sont traditionnels : fumier à raison de vingt « voitures » à l'hectare (« quantité faible »), gadoues de ville sur les jardins, parcage des moutons, spécialement sur les terres légères, et déchets de basse-cour (« colombine » et « poulée ») également sur jardins. Les marnages sont effectués « à l'appréciation du fermier », les apports de plâtre à raison de 3 hl/ha sont en voie d'abandon à cause de leur coût et les cendres de tourbe « fort communes dans le pays » épandues à raison de 20 hl/ha. Les composts ne sont pas mentionnés.

Les semailles ont lieu aux époques encore habituelles aujourd'hui, ou presque, et les plantes nuisibles comme le chardon, le chiendent, la sanvre [sanve] sont arrachées à la main ; puis l'auteur indique les principaux ravageurs tels que les vers blancs, les moineaux et les taupes.

Les salaires des moissonneurs sont exprimés en francs (26 par hectare) et en hectolitres de blé (64 l) et l'on annonce pour les fourrages un coût de 32 F/ha pour « faucher, faner et lier ... ».

Le blé (1 018 ha) représente 1/3 des céréales, 1/5e des terres labourables et 1/9e de la superficie du canton.

Les « races » utilisées sont les blés rouge et blanc sans barbes, marginalement ceux de Flandre et le « bleuâtre » [?].

Le méteil couvre 430 ha avec une part de seigle pour deux de blé, et le seigle 244 ha. L'orge atteint près de 500 ha, essentiellement « d'été ». Quant à l'avoine, avec 1 135 ha, c'est la principale culture, surtout de la race « noire commune ».

La consommation de grains sur le canton est « plus faible qu'ailleurs » avec 2 hl par habitant en raison de la population urbaine nombreuse qui consomme moins de pain.

La pomme de terre, introduite par Monsieur de Corberon à Troissereux vers 1770, a été rapidement adoptée grâce aux interventions ... du dernier évêque de Beauvais avant la Révolution, mais les destructions de l'hiver 1788 l'ont fait passer de mode jusqu'à la Restauration. Son importance globale est minime avec 25 ha en grande culture mais elle est présente dans tous les jardins du beauvaisis.

Parmi les autres cultures, on note quelques parcelles en betteraves (fourragères), en colza et en navette. Il n'y a ni oeillette, ni cameline, ni sarraz[s]in mais un peu de chanvre. Garance et lin ont disparu.

Les légumes sont cultivés en terrains humides au voisinage du Thérain et la vigne – qui a eu une grande importance au Moyen-Age avec des produits recherchés en Flandre et en Belgique – couvre autour de 440 ha sur les versants de la vallée. Le cidre est de consommation récente issu de pommiers aux variétés nombreuses, implantés surtout au bord des chemins.

Quant aux bois, ils représentent un peu plus de 2 000 ha.

Les prairies et pâturages, présents surtout dans les vallées, produisent entre 2,5 et 5 tonnes de foin à l'hectare. Des premiers essais de cultures fourragères ont débuté sous l'Ancien régime en même temps qu'étaient créés les premières Sociétés ou Comités d'agriculture. L'extension des nouvelles pratiques est lente en raison d'un « esprit de prudence et de circonspection » et des questions de rupture des habitudes contractuelles.

Le remplacement partiel des jachères par des cultures fourragères à base de trèfle rouge mais aussi de luzerne, sainfoin et trèfle incarnat permet de produire de 3,4 à 5-6 t/ha.

Quant aux « animaux ruraux », le cheval, avec 1 074 spécimens des races boulonnaise ou percheronne et diverses chez les petits propriétaires, est le seul animal de trait, à l'exception de mulets et baudets dans les exploitations maraîchères et pour les livraisons en ville. Les bovins, normands et flamands surtout, comprennent 1 360 vaches, 665 veaux, 830 bœufs et ... 13 taureaux. Lait et beurre sont consommés sur place. La ville de Beauvais a besoin de 800 bœufs et 2 400 veaux d'où des « importations » d'autres régions. Les « bêtes à laine », de race picarde, sont près de 4 000, les grandes exploitations entretenant 200 à 250 têtes.

Par ailleurs chaque ménage élève un porc pour la nourriture de la famille. 1 500 de ces animaux sont nécessaires à la ville.

La consommation moyenne, toutes viandes confondues, est de 33 kg par habitant avec 37 kg à Beauvais et 26 pour les communes rurales.

Enfin, chèvres, volailles et pigeons sont un peu partout. Quant aux ruches, l'auteur observe leur diminution en relation avec l'accroissement de l'usage du sucre.

* * *

Un tableau d'une agriculture pour laquelle il y avait beaucoup à faire, spécialement en matière du nécessaire remplacement des jachères, de fumure, de variétés, de races animales et de cultures à développer. Un bien vaste champ, motivant et ouvert, où il fallait montrer par l'exemple ce qu'il était possible de réaliser avec des gains conséquents de productivité et sans y consacrer des moyens exorbitants.

Frère Eugène sera un orfèvre en cette matière.

* * *

ANNEXE 8. Le Frère Antonis (Jean Hiberti)

Il a semblé utile de compléter cet ouvrage par un court développement sur le principal collaborateur puis continuateur des travaux du Frère Eugène-Marie.

1. Une vocation précoce, un éducateur lasallien remarquable

Jean Hiberti naît le 17 octobre 1842 à Echandely – aujourd'hui Echandelys –, village de 1 564 habitants à cette époque, dans le canton de Saint-Germain-l'Herm de l'arrondissement d'Ambert dans le Puy-de-Dôme. Cette commune, aujourd'hui peuplée d'un peu plus de 200 habitants, située à une altitude moyenne voisine de 1 000 mètres, appartient à la Communauté du Haut-Livradois.

L'orthographe de son patronyme varie dans les documents le concernant : sur son acte de naissance la mention marginale indique un « y » à la place du « i » final et dans le texte correspondant on trouve « ie ». On utilisera le « i » tel qu'il figure dans de nombreux documents. Aujourd'hui, sept adresses au nom de Hiberty (surtout) ou Hiberti sont présentes dans le Puy-de-Dôme dont une sur la commune (« y ») mais il semble (source : Mairie) sans parenté avec Jean, cela restant cependant à vérifier.

Ses parents, Joseph et Marie Anglade, sont agriculteurs et vivent au lieu-dit Le Buisson. Ils auront huit enfants, Jean étant le septième.

Acte de naissance de Jean Hiberti

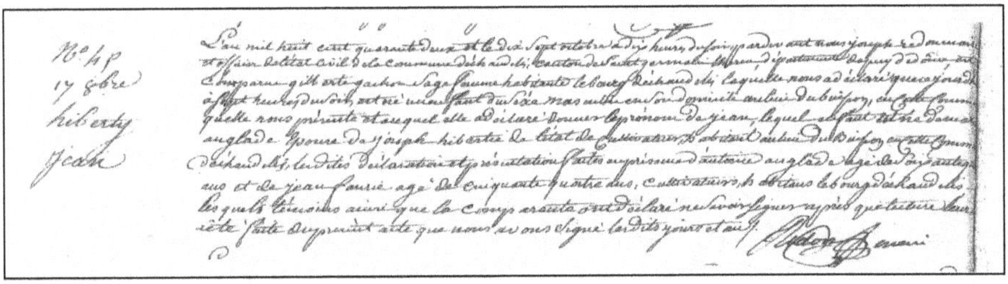

De santé très délicate, il échappe aux rudes travaux des champs et se consacre à ses études dans la perspective de devenir prêtre. A l'école laïque du village il laissera un excellent souvenir à son instituteur avec lequel il demeurera lié jusqu'à la fin de sa vie. On parle alors de lui comme du « bon petit Jean ». Vers 12 ans, il est atteint d'une sérieuse maladie qui interrompt ses études mais il s'en remet après un pèlerinage.

A quatorze ans, après avoir renoncé à devenir séminariste, il décide d'entrer dans la congrégation des Frères des écoles chrétiennes et rejoint le « petit noviciat » de Paris. Ces structures avaient été réformées par le Frère Philippe, Supérieur général de l'époque et qui marqua profondément son long passage. Jean y demeure de 1854 à 1856 puis entre au Grand noviciat à seize ans d'où il sortira le 20 avril 1860 pour gagner… Beauvais, à bientôt dix-huit ans. Selon des témoins de l'époque, il montre, au long de ce cheminement, des dispositions remarquables de futur éducateur lasallien, devenu Frère Antonis en religion.

A Beauvais, où il allait rester quarante-six ans, selon « … une carrière faite de modestie, de prière, de travail assidu, et d'autres axes ininterrompus de dévouements ; carrière non moins féconde, où les jours se suivent dans la piété, la régularité et la ferveur » (Notice, 1906).

Dans la première partie de son activité, s'étendant jusqu'à 1866, le Frère Antonis enseigne au Pensionnat au sein duquel il acquiert vite la réputation d'un éducateur actif, particulièrement attentif aux autres, bon avec les élèves et très attaché aux cas difficiles.

Il suit parallèlement les cours d'agriculture de Louis Gossin.

A la rentrée de 1866, à vingt-quatre ans, il est affecté à l'Institut agricole, appelé par le Frère Eugène-Marie, tout en conservant la charge de son cours élémentaire et pratique d'agriculture au Pensionnat.

Dans un premier temps lui est confiée une fonction de surveillant dont les Elèves avaient bien besoin compte tenu des charges des autres Frères et des enseignants laïcs : il y excelle avec un fort ascendant moral sur les jeunes qui lui sont confiés. Actif mais sans exagération, les mots le concernant dans la bouche ou les écrits d'Anciens sont bon, droit, dévoué, patient, conciliant, ferme.

Au sein de l'Institut, il se cultive avec profit et apprend au voisinage des maîtres en place. Progressivement, on lui confie des cours théoriques rue Nully-d'Hécourt et pratiques sur les différents sites dépendant de l'établissement. Ses contemporains le décrivent comme un enseignant précis, rationnel, méthodique, solide et profond, ne cherchant pas d'apparence donnée par la brillance devant un auditoire. Il est particulièrement attentif aux travaux de ferme et expérimentaux auxquels il participe lui-même, et manifeste un large intérêt pour les productions végétales et animales (bovins et porcins). C'est d'abord un généraliste qui sera conduit petit à petit à restreindre son champ de travail afin de se consacrer beaucoup à la pomme de terre notamment, mais sans négliger le reste, d'où les sujets de ses publications.

En 1880, il est nommé Chef de division puis Directeur spécial en 1883 et enfin, Sous-directeur dix ans plus tard à la disparition du Frère Eugène. Il est à remarquer que compte tenu de sa position, de sa place auprès du directeur défunt, il y avait beaucoup d'éléments pour qu'il accédât à la première place, mais il ne semble pas l'avoir du tout souhaité. D'où la nomination du Frère Paulin – directeur jusqu'en 1910 – avec qui l'entente sera remarquable dans la complémentarité, sans confusion des genres donc des responsabilités. Ce « binôme directorial » actif dans une période difficile pour l'Institut mènera, avec de moins en moins de moyens, des constructions et aménagements de bâtiments, une ouverture internationale accrue et aboutira à un rayonnement grandissant. En attendant de dures épreuves…

T C Frère ANTONIS. Sous-directeur de l'Institut agricole 1842-1905. Photographie.

En tant que Sous-directeur et enseignant chargé de responsabilités, dont le cours d'agriculture, son influence au sein de la Maison est encore renforcée et les mots qui reviennent parmi les témoignages d'Anciens qu'il aime retrouver lors des assemblées, au Concours général, à l'occasion des sessions des Agriculteurs de France ou plus directement sur place sont ami, conseiller et père.

Au sein de l'Institut, et contrairement à son illustre prédécesseur, il semble apprécié de tous et ses collègues frères et laïcs lui vouent une profonde estime. Ainsi qu'on le verra plus loin, il est élu Correspondant de l'Académie d'Agriculture (Société nationale…).

En 1904 et surtout 1905, sa santé se dégrade sérieusement et il doit être déchargé progressivement de ses fonctions et responsabilités. Il décède le mardi 11 avril 1905.

Quatre jours plus tard, ses obsèques sont suivies par une imposante manifestation et les témoignages éloquents d'Elèves, d'Anciens et d'Amis affluent, s'étendant sur 37 pages de la plaquette qui lui sera consacrée peu après ! Retenons un fragment de l'intervention de Paul Blanchemain, Président des Anciens : « …conservant beaucoup d'empire sur lui-même, ne s'abandonnant jamais, le Frère Antonis imposait sans contrainte une autorité que l'on aimait ».

* * *

Collaborateur puis continuateur de l'œuvre du Frère Eugène, le Frère Antonis a beaucoup publié, spécialement des articles de vulgarisation des « bonnes pratiques » de l'époque mais aussi quelques mémoires expérimentaux, un ensemble qui sera présenté ci-après.

2. Brève présentation et analyse des publications du Frère Antonis

2.1. Position et écrits dans les Annales de la Station agronomique de l'Oise

Entre 1880 et 1904, soit sur 24 livraisons de cette Revue – elle n'a pas paru en 1990 –, le Frère Antonis est cité dans chacune et y produit huit articles.

En 1880 il apparaît, parmi le Personnel attaché à la Station, en charge de la « Comptabilité et économie rurale » avec sa fonction de « Chef de division à l'Institut agricole » mentionnée ou non comme en 1887. L'année suivante, il est cité à deux autres niveaux : les « Cultures expérimentales » avec les Frères Eugène-Marie et Almyr et les « Collections » en compagnie de ce dernier et d'Alfred.

La situation perdure, avec de légères variantes, jusqu'en 1893, année du décès de son directeur.

Son nom est également mentionné dans l'en-tête des « Expériences et analyses non rétribuées » faites par la Station, c'est-à-dire celles, majoritaires, conduites à l'Institut selon des objectifs de recherche et d'étude. Eugène-Marie s'y trouve encore, et pour la dernière fois, en première position.

L'année suivante, Antonis se situe naturellement en premier dans cette rubrique et en second, après le Frère Paulin, nouveau directeur, pour les cultures expérimentales et en sylviculture, et en première position pour les Collections.

A partir de 1895, la Station est présentée en début de livraison. Son administration est assurée par un Conseil dirigé par le Responsable de l'Institut et comprenant le professeur d'agriculture, donc le Frère Antonis. Il en ira ainsi jusqu'au terme de la publication des Annales, en 1904.

Les autres fonctions d'Antonis, en tant que membre du personnel attaché à la Station, demeurent les mêmes avec une supplémentaire à partir de 1902 : la charge des « Animaux de basse-cour ». Par goût ou par nécessité ?

En un quart de siècle, on constate d'une part la montée en puissance des responsabilités du Frère Antonis mais aussi la diversification de ses charges, nouvelle preuve qu'il est un « second » de grande qualité face à des besoins croissants dans un contexte devenant difficile. On note cependant qu'il n'acquiert pas, comme son illustre prédécesseur, une dimension associée à une spécialité portée à haut niveau et devenue « naturelle » en interne.

Et ses articles ? Rares au début avec des parutions en 1889, 1893 et 1896, ils deviennent fréquents entre 1899 et 1904 avec cinq mémoires.

Sur quoi portent-ils ?

Trois concernent la pomme de terre :

– « Culture rationnelle et économique de la pomme de terre » (1889),
– « Quelles sont les meilleures variétés de pomme de terre ? » (1893),
– « Le rendement des pommes de terre » (1901).

Les deux premiers ont donc été écrits sous le directorat du Frère Eugène.
Deux traitent du blé :

- « Culture rationnelle et économique du blé » (1899),
- « Le tallement du blé » (1903).

Et les trois autres portent sur des sujets variés, a priori hors du champ du professeur d'agriculture, sauf le dernier :

- « Le rôle économique du porc dans la ferme » (1896),
- « Expérience sur l'alimentation des animaux par le pain » (1901),
- « Facultés germinatives des graines » (1904).

A l'exception du premier (« ... de l'Institut... »), ils sont tous signés en qualité de « Sous-directeur de l'Institut agricole ».

Les quatre articles de la fin du 19e siècle correspondent chacun à une dizaine de pages, les autres sont beaucoup plus courts avec entre deux et quatre pages. Au total, les écrits d'Antonis totalisent 53 pages, ce qui apparaît modeste en regard de sa longue présence aux côtés de la publication des Annales.

Avec quel contenu ?

Il ne s'agit pas d'articles expérimentaux – et a fortiori de recherche – à l'image d'ailleurs de ce qui aura été publié après la disparition du Frère Eugène : les temps ont changé, les moyens font défaut, on se contente de parer à l'essentiel mais surtout le « souffle » de l'ancien directeur manque.

Prenons deux exemples illustratifs :

L'article sur le rendement des pommes de terre traite des variétés, de la nature du sol, des engrais et travaux, et de grosseur des tubercules. Ça et là des références sont utilisées mais il s'agit d'un article de vulgarisation des « bonnes pratiques », certes à la pointe des connaissances du moment mais sans innovations alors que les cultures expérimentales continuaient d'être conduites sur des parcelles de l'Institut.

Dans son court texte sur le tallement (tallage) du blé, Antonis cite de nombreuses références de scientifiques et d'agriculteurs de pointe qui s'appuient sur ce phénomène physiologique si important pour semer à plus faible densité, et indique un essai mené à la ferme. Un article intéressant et précis mais qui s'appuie pour l'essentiel sur des expérimentations et avis externes.

Toutes ces productions sont bien écrites et présentent un intérêt plus que certain pour les lecteurs mais il en ressort clairement que leur auteur a fait le choix de témoigner en homme cultivé, au spectre d'intérêts large et qui, à leur travers, présente l'Institut agricole comme un vecteur des idées de progrès mais pas en tant que fournisseur de travaux originaux appuyés sur des activités de recherche.

Fait exception le premier article, paru en 1889, par lequel il présente, en peu de pages, vingt années de collaboration avec le Frère Eugène puis dix de responsabilité. Son contenu traduit une grande maîtrise du sujet, traité avec une bonne rigueur scientifique. On peut penser que le manuscrit a probablement dû être l'objet d'échanges avec son directeur et d'enrichissements successifs.

2.2. Dans le cadre de l'Académie d'Agriculture de France

Jean Hiberti – mais il y est connu sous le nom du Frère Antonis – fut élu Correspondant de la Société nationale et centrale d'Agriculture de France, ancêtre de l'Académie, le 8 juin 1898, à cinquante-six ans. Il y siégera un peu plus de sept années, au sein de la section d'Economie, de Statistique et de Législation agricoles, sous son nom civil – avec un « y » à la place du premier « i » – avec mention de son nom religieux et sous la fonction de pro-directeur de l'Institut agricole de Beauvais (Oise). Il n'aura pas le temps (la volonté ?) d'y devenir membre titulaire.

Académie (Société nationale…) Cf. extraits de pages

SOCIÉTÉ NATIONALE D'AGRICULTURE

DE FRANCE

18, RUE DE BELLECHASSE, 18

(VIIe ARRONDISSEMENT)

ANNÉE 1905

COMPOSITION DE LA SOCIÉTÉ

AU 8 FÉVRIER 1905

BUREAU POUR L'ANNÉE 1905

Président, M. TEISSERENC DE BORT.
Vice-Président, M. BECQUEREL.
Secrétaire perpétuel, M. LOUIS PASSY.
Trésorier perpétuel, M. LIÉBAUT.
Vice-Secrétaire, M. J. BÉNARD.

V. — *Section d'Économie, de Statistique et de Législation agricoles* (a droit à 15 correspondants).

MM.

1. **Cunisset-Carnot**, procureur général, à Dijon (Côte-d'Or).
2. **De Dienne**, au château de Cazidéroque, par Tournon-d'Agenais (Lot-et-Garonne).
3. **Duport** (Émile), président de l'Union du Sud-Est des Syndicats agricoles, place de la Miséricorde, 8, à Lyon (Rhône).
4. **Fouquet** (Camille), député, boulevard Haussmann, 161 (VIIIe).
5. **Hyberti** (Jean) (frère Antonis), pro-directeur de l'Institut agricole de Beauvais (Oise).
6. **Meaux** (Vicomte DE), au château d'Ecotay, par Montbrison (Loire).
7. **Montaudon**, à la Souterraine (Creuse).
8. **Poitou** (Jean), propriétaire-viticulteur, villa des Charmilles, à Libourne (Gironde).
9. **Ratouis de Limay**, secrétaire général de la Société d'agriculture de l'Indre, château du Puy, à Villedieu-sur-Indre (Indre); — à Paris, boulevard Raspail, 6 (VIIe).
10. **Rocquigny du Fayel** (Comte DE), château du Fayel, par Étaples (Pas-de-Calais); — rue de la Faisanderie, 106, à Paris (XVIe).
11. **Silvestre** (Claude), secrétaire général de l'Union des Syndicats agricoles du Sud-Est, au Bois d'Oingt (Rhône).
12. **Souchon**, professeur à la Faculté de droit de l'Université de Paris, avenue Bugeaud, 5.
13. **Witt** (Conrad DE), au Val-Richer, par Lisieux (Calvados); — rue de la Boëtie, 56, à Paris.
14. **Worms** (Émile), professeur honoraire d'économie politique à la Faculté de droit de l'Université de Rennes, correspondant de l'Institut; — boulevard Saint-Germain, 115 (VIe).
15. **Worms** (René), membre du Conseil supérieur de statistique, directeur de la *Revue internationale de Sociologie*; — boulevard Saint-Germain, 115 (VIe).

Comment cette élection s'est-elle produite ?

Les sources font défaut d'autant que, point capital, son « dossier », c'est-à-dire l'ensemble des documents le concernant, dont disposait l'Académie, a été détruit au cours de l'inondation du sous-sol de l'Hôtel de cette institution, 18, Rue de Bellechasse, Paris 7e, par la crue de la Seine de janvier 1910.

Le Frère Eugène, référence nationale et au-delà, n'y avait pas été admis mais l'avait-il, lui ou ses amis et admirateurs, sollicité ? Rien n'est moins sûr. En effet, bénéficiant de l'estime et du soutien de Napoléon III, son élection n'aurait sans doute été qu'une formalité…

Et du côté de la congrégation ? Rien n'a été trouvé à ce sujet. Cette fraction de la vie d'Antonis dans le siècle est absente même de sa notice nécrologique.

Toujours est-il qu'il accède à cet honneur avec, forcément, l'aval de ses Supérieurs.

En a-t-il été un membre actif ? Notre seule référence est celle des « Mémoires » d'alors – les futurs « Comptes Rendus » - dans lesquels on ne trouve aucun article sous sa plume. La notice nécrologique le concernant paraît dans le volume de 1905, pages 372 à 375. Un long éloge est en effet prononcé lors de la séance du 3 mai par le comte Paul de Salvandy, Membre titulaire de la section 9, Associé national depuis 1897 et ancien Président de la section d'enseignement de la Société des Agriculteurs de France.

Ce texte, plein de sensibilité, retrace la vie du Frère Antonis, rend hommage au collaborateur et continuateur des deux premiers directeurs, à sa rare conscience professionnelle, à sa sagacité judicieuse ainsi qu'à ses nombreux écrits qu'il situe dans sa fonction de « publiciste ». Par ailleurs il lui attribue, de façon erronée, la paternité de la variété « Institut de Beauvais » et insiste sur ses qualités humaines : « Maître clairvoyant et plein de tact, conseiller réservé autant que sage, éducateur prévoyant sachant unir aux notions techniques les directions morales les plus sûres, il avait conquis la notoriété d'abord puis l'affection et l'estime, enfin une autorité universellement reconnue... ».

Un portrait qui correspond bien à ce que nous avons indiqué du personnage.

S'il n'a pas contribué aux « Mémoires », il est en revanche un auteur habitué du « Journal de l'Agriculture », Revue fondée en 1866 et dirigée par Jean-Augustin Barral, Secrétaire perpétuel de la Société de 1871 à 1884, éditée chez Masson et fusionnée avec le « Journal d'Agriculture pratique » en 1909 qui aura paru entre 1837 et 1936.

Ces deux revues ont eu des liens plus que privilégiés avec l'Académie car leurs animateurs y occupaient des fonctions importantes. La création de 1866 est due à des questions de rivalité et d'intérêt entre des personnalités.

Le « Journal de l'Agriculture » « s'occupe de toutes les questions de pratique et de science agricoles, de législation rurale, d'économie politique ou sociale dans ses rapports avec l'agriculture... ». Il s'agit d'un périodique d'un niveau bien différent de celui des « Mémoires » de la Société, visant à une vulgarisation des nouvelles connaissances auprès de celles et ceux qui auront la charge de les transmettre. Appuyé sur un « Conseil de direction scientifique et agricole » d'une vingtaine de membres, son directeur y assure un rôle essentiel de recherche d'auteurs et d'homogénéisation des propositions d'articles. Ces deux revues constituent des monuments sur l'évolution des idées et de l'agriculture durant leurs périodes de parution.

Le Frère Antonis y écrira seize articles entre 1896, donc peu avant son élection, et 1904. Il s'agit de notes courtes – de deux à cinq pages –, avec des titres attractifs pour les lecteurs. Elles sont toutes signées de son nom religieux suivi de sa fonction de Sous-directeur.

Quels en sont les contenus ?

Cinq portent sur la pomme de terre (plantation, hersage et buttage, récolte, conservation et semis), quatre sur le lait (boisson des vaches, alimentation par les tourteaux, phénomène du « tournage »), un sur la verse des blés, un de conseils sur les assolements, un sur le gui, un concernant les facultés germinatives des graines, et trois, dès 1896, de réflexion sur « La théorie et la pratique en agriculture », « Qui doit faire de l'agriculture ? » et « Comment faire de la bonne agriculture ? ».

On retrouve ici les thèmes qu'Antonis développe ailleurs soit dans les Annales de la SAO, soit via les journaux régionaux. Son style est partout comparable. Disons qu'il écrit « bien », ce qui peut se traduire par le fait qu'il est un bon vulgarisateur mais qu'il ne change pas de registre selon ses cibles. Il est un homme de synthèse des bonnes pratiques sur des sujets variés et non un spécialiste, si ce n'est de la pomme de terre.

Il se plaît d'ailleurs à glisser ses propres résultats : ainsi dans « Le semis de pomme de terre », il évoque dix « types nouveaux » obtenus de semis à partir de seize variétés mais on n'en connaîtra pas le devenir, ainsi qu'une amélioration de « Semis de l'Institut » (à chair blanche) par un croisement avec la variété « Chardon » (à chair jaune), opération réussie (?) mais... détruite par une gelée !

Son décès est rapporté sobrement dans la « Chronique agricole » du 15 avril 1905.

2.3. Dans des périodiques de vulgarisation. Les « Causeries agricoles »

En tant qu'homme de transmission de connaissances, le Frère Antonis a beaucoup écrit dans des Journaux périodiques départementaux, spécialement dans le « Journal de l'Oise » et le « Moniteur ». L'inventaire exhaustif serait intéressant à effectuer mais il ne l'a pas été. En revanche, on dispose d'un document de qualité qui, sous le titre « Causeries agricoles – 1884-1995 » contient les articles publiés sur cette période dans le « Journal de l'Oise ». Un second paraîtra peu après et comme son contenu est du même ordre, on se limitera à une présentation du premier.

Cette grosse brochure ou petit livre de 114 pages, imprimée par D. Père à Beauvais et vendue chez H.Trézel rue Saint-Pierre, comprend vingt-trois articles d'entre deux et seize pages chacun, mais le plus souvent courts avec seize textes de quatre pages au plus. Son auteur est présenté sans fonction mais « de l'Institut agricole de Beauvais ». C'est donc l'établissement qui, par là, fait œuvre de vulgarisation.

Une telle production sur deux années est tout-à-fait notable – un article tous les quinze jours – et porte sur des sujets très divers : douze sur des plantes, cinq relatifs à des productions animales et six peu classables avec des thèmes comme les concours, le libre-échange ou encore... la course hippique du 2 août 1884 à Beauvais !

Trois thèmes sont cependant dominants : les plantes, les techniques culturales et la protection ; les prairies, fourrages et racines fourragères ; les œufs et leur incubation.

Pour rester dans la veine principale de ses publications, prenons l'exemple de l'article référencé IV, « Quelques bonnes variétés de Pomme de terre » : il contient des rappels sur ce qui a été fait et obtenu à l'Institut, met en valeur « Institut de Beauvais », indique des résultats expérimentaux et propose l'achat de plants. La vulgarisation est typiquement en direction de la région : on a fait et obtenu, nous vendons…

En III, il traite des « Ennemis des céréales et leur destruction ». C'est un inventaire des maladies d'abord, des ravageurs ensuite, avec description des causes et des dégâts puis indication des voies diverses de lutte.

L'article « Pomme de terre (Solanum tuberosum) » situé en XVII est conséquent, avec ses dix pages : il s'agit d'une petite monographie, fouillée, sur les différents aspects de la culture de cette solanacée. Une surprise attend le lecteur en fin d'article à la suite de la présentation des ennemis : l'auteur évoque « Une Providence qui gouverne le monde selon qu'il le mérite et que, toujours, le remède à la plupart de ces maux est le retour franc, loyal et sincère aux justes et faciles prescriptions de la loi de Dieu » (!).

Quant au concours hippique précité, Antonis le situe d'emblée, et à juste titre, dans les progrès pour la production et l'élevage du cheval puis indique les résultats ainsi que les prix et récompenses attribués aux heureux lauréats.

Présentation et style des articles sont comparables à ce qu'écrira notre auteur plus tard, surtout dans le « Journal de l'Agriculture ». Les textes sont bien structurés et abordables par presque tout public. C'est pourquoi le terme « Causeries agricoles » leur est tout-à-fait approprié.

Le Frère Antonis est un homme bien à sa place à ce niveau, qu'il faut replacer dans son époque : la transmission ainsi faite des connaissances et des « bonnes pratiques » répondait à des besoins impérieux d'alors et c'était faire œuvre très utile que d'aller dans ce sens.

On peut ajouter aussi que la « séparation des niveaux » n'a peut-être pas été facile, spécialement à cette époque compte tenu de la difficulté certaine des rapports entre le Directeur et les autres membres de la Communauté des Frères.

En effet ces « Causeries » ont été écrites à une époque où le Frère Eugène-Marie triomphait à la fois par la mise au commerce d'« Institut de Beauvais », la multiplicité des résultats expérimentaux obtenus et la montée en puissance du niveau de l'Ecole devenu très bon avec une ouverture croissante à un recrutement international.

A notre connaissance, le Directeur n'a jamais choisi d'écrire de tels textes, sans doute pour la raison du niveau des résultats de ses recherches et essais publiés aux Annales. Et pourtant les sollicitations devaient être nombreuses et multiples. On peut raisonnablement penser qu'il a autorisé son dévoué second à le faire, probablement en donnant ses avis sur les écrits produits.

Dès lors, il devient possible de présenter ainsi la stratégie éditoriale de l'Ecole :

- le secteur recherches associées aux expérimentations indique ses résultats aux Annales où le poids d'Eugène-Marie est largement dominant ;
- latitude est laissée à des collaborateurs de vulgariser les connaissances acquises par des vecteurs de reprise au large public. Pour l'essentiel, cette voie sera utilisée par le Frère Antonis. D'autres Frères auraient pu faire de même, notamment ceux présents et responsables à la Ferme du Bois, avec une mention spéciale à Arsénius. Mais plaçons aussi ce point dans le niveau moyen d'instruction des Frères de l'époque : il y a ceux qui ont osé et les autres, tous étant très pris par leurs activités d'enseignement, d'encadrement, de surveillance et leur vie communautaire.

* * *

En conclusion, Antonis aura été un collaborateur zélé et efficace d'un grand directeur puis le continuateur de ses travaux sous une orientation nettement moins « scientifique », due principalement à sa personnalité et à des contraintes externes devenant fort prégnantes. Ses activités auront été ensuite très complémentaires de celles du nouveau directeur.

Au total, on retiendra avant tout les qualités de l'Homme, son rayonnement considérable auprès des Elèves, des Anciens et de ses Confrères. L'appellation alors d'usage de « Bon Frère Antonis » est amplement justifiée ; son comportement si apprécié a dû être du même ordre en matière expérimentale et publicative et il aura joué un rôle important dans la poursuite, devenue plus difficile, du renom de l'Institut dans ces matières.

Références bibliographiques relatives au Frère Antonis

Anonyme[1], 1905. – Le Frère Antonis, Sous-directeur de l'Institut agricole international de Beauvais, 86p., Beauvais, Imprimerie départementale de l'Oise.

Anonyme, 1906. – Institut des Frères des écoles chrétiennes. Notices nécrologiques trimestrielles. Frère Antonis, 11, 204-214.

ANTONIS (Frère), 1884-1885. – Causeries agricoles (articles publiés dans le Journal de l'Oise), 114 p. Beauvais, D. Père.

ANTONIS (Frère), 1896 (1), 1898 (2), 1899 (1 et 2), 1904 (2). – Journal de l'Agriculture, Paris, Masson et Cie, seize articles.

[1] Sans doute un Ancien Elève qui n'a pu être déterminé. En fin de préface p. 6, figurent les initiales JW. On aurait pu penser au directeur du moment du décès, le Frère Paulin (M. Chabert) avec lequel Antonis était très lié mais rien ne correspond.

BAVENCOVE J., 1921. – Institut de Beauvais (Oise), Section d'Enseignement supérieur d'Agriculture de l'Institut Catholique de Paris, 184 p., Institut Agricole de Beauvais.
QUÉMÉRÉ P., 2005. – Des Racines pour l'Avenir, 375 p., éd. ISAB.
RIGAULT G., 1949. – Histoire générale de l'Institut des Frères des écoles chrétiennes - La fin du XIXe siècle. Travaux et luttes des Lasalliens en France (tome 7), Paris, Plon, 407-408.

ANNEXE 9. Présentation succincte de l'évolution de l'Ecole jusqu'à nos jours

Après l'époque de fondation puis celle, brillante, du directorat du Frère Eugène-Marie, l'Institut agricole de Beauvais (IAB) connaîtra et traversera pendant les 121 années qui suivront cinq étapes présentées ici très sommairement :

- un temps d'épreuves jusqu'à la fin de la Première Guerre mondiale en raison de la laïcisation progressive de l'enseignement congréganiste, de la sécularisation des Frères, de la réduction des moyens disponibles puis des atteintes des combats (deux professeurs et 105 élèves morts au Champ d'Honneur) ;
- une période de l'entre-deux-guerres qui touche durement l'Ecole dans son recrutement et ses moyens humains et matériels. Le niveau des études s'en ressent. Entre 1939 et 1945, l'Institution est mise plusieurs fois en péril, menaçant son existence même et son futur ;
- une remontée très progressive au cours des vingt années qui suivent la fin de la Seconde Guerre mondiale et ce, grâce au labeur opiniâtre de l'équipe en place dominée par la personnalité du Frère Jean-Baptiste Gagne. Les principaux axes comprennent une large ouverture au monde des enseignants vacataires (de l'INRA, du Développement, des Organisations professionnelles...), une refonte complète des programmes avec une durée d'études portée à quatre ans (puis rapidement à cinq), le début de travaux de recherche, et la large autonomie accordée aux étudiants pour leurs activités associatives et périphériques (on parle de « creuset de formation »), le tout se situant dans un contexte de croissance forte et de liberté d'entreprendre caractéristique des « Trente glorieuses ». La reconnaissance par le ministère de l'Agriculture, associée à l'habilitation par la Commission du titre d'ingénieur (CTI) de celui d'« Ingénieur en agriculture de l'ISAB » est obtenue en 1964, et les premiers diplômés le sont en mai 1965 ; le S de supérieur figure dorénavant dans le nom de l'Ecole ! ;
- un déplacement des locaux de la rue Nully-d'Hécourt au voisinage de la Ferme du Bois, inaugurés le 11 mai 1968, et correspondant à un changement considérable de régime : engagement progressif de professeurs laïcs permanents « enseignants-chercheurs », développement conséquent de travaux de recherche-développement, puis de recherche en partenariat avec des laboratoires publics et privés, accroissement des effectifs des promotions (une soixantaine d'élèves par année), implantation, au voisinage, de structures privées de R et D et de services – dont le fleuron « ISAGRI », leader dans son domaine ;
- enfin, et après des essais finalement infructueux de bipolarisation d'implantation sur Beauvais et Cergy-Pontoise, et grâce à une convergence forte de soutiens en provenance de toutes les collectivités

territoriales – ville, département, région – des investissements considérables vont être réalisés sur le campus depuis les années 2000, afin d'y constituer un ensemble remarquable et diversifié, dans un milieu privilégié où les étudiants ont une vie particulièrement dense et féconde. L'Association des Anciens (depuis 2014 LaSalle Beauvais alumni) et ses Groupes régionaux assurent aussi un appui dynamique.

Depuis la rentrée 2006, l'ISAB et l'Institut géologique Albert-de-Lapparent (IGAL) ont fusionné pour former l'Institut Polytechnique LaSalle Beauvais, ce qui a nécessité la mise en place de nouvelles infrastructures et l'accroissement des activités et moyens de recherche (une vingtaine de doctorants y oeuvrent), et donc du potentiel humain.

Trois diplômes sont délivrés à baccalauréat plus 5 années :

- ingénieur LaSalle Beauvais, spécialité agriculture,
- " " alimentation et santé (reconnu et habilité en 2002),
- " " géologie,
- et un, après trois années : technicien supérieur professionnel, spécialité géologie.

Des possibilités de formation par l'apprentissage sont, bien entendu, ouvertes.

Ces dernières évolutions ont été accompagnées de nombreux changements dans les programmes, d'une montée des exigences en langues, de l'obligation de stages à l'étranger (au moins 5 mois sur 16 à 18 répartis sur les cinq années), et de l'accueil d'un nombre croissant d'étudiants d'autres pays, portés par l'existence et le dynamisme du « réseau scolaire et universitaire lasallien ».

LaSalle Beauvais, Grande école privée, reconnue et subventionnée par le ministère chargé de l'Agriculture, est gérée à la manière d'une entreprise par une association selon la loi de 1901. Son directeur général actuel est Philippe Choquet, ancien Elève. Aujourd'hui, elle accueille plus de 1 700 étudiants, ce qui la place, de ce point de vue, au premier rang des établissements français de ces spécialités.

On pourra se reporter, pour ces questions, à des références citées en fin d'ouvrage, mais en consultant spécialement : « Des Racines pour l'Avenir » de Pierre Quéméré, éd. ISAB, publié en 2005 à l'occasion du 150ᵉ anniversaire de l'Ecole.

RÉFÉRENCES BIBLIOGRAPHIQUES

ABHERVE J., 1982. – Hommage à « Institut de Beauvais ». *La pomme de terre Française*, 408, 69-70.

ANTONIS (Frère)., 1889. – *In Annales de la station agronomique de l'Oise* (p. 45).[1]

BOURGET D., 1998. – Le grand livre des variétés de pommes de terre, Editions Ad Hoc, 158 p.

DIEHL R., 1938. – La pomme de terre. Caractères et description des variétés, Imprimerie Nationale, Paris (p. 108).

EUGENE (Frère). – Travaux, *in Annales de l'I.N.A.B.*, 1860 et 1862, et *in Annales de la Station Agronomique de l'Oise*, 1875 à 1893.

EUGENE (Frère). 1875. – *In* Lettre à Henry de Vilmorin. Archives de la Maison Vilmorin.

FERAULT C., 1984. – La pomme de terre « Institut de Beauvais » : quelques éléments relatifs au créateur et aux conditions d'obtention de cette variété centenaire. *La pomme de terre française*, 425, 293-297.

FERAULT C., 2004. – Les aventures d'une pomme de terre. *La lettre de l'Académie des Sciences*, 11, 12-13.

FERAULT C., 2008. – La pomme de terre « Institut de Beauvais » : plaidoyer pour une reconnaissance bien tardive de son origine et de son obtenteur. *C.R. Acad. Agric. Fr.*, 94, n° 2, 85-92.

FERAULT C., 2012. – Une Histoire de pomme de terre : la variété « Institut de Beauvais » (préface de Guy PAILLOTIN), Editions d'En Face, Paris, 142 p.

FERAULT C., 2013. – *In* Parmentier et la fabuleuse carrière du tubercule, Actes du Colloque de l'Académie d'Amiens, 19-20 septembre, 129-181.

GAGNE J.B., 1951. – « Institut de Beauvais ». A propos de l'origine de la pomme de terre. *La pomme de terre Française*, 140, 3-7.

GAGNE J.B., 1978. – Fondation et historique sommaire de l'I.S.A.B. *Technique, Economie, Sociologie en agriculture*, 197-198, 4-33.

GAGNE J.B., 1985. – Correspondance du 28 janvier avec C. FERAULT.

[1] Les autres travaux du Frère ANTONIS sont indiqués dans l'annexe qui lui est consacrée.

GRALL P., coll. FÉVRIER J., 2010. – Histoire de la Pomme de terre à Châteaulin et dans les communes voisines, des années 20 aux années 2000. Coll. *Mémoires de Châteaulin et du Pays Rouzik*, n° 3, 79 p.

LANGLADE P., Communication personnelle.

VILMORIN. 1884-1885. – *In Catalogue commercial.*

VILMORIN H. L. (de), 1888 – Conférence du 30 janvier. Archives de l'ISAB.

Références indicatives portant sur les évolutions de l'établissement

Anonyme [Fr. BASILIEN]., 1955. – Souvenir du centenaire, Institut agricole de Beauvais, 1855-1955. Partie 1 : La route séculaire – Non paginé.

BAVENCOVE J., 1921. – Institut agricole de Beauvais (Oise), Section d'enseignement supérieur d'agriculture de l'Institut catholique de Paris, IAB, 184 p.

GAGNE J.B., 1960. – Quelle a été la participation des professeurs de l'I.A.B. aux progrès de l'agriculture depuis cent cinq ans ? *Technique, Economie, Sociologie en agriculture*, 140, 41-46 et 141, 83-85.

GAGNE J.B., 1964. – Pèlerinage aux sources. *Technique, Economie, Sociologie en agriculture*, 154, 57-80.

MARSHALL E., FERAULT C., 2010. – Evolution de l'enseignement supérieur agronomique et vétérinaire de 1999 à 2009. *C.R. Acad. Agric. Fr.*, 96, n° 1, 52-57.

PERRU O., 1999. – Les trente premières années de l'Institut Normal agricole de Beauvais (1855-1885) : implications éducatives et politiques. Doc. Ronéo., 37 p.

QUÉMÉRÉ P., PERRU O., TAILLAFER A., 1999. – Les évolutions pédagogiques à l'Institut agricole de Beauvais de 1855 à 1945. *In* « Les enjeux de la formation des acteurs de l'agriculture (1760-1945) ». Actes du Colloque ENESAD, 19-21 janvier, 401-408.

QUÉMÉRÉ P., 2005. – Des Racines pour l'avenir. Editions ISAB, 375 p.

RIGAULT G., 1945. – Histoire générale de l'Institut des Frères des écoles chrétiennes - L'ère du Frère Philippe (tome 4) – Editions Plon, Paris.

REMERCIEMENTS

– aux Responsables successifs, Frères et Laïcs, de l'Institut de Beauvais et à ceux de la Congrégation qui m'ont permis d'accéder à beaucoup d'archives ;

– à Pierre Quéméré, ancien Directeur général adjoint de l'Ecole, pour la communication de nombreux documents et de « trouvailles » précieuses, et aussi – et surtout – pour notre complicité de plus d'un demi-siècle ;

– à Charles Descoins, Chef de département honoraire de Phytopharmacie et d'Ecotoxicologie de l'INRA, mon Maître, qui s'est fortement intéressé au sujet traité et me fait l'honneur et le plaisir de préfacer ce livre ;

– à Nahid Movahedi, ma remarquable assistante, économiste rural, toujours disponible, souriante et d'une efficacité sans faille ;

– à Madina, Valentine et Martin que je remercie de leur soutien, de leurs conseils et de leur patience affectueuse.

* * *

TABLE DES MATIÈRES

Histoires de vie
aux éditions L'Harmattan

Dernières parutions

UNE PAROLE ARRACHÉE AU SILENCE
Vivre la paralysie cérébrale
Bourque Jean-Eudes
Atteint dès sa naissance de paralysie cérébrale, Jean-Eudes Bourque a été dépendant des autres pour tous ses soins quotidiens. Profondément croyant, il a assisté en 1974, à l'âge de 28 ans, à une retraite prêchée par Jean Vanier, fondateur de l'Arche. Ce fut un tournant dans sa vie. Il découvre qu'il a des choses à dire. A partir de ce moment, il écrit son journal, aidé de nombreux bénévoles. Voici le témoignage unique d'un être qui a su s'accomplir en dépit des obstacles.
(Coll. Histoire de vie et formation, 22.00 euros, 204 p.)
ISBN : 978-2-343-03781-3, ISBN EBOOK : 978-2-336-35869-7

SENS (LE)DE L'EXPÉRIENCE DANS L'HISTOIRE DE VIE
L'ouverture à l'historialité
Honoré Bernard - Préface de Gaston Pineau
En se référant à la manière dont sa propre expérience s'est mobilisée pour une donation de sens à quelques moments de son histoire, Bernard Honoré expose une approche « expérientielle » de l'histoire de vie dans le courant de recherche sur l'autoformation. Dans cette perspective, l'histoire de vie est considérée comme histoire du sens de l'expérience. L'autoformation est alors comprise comme dévoilement de notre « historialité » nous ouvrant aux possibles dont nous héritons du passé dans une réplique tournée vers l'avenir.
(Coll. Histoire de vie et formation, 22.00 euros, 224 p.)
ISBN : 978-2-343-04452-1, ISBN EBOOK : 978-2-336-35896-3

DIRIGINDO-SE AQUELE QUE É
Crônicas de um Convite à Vida (Volume 4)
Trubert Yvonne
Dirigindo-se Àquele que é constitui o quarto volume das entrevistas que Yvonne Trubert concedeu ao Livre d'IVI, revista da associação Convite à Vida. Através de temas tais como a Saúde, a Água, a Peregrinação, a Paz interior e o Voluntariado, ela propõe a cada pessoa, elementos de reflexão consagrados tanto às mais cotidianas das preocupações, quanto às mais sutis das questões sobre o destino do homem e seu lugar no cosmos. (Ouvrage en portugais.)
(14.50 euros, 136 p.)
ISBN : 978-2-343-04479-8, ISBN EBOOK : 978-2-336-35728-7

NA FONTE DE MARIA
Crônicas de um Convite à Vida (Volume 5)
Trubert Yvonne
Na fonte de Maria constitui o quinto volume das entrevistas concedidas por Yvonne trubert ao Livre d'IVI, revista da associaçao Convite à Vida. Através de temas como a maternidade, a educaçao, as provas, a sabedoria e Maria, Mae de Cristo e da humanidade, Yvonne Trubert propoe a cada um elementos de reflexao consagrados tanto as mais cotidianas das preocupaçoes, quanto às questoes mais sutis sobre o destino do homem e sobre o seu lugar no cosmos. (Ouvrage en portugais.)
(14.50 euros, 138 p.)
ISBN : 978-2-343-04480-4, ISBN EBOOK : 978-2-336-35736-2

JOVENS COM ESPERANÇA
Crônicas de um Convite à Vida (Volume 6)
Trubert Yvonne
Jovens com esperança constitui o sexto volume das entrevistas concedidas por Yvonne Trubert ao Livre d'IVI. Através de temas tais como a comunicação, os jovens, as raízes terrestres, as origens celestes e a inteligência, Yvone Trubert propõe seguir um caminho de transformação interior. Convidando-nos a um encontro com nós mesmos e com os outros, ela nos incita à conversão, isto é, a uma mudança de estado de espírito, para que o amor e a alegria se tornem os sinais externos da fé. (Ouvrage en portugais.)
(14.50 euros, 142 p.)
ISBN : 978-2-343-04481-1, ISBN EBOOK : 978-2-336-35729-4

A VOZ DA ALMA
Crônicas de um Convite à Vida (Volume 7)
Trubert Yvonne
A Voz da alma constitui o sétimo volume das entrevistas concedidas por Yvonne Trubert ao Livre d'IVI, revista da associação Convite à Vida. Através de temas como O Trabalho da terra, O Pai, O Sonho, O Antigo Testamento, "Amai-vos uns aos outros", As Prisões, Defeitos e Virtudes, Yvonne Trubert propõe que sigamos um caminho de transformação interior. (Ouvrage en portugais).
(14.50 euros, 144 p.)
ISBN : 978-2-343-04583-2, ISBN EBOOK : 978-2-336-35844-4

DISCIPULOS DO SER VIVO
Crônicas de um Convite à Vida (Volume 8)
Trubert Yvonne
Discípulos do Ser Vivo constitui o oitavo volume das entrevistas concedidas por Yvonne Trubert ao Livre d'IVI, revista da associação Convite à Vida. Através de temas tais como o Corpo, O Retorno de Cristo, O Invisível, Servir, A Transformação, A Morte, O Trabalho, Os Deficientes, O Tempo, Yvonne Trubert propõe que sigamos um caminho de transformação interior. Convidando-nos a um encontro com nós mesmos e com os outros. (Ouvrage en portugais).
(14.50 euros, 144 p.)
ISBN : 978-2-343-04584-9, ISBN EBOOK : 978-2-336-35846-8

DES SOLITUDES
Coordonné par Maudy Piot (Association Femmes pour le Dire Femmes pour Agir)
La solitude peut être choisie, convoitée, subie, imposée. Ce n'est donc pas un phénomène, une situation univoques. Que faire de sa solitude ? Pour la prisonnière, en faire un refuge, une « chambre à soi » ? Pour celle qui a perdu son fils, une épreuve d'où l'on ne sort pas indemne ? Pour celle qui a subi des violences sexuelles, la porte d'un exil bienfaisant ? Et la solitude de la personne handicapée ? Est-elle seulement subie. Ne peut-elle être, parfois, un tremplin vers un autre espace de liberté ?
(19.00 euros, 190 p.)
ISBN : 978-2-336-00390-0, ISBN EBOOK : 978-2-296-50997-9

ANECDOTES D'UN MACHINISTE PARISIEN
Desmet Georges
A travers les observations des faits et gestes et réactions des nombreux usagers des lignes d'autobus, desservies sur l'ensemble du réseau de la RATP, l'auteur nous fait découvrir à sa façon la place et le rôle important joué par le machiniste. Il raconte les anecdotes de son parcours professionnel et du quotidien d'un chauffeur de bus dans l'exercice de ses fonctions.
(12.00 euros, 102 p.)
ISBN : 978-2-296-99296-2, ISBN EBOOK : 978-2-296-50834-7

ROSES (LES) S'ADOSSENT AU MUR – Sagesse pour quand c'est dur
Frank Evelyne
Il est dans l'existence des heures difficiles, alors même que le destin, à ce moment-là, ne frappe pas. Il s'agit de l'usure du quotidien : se lever le matin sans amertume, gérer son argent, assumer

une solitude non choisie, habiter sa demeure et son corps faire de ses vacances un temps favorable. Écrit au féminin avec la certitude que les hommes sauront traduire, jouant du christianisme comme d'un violon avec l'espoir que ceux qui en sont loin n'en auront pas les oreilles agacées, cet ouvrage, optant résolument pour la simplicité et la beauté, tente quelques pas dans cette direction. Car la vie appelle !
(14.00 euros, 136 p.)
ISBN : 978-2-296-99791-2, ISBN EBOOK : 978-2-296-50898-9

HISTOIRES DE NUITS AU COURS DE LA VIE
Coordonné par Martine Lany-Bayle, Gaston Pineau et Catherine Schmutz-Brun - Préface d'André de Peretti
La qualité de nos nuits marque celle de nos jours et inversement, en quoi celles-ci interviennent elles aussi dans notre rapport à la formation. Entre la nuit des savoirs et les savoirs de la nuit, la nuit au cours des âges et des usages, cet ouvrage nous sensibilise ainsi, par un voyage de l'autre côté de la lumière, à ce qui constitue le point obscur de nos histoires comme de nos vies.
(Coll. Histoire de vie et formation, 36.50 euros, 354 p.)
ISBN : 978-2-336-00371-9, ISBN EBOOK : 978-2-296-50795-1

D/S – Les jeux de la soumission et de la domination
Richard Jacques, Maîtresse Léïa
À les croiser dans la rue, ce serait impossible à deviner. C'est entre les murs protecteurs des donjons et autres salles sombres, dans l'intimité de leur relation avec leurs soumis, que ces femmes endossent au mieux leur identité : celle de maîtresses dominatrices. Les auteurs nous abandonnent aux mains expertes de Maîtresse Amazone afin qu'elle nous guide à la rencontre de plusieurs de ces maîtresses femmes, lors d'une soirée privée en Belgique...
(20.00 euros)
ISBN : 978-2-296-57475-5

SOUS LE CIEL DE TA PEAU
Labonde Frédéric
Un nouveau-né, son nombril : sa première cicatrice... Des femmes, des hommes, leurs corps, leur chair refermée... La cicatrice : souffrance physique, souffrance psychique. Que dissimule cette ouverture vers l'intérieur ? Le corps serait-il le miroir de nos peurs ? *Sous le ciel de ta peau* est un travail de recherche sur le corps abîmé et les blessures de l'âme. Un essai audiovisuel composé de témoignages, textes, tatouages graphiques et installations.
(20.00 euros)
ISBN : 978-2-336-00756-4

ITINÉRAIRE D'UNE BIBLIOTHÉCAIRE
Petit Catherine, Bosshardt Martine
Préambule de Gérard Mordillat ; Préface d'Edith Chabot
Cet entretien biographique entre deux amies permet de parcourir le chemin professionnel d'une bibliothécaire, depuis la responsabilité d'une petite bibliothèque de banlieue jusqu'à la rénovation de "la plus grande", en passant par la vulgarisation de fonds scientifiques. Au fur et à mesure du récit de vie, se déploie l'histoire des médias, depuis le livre jusqu'au document en ligne.
(Coll. Histoire de vie et formation, 29.00 euros, 286 p.)
ISBN : 978-2-296-96200-2

PAS TOUT FACILE LA VIE
Des clowns chez Emmaüs
Dewerdt-Ogil Jacqueline
Préface d'Anne Saingier, postface de Monserrat González Parera
Pas n'importe quels clowns. Clown-analyste, clown-formateur, tels sont les titres de celui qui embarque l'auteur vers dix années d'une aventure exceptionnelle avec « La Bande à Léon », troupe de clowns composée de compagnons d'Emmaüs. Sous forme de journaux croisés, l'auteur nous fait partager les bonheurs et les tourments qu'elle a vécus au sein de la troupe. Les portraits de

ces hommes que la vie a poussés en marge de la société nous font toucher du doigt la fragilité des destins individuels, mais aussi la force de la création collective.
(Coll. Histoire de vie et formation, 23.00 euros, 234 p.)
ISBN : 978-2-296-96215-6

RENDEZ-VOUS EN GALILÉE
Journal de voyage à vélo – Tours-Galilée
Pineau Gaston
Préface d'Eloi Leclerc ; postface de Pierre Dominicé
Rendez-vous en Galilée affiche une invitation quasi confidentielle à se rendre en Galilée. Par son lieu, la Galilée, qui peut être prise au propre et au figuré ; et par sa promesse, absolument inédite historiquement, de rencontrer un revenant d'outre-tombe, un ressuscité. Ce journal raconte ce double voyage, vers cette Galilée géographique et personnelle, à travers une Méditerranée, elle-même carrefour très explosif de cultures.
(24.00 euros, 238 p.)
ISBN : 978-2-296-96945-2

12 (LES) ENFANTS DU RABBIN
Bitton Yaël
Les 12 enfants du Rabbin raconte l'émigration d'une famille juive du Maroc. En 1963, le père, les grands-parents et les 11 oncles et tantes de Yaël Bitton ont tous quitté Marrakech ; ils vivent aujourd'hui dispersés à travers le monde : en Israël, aux USA et en Suisse. À travers des récits croisés, Yaël Bitton questionne les circonstances de cette émigration et ses conséquences sur cette famille ainsi que toute une génération de Juifs marocains.
(20.00 euros)
ISBN : 978-2-296-13510-9

L'HARMATTAN ITALIA
Via Degli Artisti 15; 10124 Torino

L'HARMATTAN HONGRIE
Könyvesbolt ; Kossuth L. u. 14-16
1053 Budapest

L'HARMATTAN KINSHASA
185, avenue Nyangwe
Commune de Lingwala
Kinshasa, R.D. Congo
(00243) 998697603 ou (00243) 999229662

L'HARMATTAN CONGO
67, av. E. P. Lumumba
Bât. – Congo Pharmacie (Bib. Nat.)
BP2874 Brazzaville
harmattan.congo@yahoo.fr

L'HARMATTAN GUINÉE
Almamya Rue KA 028, en face
du restaurant Le Cèdre
OKB agency BP 3470 Conakry
(00224) 657 20 85 08 / 664 28 91 96
harmattanguinee@yahoo.fr

L'HARMATTAN MALI
Rue 73, Porte 536, Niamakoro,
Cité Unicef, Bamako
Tél. 00 (223) 20205724 / +(223) 76378082
poudiougopaul@yahoo.fr
pp.harmattan@gmail.com

L'HARMATTAN CAMEROUN
BP 11486
Face à la SNI, immeuble Don Bosco
Yaoundé
(00237) 99 76 61 66
harmattancam@yahoo.fr

L'HARMATTAN CÔTE D'IVOIRE
Résidence Karl / cité des arts
Abidjan-Cocody 03 BP 1588 Abidjan 03
(00225) 05 77 87 31
etien_nda@yahoo.fr

L'HARMATTAN BURKINA
Penou Achille Some
Ouagadougou
(+226) 70 26 88 27

L'HARMATTAN SÉNÉGAL
10 VDN en face Mermoz, après le pont de Fann
BP 45034 Dakar Fann
33 825 98 58 / 33 860 9858
senharmattan@gmail.com / senlibraire@gmail.com
www.harmattansenegal.com

L'HARMATTAN BÉNIN
ISOR-BENIN
01 BP 359 COTONOU-RP
Quartier Gbèdjromèdé,
Rue Agbélenco, Lot 1247 I
Tél : 00 229 21 32 53 79
christian_dablaka123@yahoo.fr

612996 - Juillet 2015
Achevé d'imprimer par

1livre.com
du rêve à la réalité !

www.ingramcontent.com/pod-product-compliance
Lightning Source LLC
LaVergne TN
LVHW011019061026
849535LV00006B/1955
9782343062068